多工位级进模设计及仿真

韦东来　金龙建　编著

Design and Simulation
of Multistage
Progressive Die

化学工业出版社

·北京·

内 容 简 介

本书结合现代模具企业对冲压模具设计师的工作要求，详细讲解了多工位级进模设计方法及仿真分析过程。

主要内容包括：多工位级进模设计基础、多工位级进模排样设计、多工位级进模结构件及监测装置设计、仿真技术在多工位级进模中的应用、多工位级进模实例精选及仿真分析。书中内容兼顾基础理论与应用实践，力求使用简洁明了的语言，避免晦涩难懂的理论分析，以实用、通用为目的。

本书可作为高校相关专业的教材，也可供从事冲压模具设计及制造的工程技术人员学习参考。

图书在版编目（CIP）数据

多工位级进模设计及仿真 / 韦东来，金龙建编著.
北京 ：化学工业出版社，2025. 8. -- ISBN 978-7-122
-48648-6

Ⅰ. TG385

中国国家版本馆 CIP 数据核字第 2025WW7871 号

责任编辑：贾　娜　　　　　　文字编辑：孙月蓉
责任校对：王　静　　　　　　装帧设计：史利平

出版发行：化学工业出版社
　　　　（北京市东城区青年湖南街 13 号　邮政编码 100011）
印　　装：河北鑫兆源印刷有限公司
787mm×1092mm　1/16　印张 14½　字数 353 千字
2025 年 9 月北京第 1 版第 1 次印刷

购书咨询：010-64518888　　　　售后服务：010-64518899
网　　址：http://www.cip.com.cn
凡购买本书，如有缺损质量问题，本社销售中心负责调换。

定　　价：79.00 元　　　　　　　版权所有　违者必究

前言

多工位级进模，又称级进模、连续模、跳步模等，在一副模具中可以完成冲裁、弯曲、拉深和成形等多道冲压工序，极大减少了使用模具的数量和手工重复定位过程，显著提高了生产率和设备利用率。因此，不少形状复杂、成形困难而批量大的冲压件逐渐采用多工位级进模生产，一些新工艺也开始尝试在多工位级进模上成形。传统的多工位级进模设计大都基于经验的积累，对于形状复杂、成形困难或新工艺成形的零件，常常需要经过多次试冲，试模和修模周期长、成本高。近年来，随着计算机辅助设计（CAD）、计算机辅助工程/仿真（CAE）等技术的发展和应用，多工位级进模设计的效率和质量得到了大幅提升。

笔者团队来自企业和高校，长期从事冲压工艺及模具设计、仿真、制作、教学及研究工作，具有二十年以上的级进模设计实战经验和 CAE 教学、科研经历。在不断总结实践经验，并广泛吸收国内外多工位级进模先进工艺、典型结构及仿真技术的基础上，编写了本书。

本书第 1 章详细介绍了多工位级进模的组成及分类、设计步骤、注意事项、常用冲压材料和冲压工艺计算要点，第 2 章重点介绍了多工位级进模排样设计，第 3 章详细介绍了多工位级进模结构件及监测装置设计。CAE 是级进模设计及冲压工艺优化的重要工具，因此本书在第 4 章介绍了板料成形 CAE 的发展及理论基础，以 Simufact Forming 软件为例，重点介绍了单工位和多工位级进模仿真技术，并简单介绍了二维（2D）仿真方法及相关案例。第 5 章精选两个来自企业实际生产的多工位级进模，首先对制件进行工艺分析、工艺计算、载体设计和排样设计，然后详细介绍了关键成形工步的 CAE 仿真建模及结果分析。

级进模设计及仿真技术有比较规范的方法和步骤，本书力求内容准确，同时注重实用，增加了笔者在实践中积累的经验、技巧和建议。此外，还详细介绍了螺母板的拉深和镦挤等新工艺及其仿真分析。对于初学者，建议按照章节顺序学习，特别是仿真技术部分的软件操作。

本书由韦东来、金龙建共同编著。其中，金龙建负责多工位级进模设计及实例分析的编写，韦东来负责多工位级进模 CAE 仿真技术、 Simufact Forming 软件操作、仿真建模及结果分析等的编写。书中大部分实例由欧中汽车模具股份有限公司提供。

本书的编写得到了上海电机学院的大力支持。学院的产教融合政策鼓励教师将企业的产品设计和工艺实践案例引入课堂，提高学生的应用技术能力。笔者正是基于这样的背景和理念编写了本书，旨在出版一本既适合工程设计参考又适合课堂教学或实训的教材。

本书可供生产一线的冲压工程技术人员、工人阅读使用，也可作为教材供高校相关专业师生学习参考。

由于多工位级进模设计涉及很多技术细节和行业标准，而且 CAE 仿真技术还在快速迭代发展过程中，限于笔者水平，书中不足在所难免，恳请各位读者批评指正。

配套资源：本书配套 Simufact Forming 软件操作、建模过程、仿真实例等教学视频，已上传到 bilibili 视频网站，可在线观看学习。

编著者

目录

第1章

多工位级进模设计基础

多工位级进模是冲压模具中一种先进高效的冲压模具。它是在单工序冲压模具上发展起来的多工序集成模具。对某些形状较为复杂的，具有冲裁、弯曲、成形、拉深等多工序的冲压零件，可在一副多工位级进模上冲制完成。多工位级进模是实现自动化、半自动化的生产装备，是确保冲压加工质量稳定的一种先进模具结构形式。合理的模具结构既要保证生产产品的各项技术指标要求，又要缩短模具制造周期，降低模具制造成本，以满足现代化工业生产对模具高质、高效、低成本的要求。

1.1 多工位级进模的组成及分类

1.1.1 多工位级进模的组成

级进模结构示意图如表1-1中图示所示，一般在闭合高度较高的情况下使用此结构，若为闭合高度低的模具，就不必用上托板、上垫块、下垫块、下托板。

模板厚度的选取原则：考虑弹簧长度、标准凸模长度、凹模厚度及闭模高度等。一副完整的级进模分为上模与下模两大部分（如表1-1所示），工作时，上模与压力机滑块连接在一起，并随压力机滑块上下往复运动来实现连续冲压工作。中小型模具采用模柄与压力机滑块连接（大型模具用压板或夹模器固定在滑块底平面上）。下模则用压板或夹模器固定在压力机的下台面上，工作中模具的前、后、左、右位置均不能移动。

表 1-1 多工位级进模的各模板组成及用途

类别	名称	用途	图示
级进模的上模组成部分	上托板（如图示中的件号1）	上托板将上模部分通过夹模器连接固定在冲压设备的滑块上，可使模具的上模随冲压设备上下运动	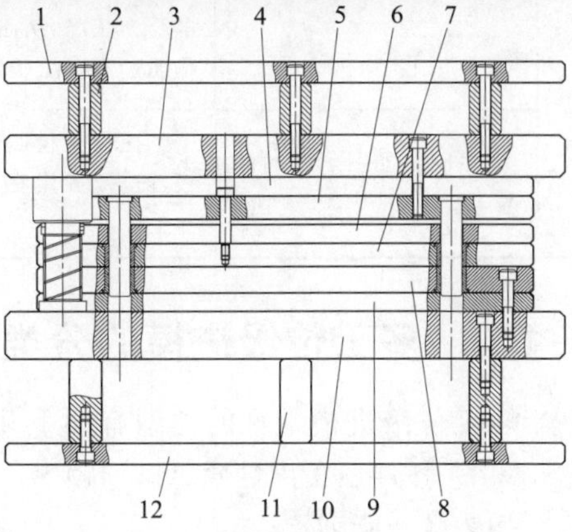
	上垫块，又称上模脚或上垫脚（如图示中的件号2）	上垫块位于上托板与上模座之间，起垫高作用，根据需要调整其高度，可使模具适用于不同的冲压设备，并可保证夹模器有足够的安放空间。上垫块排布的位置尤为重要，它会影响整个上模的受力状况，从而影响到模具的工作质量	级进模结构示意图

类别	名称	用途	图示
级进模的上模组成部分	上模座(如图示中的件号3)	上模座是上模部分及外导柱或外导套的固定板,没有上托板时,还具有上托板的功能	
	固定板垫板,又称上垫板、凸模垫板(如图示中的件号4)	固定板垫板承受凸模的作用力,保证弹簧有足够的压缩行程	
	凸模固定板,简称固定板,又称上夹板(如图示中的件号5)	固定板对凸模和小导柱等零部件起夹持与定位作用	
	卸料板垫板(如图示中的件号6)	卸料板垫板承受卸料组件和卸料板镶块的冲击载荷	
	卸料板(如图示中的件号7)	卸料板起卸料、压料、导向作用。模具合模时,卸料板先把带料(条料)压紧在下模板上,确保条料不产生移动、走料、扭曲的现象;模具分模时卸料板起卸料作用	
级进模的下模组成部分	下模板,又称凹模固定板、凹模板(如图示中的件号8)	下模板是固定凹模镶件,与卸料板一起压紧带料(条料),有时也作为凹模刃口使用	
	下模板垫板,又称下垫板、凹模垫板(如图示中的件号9)	下模板垫板承受凹模或凹模镶件的作用力,也起垫高作用	
	下模座(如图示中的件号10)	下模座是下模部分及外导套或外导柱的固定板(一般比上模座厚5mm或10mm)	
	下垫块,又称下模脚或下垫脚(如图示中的件号11)	下垫块位于下托板与下模座之间,起垫高及方便排废料作用,根据需要调整此高度,可使模具适用于不同的冲压设备,下垫块的排布位置合理与否也会影响整副模具的受力状况,从而影响各模板的工作质量及产品质量	
	下托板(如图示中的件号12)	下托板将模具的下部分通过夹模器连接固定在冲压设备的工作台上	

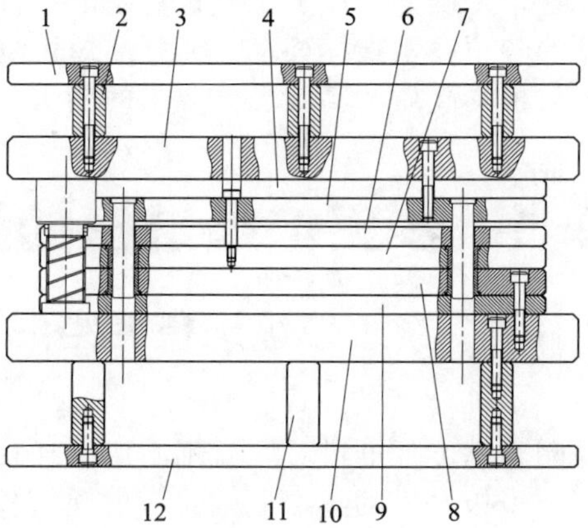

级进模结构示意图

1.1.2　多工位级进模的分类

多工位级进模常见的类型有如下几种。

（1）按冲压工序性质、排列顺序、排样的方式不同分类

如表 1-2 所列。

表 1-2　多工位级进模按冲压工序性质、排列顺序及排样方式分类

类型		图示
按冲压工序性质及其排列顺序分类	落料级进模	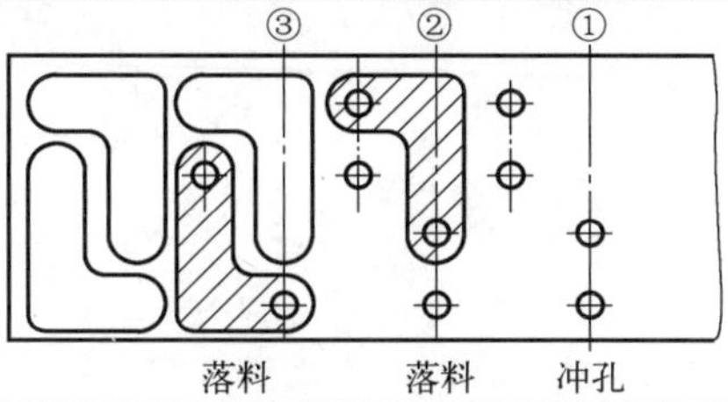
	剪切级进模	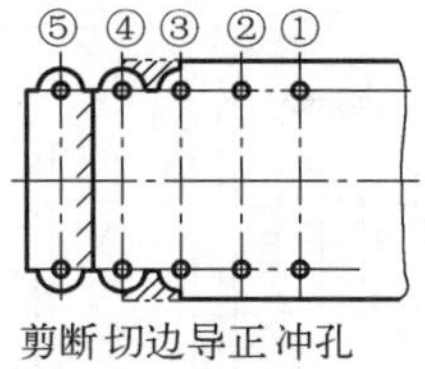
	冲裁、弯曲级进模	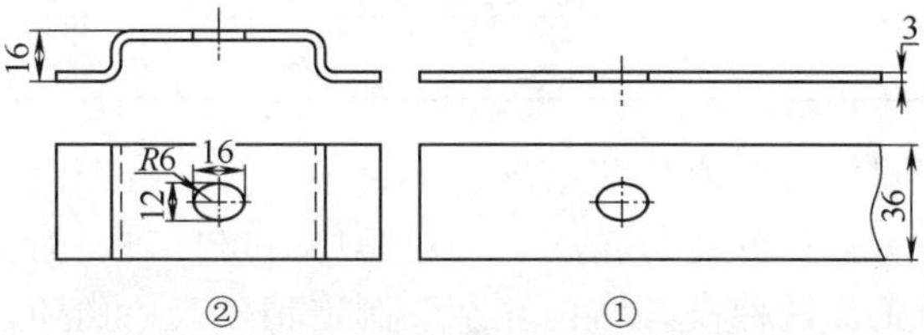
	冲裁、拉深级进模	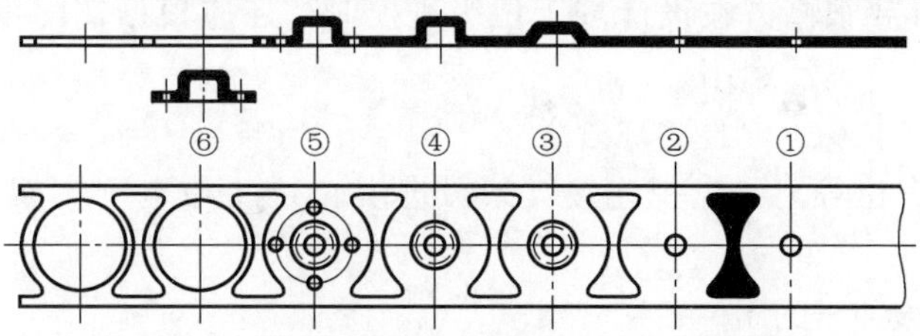
	冲裁、成形级进模	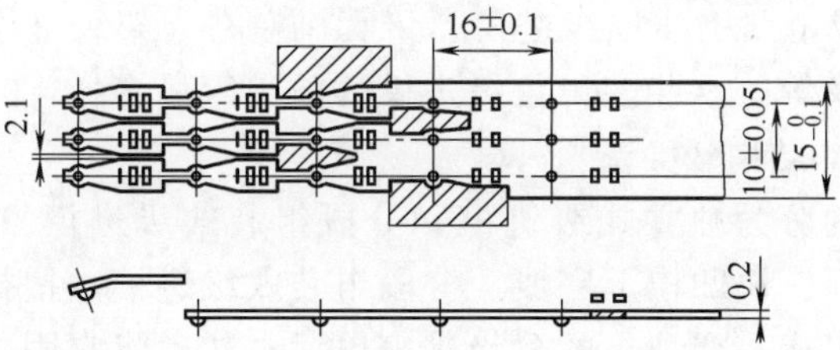
	冲裁、弯曲、拉深级进模	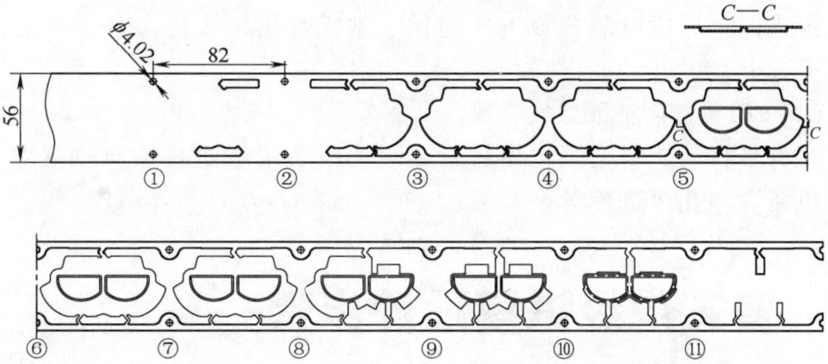
	除以上介绍外，还有冲裁、弯曲、成形级进模；冲裁、拉深、成形级进模；冲裁、弯曲、拉深、成形级进模等	

类型	图示
按排样方式的不同分类 — 封闭型孔连续式级进模	
按排样方式的不同分类 — 分断切除多段式级进模	

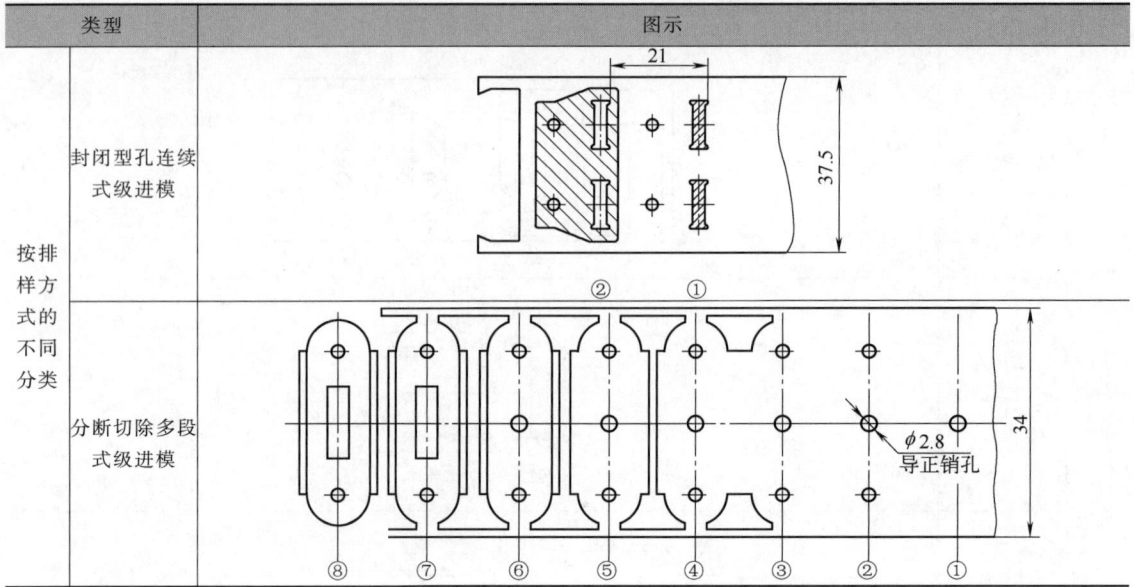

由于要求不同，设计模具的指导思想也不一样。分断切除多段式级进模的工位数比封闭型孔连续级进模多；在分断切除废料的过程中，可以进行弯曲、拉深、成形等工艺，一般采用全自动连续冲压。这种模具结构复杂，制造精度高；由于能冲出完整制件，所以生产率和冲件的精度都要很高。在设计多工位级进模时，还应根据实际生产中的问题，将这两种设计方法结合起来，灵活运用。

（2）按工位数＋制件名称分类

如：22工位等离子电视连接支架级进模、32工位电刷支架精密级进模、52工位接线端子级进模等。

（3）按被冲压的制件名称分类

如：28L集成电路引线框级进模、传真机左右支架级进模、动簧片多工位级进模、端子接片多工位级进模等，这些多工位级进模目前用得最多。

（4）按模具的结构分类

按模具的结构分为独立式级进模和分段组装式级进模。独立式级进模，工位数不论多少，各工位都在同一块凹模上完成。分段组装式级进模，按排样冲压工序特点将相同或相近冲压性质的工位组成一个独立的分级进模单元，然后将它固定到总模架上，成为一副完整的多工位级进模。分段组装式级进模简化了制模难度，故在大型、多工位、加工较困难的级进模中常见。

（5）按模具使用特征分类

主要有带自动挡料销级进模、带定距切断装置级进模、自动送料冲孔分段冲切级进模、气动送料装置冲孔级进模等。

1.2 多工位级进模设计步骤

多工位级进模结构一般都比较复杂、精密，冲压速度高，造价高，制造周期长。所以在设计级进模时，应十分细致、全面地考虑每一个环节。特别是某些模具有几个方向的运动，机构多种多样，给设计工作带来了很多困难。

简单地说，级进模设计步骤就是设计师从接到设计任务后到完成模具图样的过程中所进行的先后工作。随着现代化软件的发展，设计师一般不采用手工绘制图样，大都采用先进的CAD（计算机辅助设计）或 UG 等软件进行设计，但不管采用什么方法设计，其想要达到的目的和结果是一致的，即用较短的时间，设计出质量最好的、经济而实用的多工位级进模。

有关多工位级进模的设计步骤，没有固定的模式，但设计的基本顺序是大同小异的，图1-1 所示为多工位级进模设计步骤简图。

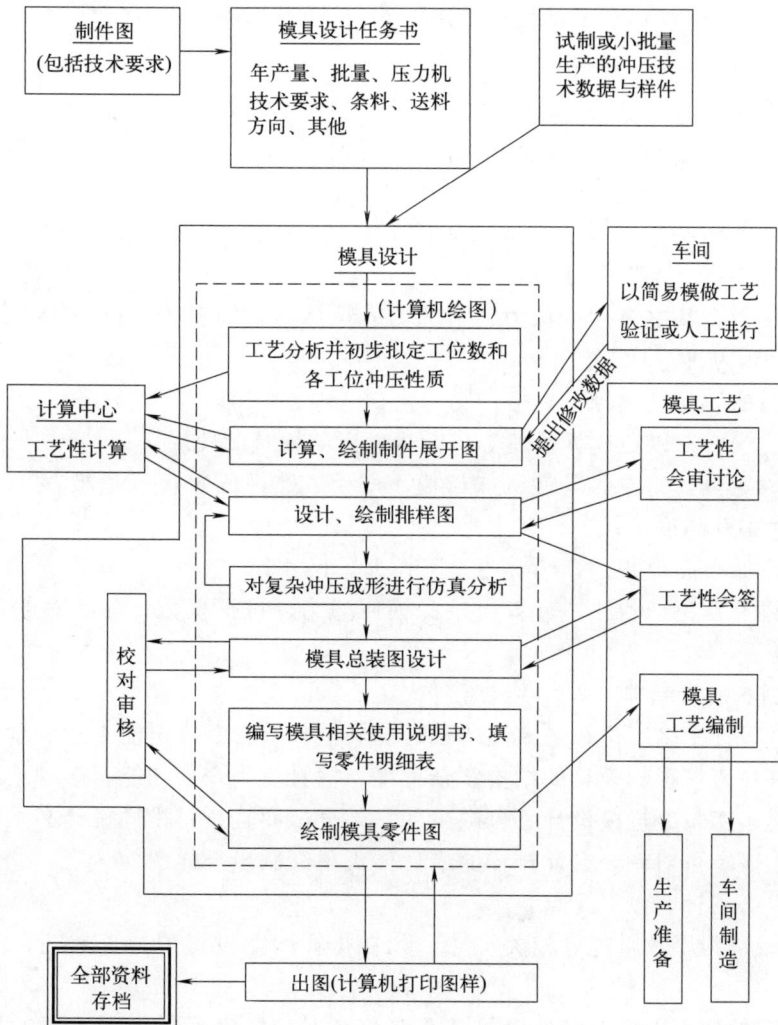

图 1-1 多工位级进模设计步骤简图

（1）设计任务书

设计任务书是提供模具设计的主要依据之一，设计任务书中应向模具设计者提供重要的资料，包括制件的年产量、送料方向、使用压力机技术要求等。从制件图中，设计师可以了解制件的形状、结构、尺寸大小、公差精度、材质及相关的技术条件。

（2）工艺分析

设计师接收到设计任务书时，首先要分析以下几点。

① 对制件的形状特点、尺寸大小、精度要求、断面质量、装配关系以及相关的技术要

求等进行全面的分析；

② 特别是对于尺寸精度要求比较高或成形工艺较为复杂烦琐的部位进行重点的分析，提出解决方案；

③ 分析制件所用的材料是否符合冲压工艺的要求；

④ 根据制件的产量，决定模具的结构形式以及选用模具的材料等；

⑤ 根据现有的制造水平及装备情况，为模具结构设计提供依据。

只有通过以上分析，才能确定整个制件的冲压工艺方案，包括排样、冲裁或成形的先后分解，变形程度的合理分配、工位数的多少以及模具制造能力的评估等，为后面的排样图和模具结构设计提供依据。

（3）工艺性计算

根据制件图的工艺分析及尺寸公差对制件进行工艺性计算。计算前应收集相关的数据及计算资料等。

① 计算制件毛坯尺寸（除平板落料制件外），并对毛坯进行合理排样，计算出材料利用率；

② 计算冲压力，其中包括冲裁力、弯曲力、拉深力、卸料力、推件力、压边力及成形力等，以便确定压力机；

③ 选择合适的压力机型号、规格；

④ 计算压力中心，以免模具受偏心负荷进而影响模具的使用寿命；

⑤ 计算并确定模具的主要零件（如凸模、凹模、凸模固定板及垫板等）的外形尺寸以及弹性元件的大小及高度等；

⑥ 确定凸、凹模间隙并计算凸、凹模工作部分尺寸；

⑦ 如制件中有拉深形状的，计算出拉深模压边力、拉深次数、各工序的尺寸分配以及半成品的尺寸等。

（4）设计排样并绘制排样图

条料的排样设计是多工位级进模结构设计的关键环节，是决定能否达到制件要求的重要一步。排样的好坏直接影响模具的结构复杂程度、模具使用寿命和能否顺利地冲压出合格的制件。因此它是多工位级进模设计不可缺少的一部分。而且条料排样设计必须在模具结构设计之前，前后顺序不可对调。设计排样的最后体现是绘制出排样图。

在排样图上必须标明以下几点：

① 标明步距、料厚及料宽等相关尺寸，如在排样图上设置了导正销孔，必须标出导正销孔的尺寸；

② 在排样图的每个工位上标出序号，并在每个对应的序号后面写出所冲压的名称，如"工位①冲导正销孔""工位②空工位"……

（5）CAE仿真分析

对于复杂的冲压成形工艺，比如深拉深、镦挤、拉延等材料流动比较复杂的工艺，根据经验或参考资料设计的工艺方案和排样图往往存在不确定性，而且制件展开毛坯尺寸、冲压力等工艺计算结果可能误差较大，经常需要在试模阶段反复修正，甚至重新设计和计算，导致模具设计和调试周期比较长，成本居高不下。当毛坯板料力学性能、制件三维数模、排样方案等条件已知时，可以借助CAE（计算机辅助工程）仿真软件，模拟分析冲压成形过程，根据仿真结果得到的板料减薄率、成形极限图等信息，判断工艺方案和排样图是否合理，或者进一步优化排样方案，可以大幅减少后期修模和返工时间。

（6）模具总装图设计

当排样图设计结束后，就可以绘制模具总装图了，绘制时按我国标准采用第一角投影法。在模具总装图里要确定模具所使用的模架形式，包括导向系统、卸料结构、导料装置、送料和定距方式、凸、凹模的结构形式及固定方法等，都在模具总装图里的俯视图和主视图里一一绘制出。

1）俯视图和仰视图

俯视图（或仰视图）一般是将模具的上半部分（或下半部分）拿掉，视图只反映模具的下模俯视（或上模仰视）可见部分（这是冲模的一种习惯性绘制法）。俯视图通常放在图样的下面偏左，绘制总装图时一般先画出。通过俯视图可以了解模具零件的平面布置、排样方法以及凹模孔的分布情况。仰视图一般在必要时才绘制出。

一般工厂里的设计师采用计算机中的 CAD 绘制模具总装图时，通常把模具里的所有模板和零部件都在俯视图里绘制出，在 CAD 中用图层的方式来控制，在不同的零部件里用不同的图层代码或编号表示。如上模座的图层代码可以用 "UP" 或其他的代码表示，所有的凸模可以放进 PUNCH 的图层里，以后要设计变更时，直接单开某一图层，就可以清晰地看到某一图层里的相关内容及信息。

2）主视图

主视图放在图样的正中偏左，要同俯视图相对应。常取模具闭合状态、剖面画法。从主视图可以充分反映出模具各零部件的结构形状、安装方式和某些设计要素。主视图是模具的主体，一般不可缺少。

主视图的上下模部分一般在一张图纸上表达出，当模具较大时，也可以在两张图纸上绘制，但每张图纸上应注明视图的性质。

模具的总装图一般采用 1:1 比例绘制。

（7）编写模具相关使用说明书、填写零件明细表

1）说明书内容

① 选用的压力机、模具闭合高度、轮廓尺寸、规定行程范围及每分钟冲压次数等；

② 选用自动送料机构类型、送料步距及公差；

③ 安装调整要点；

④ 模具刃磨和维修注意点（如：哪些凸模和凹模需拆下刃磨，刃磨后如何调整各工作部分高度差值）；

⑤ 对易损件及备件应有零件明细表。

但一般工厂不把第④、⑤点编写在模具的说明书内容里，有时会单独列出。

2）零件明细表的内容

表中填写各零件件号及对应的名称、材料、数量等相关信息。如个别易损件要增加备件的，可以在备注栏中标明。

（8）模具零件图设计

完成模具总装图绘制后，再画出模具零件图。模具零件图是指模具总装图里的所有零部件，当模具总装图里部分零部件可以直接从标准件的厂家采购时，可以不在模具零件图里绘制出，直接在明细表里标明标准件的代号、数量等相关信息即可。

对模具零件图而言，视图的多少，以能明白图形为准。由于零件的大小不一，对于特别

细小的零件，为表达清楚，常用局部放大表示。在零件图里要标明全部尺寸、公差配合、形外公差、表面粗糙度、材料热处理硬度及相关的技术要求等。也有的在模具零件图里不标出表面粗糙度，如直接标明采用快走丝或慢走丝割一修一或慢走丝割一修二等加工方式，在模具工厂里也能明白其表面粗糙度值为多少。

模具的零件图一般采用1:1比例绘制，并严格按照机械制图标准绘制。

（9）出图（计算机打印图样）

完成模具所有的图样，采用计算机打印出，经过校对及审核后盖上受控章才可发布。模具所有的图样为一式两份，一份由制造部门签收，另一份为档案室存档用。

（10）全部资料存档

待模具制造结束后，试制完成投入生产，这时把所有的技术资料进行整理归档。其内容包括：

① 客户所有的技术资料；

② 模具所有的图样；

③ 试模时出现的问题点记录及模具照片；

④ 制件检测报告；

⑤ 模具验收报告等。

1.3　多工位级进模设计注意事项

随着产品向精密化和复杂化发展，制件也日益复杂，级进模的工位数随之增加，对模具精度、模具使用寿命要求也不断地提高，这对多工位级进模的设计技术也提出了新的要求。在设计多工位级进模过程中要注意以下这些问题点：

① 要有系统的观点，从冲压工艺、模具制造等多方面构成的大系统中确定级进模的结构和制件方案，要重视实践经验的作用。一方面，要结合实际，确立切实可行的模具方案，要考虑现有的模具制造条件、冲压生产条件。另一方面，要重视新技术的发展和应用，特别是计算机技术的应用，要从工程角度开发相应的软件系统，以提高效率、降低成本、缩短周期。

② 多工位级进模结构复杂，设计难度大，制造价格昂贵，周期长，因此设计应坚持科学、严谨、求实精神，认真分析，详细规划，务求设计合理，以便制造和维修，满足使用要求。

③ 模具设计和制造密切相关。以往模具设计和制造分别在两个不同的阶段完成，设计图纸绘制结束后开始制造，周期相对较长。随着产品市场竞争的加剧和计算机技术的发展，产品制造周期日益缩短，对模具设计和制造周期的要求也愈来愈短，因此，模具设计和制造的交叉并行已成为必然。要在模具设计制造过程中实施并行工程的思想。

1.4　冲压材料及冲压工艺对材料的要求

1.4.1　冲压工艺对材料的要求

对冲压所用材料的要求如下：

（1）具有良好的冲压性能

冲压性能是指板料对各种冲压加工方法的适应能力。冲压加工方法是以金属为塑性的加工方法，因此，要求材料具有良好的塑性。

对于拉深成形的板料，要求具有高塑性、屈服强度低和板厚方向性系数大，而硬度高的材料则难以拉深加工。板料的屈强比 σ_s/σ_b 越小，冲压性能越好，一次变形的极限程度越大。板厚方向性系数 $r>1$ 时，宽度方向上的变形比厚度方向上的变形容易。r 值越大，在拉深过程中越不容易产生变薄和发生断裂，拉深性能就越好。拉深性能好的材料有：含碳量 $<0.14\%$ 的软钢、软黄铜（含铜量 $68\%\sim72\%$）、纯铝和铝合金、奥氏体不锈钢等。

（2）具有良好的表面质量

表面质量好的材料，冲压时制件不易破裂，废品率减少，模具不易擦伤，寿命提高，而且制件的表面质量好。所以一般要求冲压材料表面光洁、平整，无氧化皮、锈斑、裂纹、划痕等缺陷。

（3）厚度公差符合国际规定

冲压凸模和凹模的间隙是根据材料的厚度来确定的，所以材料厚度公差应符合国家规定的标准。否则厚度公差太大，将影响制件的质量，并可能导致损坏模具和设备。

1.4.2　常用冲压材料

常用冲压材料分为金属材料（黑色金属和有色金属）和非金属材料两大类。常用黑色金属的力学性能如表 1-3 所列；冷轧低碳钢板及钢带力学性能及用途如表 1-4 所列；深拉深冷轧薄板的力学性能如表 1-5 所列；常用有色金属的力学性能如表 1-6 所列。

表 1-3　常用黑色金属的力学性能

材料名称	材料牌号	材料状态	极限强度		伸长率 $A/\%$	屈服强度 R_{eL}/MPa	弹性模量 E/MPa
			抗剪 τ_b/MPa	抗拉 R_m/MPa			
电工用工业纯铁（含碳量 $w_C<0.025$）	DT1 DT2 DT3	已退火	180	230	26		
电工硅钢	DR530-50 DR510-50 DR450-50 DR315-50 DR290-50 DR280-35 DR255-35	已退火	190	230	26		
普通碳素钢	Q195	未经退火	260~320	320~400	28~33		
	Q215-A		270~340	340~420	26~31	220	
	Q235-A		310~380	440~470	21~25	240	
	Q255-A		340~420	490~520	19~23	260	
	Q275		400~500	580~620	15~19	280	
碳素结构钢	05	已退火	200	230	28	—	
	05F		210~300	260~380	32	—	
	08F		220~310	280~390	32	180	
	08		260~360	330~450	32	200	190000
	10F		220~340	280~420	30	190	

材料名称	材料牌号	材料状态	极限强度		伸长率 A/%	屈服强度 R_{eL}/MPa	弹性模量 E/MPa
			抗剪 τ_b/MPa	抗拉 R_m/MPa			
碳素结构钢	10	已退火	260~340	300~440	29	210	198000
	15F		250~370	320~460	28	—	
	15		270~380	340~480	26	230	202000
	20F		280~890	340~480	26	230	200000
	20		280~400	360~510	25	250	210000
	25		320~440	400~550	24	280	202000
	30		360~480	450~600	22	300	201000
	35		400~520	500~650	20	320	201000
	40		420~540	520~670	18	340	213500
	45		440~560	550~700	16	360	204000
	50		440~580	550~730	14	380	220000
	55		550	≥670	14	390	—
	60		550	≥700	13	410	208000
	65		600	≥730	12	420	
	70		600	≥760	11	430	210000
碳素工具钢	T7~T12 T7A~T12A	已退火	600	750	10	—	—
	T8A	冷作硬化	600~950	750~1200	—	—	—
优质碳素钢	10Mn2	已退火	320~460	400~580	22	230	211000
	65Mn		600	750	12	400	211000
合金结构钢	25CrMnSiA 25CrMnSi	已低温退火	400~560	500~700	18	950	—
	30CrMnSiA 30CrMnSi		440~600	550~750	16	1450 850	
优质弹簧钢	60Si2Mn	已低温退火	720	900	10	1200	200000
	60Si2MnA 65Si2WA	冷作硬化	640~960	800~1200	10	1400 1600	
不锈钢	1Cr13	已退火	320~380	400~470	21	420	210000
	2Cr13		320~400	400~500	20	450	210000
	3Cr13		400~480	500~600	18	480	210000
	4Cr13		400~480	500~600	15	500	210000
	1Cr18Ni9 2Cr18Ni9	经热处理	460~520	580~640	35	200	200000
		冷碾压的 冷作硬化	800~880	100~1100	38	220	200000
	1Cr18Ni9Ti	热处理 退软	430~550	54~70	40	200	200000

表 1-4 冷轧低碳钢板及钢带力学性能及用途

材料牌号	抗拉强度 R_m/MPa	屈服强度[1],[2] /MPa $\geqslant$	断后伸长率[3],[4] A/% $\geqslant$ ($b_0=20mm$,$l_0=80mm$)	r_{90} 值[5] $\geqslant$	n_{90} 值[5] $\geqslant$	用途
DC01	270~410	280[6]	28	—	—	一般用
DC03	270~370	240	34	1.3	—	冲压用
DC04	270~350	210	38	1.6	0.18	深冲用
DC05	270~330	180	40	1.9	0.20	特深冲用
DC06	270~330	170	41	2.1	0.22	超深冲用
DC07	250~310	150	44	2.5	0.23	特超深冲用

① 无明显屈服时采用 $R_{p0.2}$, 否则采用 R_{eL}。当厚度大于 0.50mm 且不大于 0.70mm 时，屈服强度上限值可以增加 20MPa；当厚度不大于 0.50mm 时，屈服强度上限值可以增加 40MPa。

② 经供需双方协商同意，DC01、DC03、DC04 屈服强度的下限值可设定为 140MPa，DC05、DC06 屈服强度的下限值可设定为 120MPa，DC07 屈服强度的下限值可设定为 100MPa。

③ 试样为 GB/T 228.1—2021 中的 P6 试样，试样方向为横向。

④ 当厚度大于 0.50mm 且不大于 0.70mm 时，断后伸长率的最小值可以降低 2%（绝对值）；当厚度不大于 0.50mm 时，断后伸长率的最小值可以降低 4%（绝对值）。

⑤ r_{90} 值和 n_{90} 值的要求仅适用于厚度不小于 0.50mm 的产品。当厚度大于 2.0mm 时，r_{90} 值可以降低 0.2。

⑥ DC01 的屈服强度上限值的有效期仅为 8 天，从生产完成之日起计。

表 1-5 深拉深冷轧薄板的力学性能

牌号	拉深级别	钢板厚度 /mm	力学性能		
			R_m/MPa	R_{eL}/MPa $\leqslant$	A_{10}/% $\geqslant$
08AL	ZF	全部	255~324	196	44
	HF	全部	255~333	206	42
	F	>1.2	255~343	216	39
		1.2	255~343	216	42
		<1.2	255~343	235	42
08F	Z	≤4	275~363	—	34
	S		275~383	—	32
	P		275~383	—	30
08	Z	≤4	275~392	—	32
	S		275~412	—	30
	P		275~412	—	28
10	Z	≤4	294~412	—	30
	S		294~432	—	29
	P		294~432	—	28
15	Z	≤4	333~451	—	27
	S		333~471	—	26
	P		333~471	—	25
20	Z	≤4	353~490	—	26
	S		353~500	—	25
	P		353~500	—	24

注：ZF 为拉深最复杂的；HF 为拉深很复杂的；F 为拉深复杂的；Z 为最深拉延级；S 为深拉延级；P 为普通拉延级。

表 1-6　常用有色金属的力学性能

材料名称	材料牌号	材料状态	极限强度		伸长率 $A/\%$	屈服强度 $R_{\mathrm{eL}}/\mathrm{MPa}$	弹性模具 E/MPa
			抗剪 $\tau_{\mathrm{b}}/\mathrm{MPa}$	抗拉 $R_{\mathrm{m}}/\mathrm{MPa}$			
铝	L2、L3 L5、L7	已退火	80	75～110	25	50～80	72000
		冷作硬化	100	120～150	4	120～240	
铝锰合金	LF21	已退火	70～100	110～145	19	50	71000
		半冷作硬化	100～140	155～200	13	130	
铝镁合金、铝镁铜合金	LF2	已退火	130～160	180～230	—	100	70000
		半冷作硬化	160～200	230～280		210	
高强度的铝镁铜合金	LC4	已退火	170	250	—	—	—
		淬硬并经人工时效	350	500		460	70000
镁锰合金	MB1	已退火	120～140	170～190	3～5	98	43600
	MB8	已退火	170～190	220～230	12～34	140	40000
		冷作硬化	190～200	240～250	8～10	160	
硬铝	LY12	已退火	105～150	150～215	12	—	72000
		淬硬并经自然时效	280～310	400～440	15	368	
		淬硬后冷作硬化	280～320	400～460	10	340	
纯铜	T1、T2、T3	软	160	200	30	70	108000
		硬	240	300	3	380	130000
黄铜	H62	软	260	300	35	380	100000
		半硬	300	380	20	200	—
		硬	420	420	10	480	—
	H68	软	240	300	40	100	110000
		半硬	280	350	25	—	
		硬	400	400	15	250	115000
铅黄铜	HPb59-1	软	300	350	25	142	93000
		硬	400	450	5	420	105000
锰黄铜	HMn58-2	软	340	390	25	170	100000
		半硬	400	450	15		
		硬	520	600	5		
锡磷青铜 锡锌青铜	QSn6.5-0.1 QSn6.5-0.4 QSn4-3	软	260	300	38	140	100000
		硬	480	550	3～5	—	
		特硬	500	650	1～2	546	124000
铝青铜	QAl7	退火	520	600	10	186	—
		不退火	560	650	5	250	115000～130000
铝锰青铜	QAl9-2	软	360	450	18	300	92000
		硬	480	600	5	500	

材料名称	材料牌号	材料状态	极限强度		伸长率 $A/\%$	屈服强度 R_{eL}/MPa	弹性模具 E/MPa
			抗剪 τ_b/MPa	抗拉 R_m/MPa			
硅锰青铜	QSi3-1	软	280~300	350~380	40~45	239	120000
		硬	480~520	600~650	3~5	540	—
		特硬	560~600	700~750	1~2	—	
铍青铜	QBe2	软	240~480	300~600	30	250~350	117000
		硬	520	660	2	1280	132000~141000
白铜	B19	软	240	300	25	—	
		硬	360	450	25		
锌白铜	BZn15-20	软	280	350	35	207	—
		硬	440	550	1	486	126000~140000
		特硬	520	650		—	
镍	Ni3~Ni5	软	350	400	35	70	—
		硬	470	550	2	210	210000~230000
锌白铜（德银）	BZn15-20	软	300	350	35		
		硬	480	550	1		
		特硬	560	650	1		
锌	Zn-3~Zn-6	—	120~200	140~230	40	75	80000~130000
铅	Pb-3~Pb-6	—	20~30	25~40	40~50	5~10	15000~17000
锡	Sn1~Sn4	—	30~40	40~50	—	12	41500~55000
钛合金	TA2	退火	360~480	450~600	25~30	—	
	TA3		440~600	550~750	20~25		
	TA5		640~680	800~850	15	800~980	104000
镁合金	MB1	冷态	120~140	170~190	3~5	120	40000
	MB8		150~180	230~240	14~15	220	41000
	MB1	预热300℃	30~50	30~50	50~52	—	40000
	MB8		50~70	50~70	58~62		41000
银	—	—	—	180	50	30	81000
可伐合金	Ni29Co18	—	400~500	500~600	—	—	—
康铜	BMn40-1	软	340	400~600	34	—	
		硬	410	650	6	—	
钨	—	已退火	—	720	0	700	312000
		未退火	—	1491	1~4	800	380000
钼	—	已退火	20~30	1400	20~25	385	280000
		未退火	32~40	1600	2~5	595	300000

1.5 常用冲压工艺计算要点

1.5.1 冲裁工艺计算要点

冲裁在多工位级进模里应用较为广泛，它既可以直接冲出所需形状的成品制件，又可以为其他成形工序制备毛坯。如多工位级进模里有弯曲、拉深、成形等工序，一般先冲裁出制件要成形的部位。

（1）冲裁间隙

冲裁凸模和凹模之间的间隙，不仅对冲裁件的质量有极重要的影响，而且还影响模具寿命、冲裁力、卸料力和推件力等。因此，间隙是冲裁凸模与凹模设计的一个非常重要的参数。

1）间隙对冲裁件质量的影响

冲裁件的质量主要通过切断面质量、尺寸精度和表面平直度来判断。在影响冲裁件质量的诸多因素中，间隙是主要的因素之一。

① 间隙对断面质量的影响　冲裁件的断面质量主要指塌角的大小、光面（光亮带）约占板厚的比例、毛面（断裂带）的斜度大小及毛刺等。冲裁件间隙的大小对断面质量的影响如表 1-7 所列。

表 1-7　间隙大小对断面质量的影响

间隙类型	简要说明
合理间隙冲裁	间隙合适时,冲裁时上、下刃口处所产生的剪切裂纹基本重合。这时光面约占板厚的 1/2～1/3,切断面的塌角、毛刺和斜度均很小,完全可以满足一般冲裁的要求
小间隙冲裁	间隙过小时,凸模刃口处的裂纹相对合理间隙时向外错开一段距离。上、下裂纹之间的材料,随着冲裁的进行,将被第二次剪切,然后被凸模挤入凹模洞口。这样,在冲裁件的切断面上形成第二个光面,在两个光面之间形成毛面,在端面出现毛刺。这种毛刺虽比合理间隙时的毛刺高一些,但易去除,而且毛面的斜度和塌角小,冲裁件的翘曲小,所以只要中间撕裂不是很深,仍可使用
大间隙冲裁	间隙过大时,凸模刃口处的裂纹比合理间隙时向内错开一段距离。材料的弯曲或拉伸增大,拉应力增大,塑性变形阶段较早结束,致使断面与光面减小,塌角与斜度增大,形成厚而大的拉长毛刺,且难以去除;同时,冲裁件的翘曲现象严重,影响生产的正常进行

若间隙分布不均匀，则在小间隙的一边形成双光面，大间隙的一边形成很大的塌角及斜度。普通冲裁毛刺的允许高度见表 1-8。

表 1-8　普通冲裁毛刺的允许高度　　　　　　　　　　　　　　　单位：mm

料厚	≈0.3	>0.3～0.5	>0.5～1.0	>1.0～1.5	>1.5～2
生产时	≤0.05	≤0.08	≤0.10	≤0.13	≤0.15
试模时	≤0.015	≤0.02	≤0.03	≤0.04	≤0.05

② 间隙对尺寸精度的影响　冲裁件的尺寸精度是指冲裁件的实际尺寸与公称尺寸的差值，差值越小，则精度越高。从整个冲裁过程来看，影响冲裁件的尺寸精度有两大方面的因素：一是多工位级进模本身的制造偏差；二是冲裁结束后冲裁件相对于凸模或凹模尺寸的偏差。

材料性质直接决定了该材料在冲裁过程中的弹性变形量。对于比较软的材料，弹性变形量较小，冲裁后的弹性回复值也较小，因而冲裁件的精度较高，硬的材料则正好相反。

材料的相对厚度越大，弹性变形量越小，因而冲裁件的精度也越高。

冲裁件尺寸越小、形状越简单，则精度越高。这是由于模具精度易保证，间隙均匀，冲裁件的翘曲小，以及冲裁件的弹性变形绝对量小的缘故。

2）间隙对冲裁力的影响

试验证明，随着间隙的增大，冲裁力有一定程度的降低，但当单面间隙介于材料厚度的 5％～20％范围内时，冲裁力的降低不超过 5％～10％。因此，在正常情况下，间隙对冲裁力的影响不是很大。

间隙对卸料力、推件力的影响比较显著。随着间隙增大，卸料力和推件力都将减小。一般当单面间隙增大到材料厚度的 15％～25％时，卸料力几乎降到零。

3）冲裁模间隙值的确定

在多工位级进模中凸模与凹模间每侧的间隙称为单面间隙，两侧间隙之和称为双面间隙。如无特殊说明，冲裁间隙就是指双面间隙。

① 间隙值确定原则　从上述的冲裁分析中可看出，找不到一个固定的间隙值能同时满足冲裁件断面质量最佳、尺寸精度最高、翘曲变形最小、模具寿命最长，冲裁力、卸料力、推件力最小等各方面的要求。因此，在冲压实际生产中，主要根据冲裁件断面质量、尺寸精度和模具寿命这几个因素给间隙规定一个范围值。只要间隙在这个范围内，就能得到合格的冲裁件和较长的模具寿命。这个间隙范围就称为合理间隙，合理间隙的最小值称为最小合理间隙，最大值称为最大合理间隙。设计和制造时，应考虑到冲裁凸、凹模在使用中会因磨损而使间隙增大，故应按最小合理间隙值确定模具间隙。

② 间隙值确定方法　确定凸、凹模合理间隙的方法有理论计算法和查表法两种。由于理论计算法在生产中使用不方便，常用查表法来确定间隙值。以下主要介绍查表法来确定冲裁的间隙值的方法。

有关间隙值的数值，可在一般冲压手册中查到。对于尺寸精度、断面垂直度要求高的制件，应选用较小间隙值，如表 1-9 所列。对于断面垂直度与尺寸精度要求不高的制件，以提高模具寿命为主，要采用大间隙值，如表 1-10、表 1-11 所列。

表 1-9　较小间隙冲裁模具初始用双面间隙 Z　　　　　　　　单位：mm

材料厚度 t/mm	软铝		纯铜、黄铜、软钢 ($\omega_c = 0.08\% \sim 0.2\%$)		杜拉铝、中等硬钢 ($\omega_c = 0.3\% \sim 0.4\%$)		硬钢 ($\omega_c = 0.5\% \sim 0.6\%$)	
	Z_{min}	Z_{max}	Z_{min}	Z_{max}	Z_{min}	Z_{max}	Z_{min}	Z_{max}
0.2	0.008	0.012	0.010	0.014	0.012	0.016	0.014	0.018
0.3	0.012	0.018	0.015	0.021	0.018	0.024	0.021	0.027
0.4	0.016	0.024	0.020	0.028	0.024	0.032	0.028	0.036
0.5	0.020	0.030	0.025	0.035	0.030	0.040	0.035	0.045
0.6	0.024	0.036	0.030	0.042	0.036	0.048	0.042	0.054
0.7	0.028	0.042	0.035	0.049	0.042	0.056	0.049	0.063
0.8	0.032	0.048	0.040	0.056	0.048	0.064	0.056	0.072
0.9	0.036	0.054	0.045	0.063	0.054	0.072	0.063	0.081

材料厚度 t/mm	软铝		纯铜、黄铜、软钢 ($\omega_c=0.08\%\sim0.2\%$)		杜拉铝、中等硬钢 ($\omega_c=0.3\%\sim0.4\%$)		硬钢 ($\omega_c=0.5\%\sim0.6\%$)	
	$Z_{\min}$	$Z_{\max}$	$Z_{\min}$	$Z_{\max}$	$Z_{\min}$	$Z_{\max}$	$Z_{\min}$	$Z_{\max}$
1.0	0.040	0.060	0.050	0.070	0.060	0.080	0.070	0.090
1.2	0.050	0.084	0.072	0.096	0.084	0.108	0.096	0.120
1.5	0.075	0.105	0.090	0.120	0.105	0.135	0.120	0.150
1.8	0.090	0.126	0.108	0.144	0.126	0.162	0.144	0.180
2.0	0.100	0.140	0.120	0.160	0.140	0.180	0.160	0.200
2.2	0.132	0.176	0.154	0.198	0.176	0.220	0.198	0.242
2.5	0.150	0.200	0.175	0.225	0.200	0.250	0.225	0.275
2.8	0.168	0.224	0.196	0.252	0.224	0.280	0.252	0.308
3.0	0.180	0.240	0.210	0.270	0.240	0.300	0.270	0.330
3.5	0.245	0.315	0.280	0.350	0.315	0.385	0.350	0.420
4.0	0.280	0.360	0.320	0.400	0.360	0.440	0.400	0.480
4.5	0.315	0.405	0.360	0.450	0.405	0.490	0.450	0.540
5.0	0.350	0.450	0.400	0.500	0.450	0.550	0.500	0.600
6.0	0.380	0.600	0.540	0.660	0.600	0.720	0.660	0.780
7.0	0.560	0.700	0.630	0.770	0.700	0.840	0.770	0.910
8.0	0.720	0.880	0.800	0.960	0.880	1.040	0.960	1.120
9.0	0.870	0.990	0.900	1.080	0.990	1.170	1.080	1.260
10.0	0.900	1.100	1.000	1.200	1.100	1.300	1.200	1.400

注：1. 初始间隙的最小值相当于间隙的公称数值。

2. 初始间隙的最大值是考虑到凸模和凹模的制造公差所增加的数值。

3. 本表适用于电子电器等行业对尺寸精度和断面质量要求高的冲裁件。

4. ω_c 为含碳量。

表 1-10　冲裁模初始双面间隙 Z（汽车、拖拉机行业）　　　　单位：mm

材料厚度 t	08、10、35、09Mn、Q235		16Mn		40、50		65Mn	
	$Z_{\min}$	$Z_{\max}$	$Z_{\min}$	$Z_{\max}$	$Z_{\min}$	$Z_{\max}$	$Z_{\min}$	$Z_{\max}$
<0.5	极小间隙							
0.5	0.040	0.060	0.040	0.060	0.040	0.060	0.040	0.060
0.6	0.048	0.072	0.048	0.072	0.048	0.072	0.048	0.072
0.7	0.064	0.092	0.064	0.092	0.064	0.092	0.064	0.092
0.8	0.072	0.104	0.072	0.104	0.072	0.104	0.064	0.092
0.9	0.092	0.126	0.090	0.126	0.090	0.126	0.090	0.126
1.0	0.100	0.140	0.100	0.140	0.100	0.140	0.090	0.126
1.2	0.126	0.180	0.132	0.180	0.132	0.180	—	—
1.5	0.132	0.240	0.170	0.240	0.170	0.240	—	—
1.75	0.220	0.320	0.220	0.320	0.220	0.320	—	—

材料厚度 t	08、10、35、09Mn、Q235		16Mn		40、50		65Mn	
	Z_{min}	Z_{max}	Z_{min}	Z_{max}	Z_{min}	Z_{max}	Z_{min}	Z_{max}
2.0	0.246	0.360	0.260	0.380	0.260	0.380	—	—
2.1	0.260	0.380	0.280	0.400	0.280	0.400	—	—
2.5	0.260	0.500	0.380	0.540	0.380	0.540	—	—
2.75	0.400	0.560	0.420	0.600	0.420	0.600	—	—
3.0	0.460	0.640	0.480	0.660	0.480	0.660	—	—
3.5	0.540	0.740	0.580	0.780	0.580	0.780	—	—
4.0	0.610	0.880	0.680	0.920	0.680	0.920	—	—
4.5	0.720	1.000	0.680	0.960	0.780	1.040	—	—
5.5	0.940	1.280	0.780	1.100	0.980	1.320	—	—
6.0	1.080	1.440	0.840	1.200	1.140	1.500	—	—
6.5	—	—	0.940	1.300	—	—	—	—
8.0	—	—	1.200	1.680	—	—	—	—

表 1-11 冲裁模初始双面间隙 Z（电器、仪表行业）　　　　单位：mm

材料厚度 t	45,T7,T8(退火)，65Mn(退火)，磷青铜(硬)，铍青铜(硬)		10,15,20,30钢板、冷轧钢带，H62,H65(硬)，2A12(硬铝),硅钢片		08,10,15,Q215,Q235钢板，H62,H68(半硬)，纯铜(硬),磷青铜(软)，铍青铜(软)		H62,H68(软)，纯铜(软),3A12,5A02,1060~1200纯铝，2A12(退火)	
	≥190HBW		140~190HBW		70~140HBW		≤70HBW	
	$R_m \geq 600MPa$		$R_m = 400\sim600MPa$		$R_m = 300\sim400MPa$		$R_m \leq 300MPa$	
	Z_{min}	Z_{max}	Z_{min}	Z_{max}	Z_{min}	Z_{max}	Z_{min}	Z_{max}
0.1	0.015	0.035	0.01	0.03	*	—	*	—
0.2	0.025	0.045	0.015	0.035	0.01	0.03	*	—
0.3	0.04	0.06	0.03	0.05	0.02	0.04	0.01	0.03
0.5	0.08	0.10	0.06	0.08	0.04	0.06	0.025	0.045
0.8	0.13	0.16	0.10	0.13	0.07	0.10	0.045	0.075
1.0	0.17	0.20	0.13	0.16	0.10	0.13	0.065	0.095
1.2	0.21	0.24	0.16	0.19	0.13	0.16	0.075	0.105
1.5	0.27	0.31	0.21	0.25	0.15	0.19	0.10	0.14
1.8	0.34	0.38	0.27	0.31	0.20	0.24	0.13	0.17
2.0	0.38	0.42	0.30	0.34	0.22	0.26	0.14	0.18
2.5	0.49	0.55	0.39	0.45	0.29	0.35	0.18	0.24
3.0	0.62	0.68	0.49	0.55	0.36	0.42	0.23	0.29
3.5	0.73	0.81	0.58	0.66	0.43	0.51	0.27	0.35

材料厚度 t	45、T7、T8(退火)、65Mn(退火)、磷青铜(硬)、铍青铜(硬)		10、15、20、30 钢板、冷轧钢带、H62、H65(硬)、2A12(硬铝)，硅钢片		08、10、15、Q215、Q235 钢板、H62、H68(半硬)、纯铜(硬)、磷青铜(软)、铍青铜(软)		H62、H68(软)、纯铜(软)、3A12、5A02、1060~1200 纯铝、2A12(退火)	
	≥190HBW		140~190HBW		70~140HBW		≤70HBW	
	$R_m \geqslant 600\text{MPa}$		$R_m = 400\text{~}600\text{MPa}$		$R_m = 300\text{~}400\text{MPa}$		$R_m \leqslant 300\text{MPa}$	
	Z_{min}	Z_{max}	Z_{min}	Z_{max}	Z_{min}	Z_{max}	Z_{min}	Z_{max}
4.0	0.86	0.94	0.68	0.76	0.50	0.58	0.32	0.40
4.5	1.00	1.08	0.78	0.86	0.58	0.66	0.37	0.45
5.0	1.13	1.23	0.90	1.00	0.65	0.75	0.42	0.52
6.0	1.40	1.50	1.10	1.20	0.82	0.92	0.53	0.63
8.0	2.00	2.12	1.60	1.72	1.17	1.29	0.76	0.88
10	2.60	2.72	2.10	2.22	1.56	1.68	1.02	1.14
12	3.30	3.42	2.60	2.72	1.97	2.09	1.30	1.42

注：表中 * 处均系无间隙。

（2）冲裁力及卸料力、推料力、顶料力计算

冲裁力及卸料力、推料力、顶料力计算公式如表 1-12 所列。

表 1-12　冲裁力及卸料力、推料力、顶料力计算公式

序号	名称	计算公式	内容	符号说明
1	冲裁力	$F = Lt\tau$	冲裁力是指冲压时材料对凸模的最大抵抗力。冲裁力的大小主要与材料的厚度、力学性能和制件的轮廓长度有关	F——冲裁力，N； L——冲裁件周边长度，mm； t——制件厚度，mm； τ——材料抗剪强度，MPa；
2	卸料力	$F_{卸} = k_{卸}F$	卸料力是将箍在凸模上的材料卸下所需的力	$k_{卸}$——卸料力系数； $k_{推}$——推料力系数；
3	推料力	$F_{推} = nk_{推}F$	推料力是将落料件顺着冲裁方向从凹模孔推出所需的力	$k_{顶}$——顶料力系数； n——凹模孔内存件的个数，$n = h/t$（h 为凹模刃口直壁高度）
4	顶料力	$F_{顶} = k_{顶}F$	顶料力是将落料件逆着冲裁方向顶出凹模孔所需的力	

注：卸料力、推料力和顶料力系数可查表 1-13。

表 1-13　卸料力、推料力、顶料力系数

料厚/mm		$k_{卸}$	$k_{推}$	$k_{顶}$
钢	≤0.1	0.065~0.075	0.1	0.14
	>0.1~0.5	0.045~0.055	0.063	0.08
	>0.5~2.5	0.04~0.05	0.055	0.06
	>2.5~6.5	0.03~0.04	0.045	0.05
	>6.5	0.02~0.03	0.025	0.03
铝、铝合金		0.025~0.08	0.03~0.07	
纯铜、黄铜		0.02~0.06	0.03~0.09	

在多工位级进模冲压过程中同时存在卸料力、推料力和顶料力时，总冲压力 $F_总 = F + F_卸 + F_推 + F_顶$，这时所选压力机能承受的最大压力需大于 $30\%F_总$ 左右。

当 $F_卸$、$F_推$、$F_顶$ 并不是与 F 同时出现时，则计算 $F_总$ 只加与 F 同一瞬间出现的力即可。

1.5.2 弯曲工艺计算要点

级进模弯曲是指弯曲件采用级进模一步弯曲成形或在多个工位上分步弯曲成形的一种冲压方法。在冲压过程中，毛坯是始终在带料（条料）上进行的，所以在级进模里，弯曲除了应遵守单工序模弯曲变形规律之外，对于比较复杂形状的弯曲件，还需经过多个工位逐渐弯曲变化，以有利于成形并提高弯曲工艺质量。

1.5.2.1 弯曲工艺质量分析

（1）弯裂

在弯曲过程中，弯曲件的外层受到拉应力。弯曲半径越小，拉应力越大。当弯曲半径小到一定程度时，弯曲件的外表面将超过材料的最大许可变形程度而出现开裂，形成废品，这种现象称为弯裂。通常将不致使材料弯曲时发生开裂的最小弯曲半径的极限值称为材料的最小弯曲半径，将最小弯曲半径 $r_{\min}$ 与板料厚度 t 之比称为最小相对弯曲半径（也称最小弯曲系数）。不同材料在弯曲时都有最小弯曲半径，一般情况下，不应使制件的圆角半径等于最小弯曲半径，应尽量取得大些。

影响最小相对弯曲半径的因素主要有以下几点：

① 材料的力学性能　材料的塑性越好，其外层允许的变形程度就越大，许可的最小相对弯曲半径也越小。

② 带料（条料）的轧制方向与弯曲线之间的关系　多工位级进模的带料（条料）多为冷轧钢板，且呈纤维状组织，在横向、纵向和厚度方向都存在力学性能的异向性。因此，当弯曲线与纤维方向垂直时，材料具有较大的抗拉强度，外缘纤维不易破裂，可用较小的相对弯曲半径；当弯曲线与纤维方向平行时，则由于抗拉强度较差且外层纤维容易破裂，允许的最小相对弯曲半径值就要大些。

③ 弯曲件的宽度与厚度　弯曲件的宽度不同，其应力应变状态也不一样。弯曲件越宽，最小弯曲半径值越大。弯曲件的相对宽度 b/t（b 为毛坯弯曲前、后的平均宽度）较小时，对最小相对弯曲半径 $r_{\min}/t$ 的影响较为明显，相对宽度 $b/t > 10$ 时，其影响变小。

④ 弯曲件角度的影响　弯曲件角度较大时，接近弯曲圆角的直边部分也参与变形，从而使弯曲圆角处的变形得到一定程度的减轻。所以弯曲件角度越大，许可的最小相对弯曲半径可以越小。

⑤ 带料（条料）的表面质量　当带料（条料）的表面质量指标差时，易造成应力集中和降低塑性变形的稳定性，使材料过早地破坏。在多工位级进模冲压中，对带料（条料）的表面质量要求较高。

最小相对弯曲半径与材料的力学性能、表面质量、带料（条料）的轧制方向等因素有关。其数值一般由试验方法确定，表 1-14 所列为最小弯曲半径。

表 1-14　最小弯曲半径

材料	退火或正火		冷作硬化	
	弯曲线位置			
	垂直于纤维	平行于纤维	垂直于纤维	平行于纤维
08、10	$0.1t$	$0.4t$	$0.4t$	$0.8t$
15、20	$0.1t$	$0.5t$	$0.5t$	$1.0t$
25、30	$0.2t$	$0.6t$	$0.6t$	$1.2t$
35、40	$0.3t$	$0.8t$	$0.8t$	$1.5t$
45、50	$0.5t$	$1.0t$	$1.0t$	$1.7t$
55、60	$0.7t$	$1.3t$	$1.3t$	$2t$
65Mn、T7	$1t$	$2t$	$2t$	$3t$
Cr18Ni9	$1t$	$2t$	$3t$	$4t$
软杜拉铝	$1t$	$1.5t$	$1.5t$	$2.5t$
硬杜拉铝	$2t$	$3t$	$3t$	$4t$
磷铜	—	—	$1t$	$3t$
半硬黄铜	$0.1t$	$0.35t$	$0.5t$	$1.2t$
软黄铜	$0.1t$	$0.35t$	$0.35t$	$0.8t$
纯铜	$0.1t$	$0.35t$	$1t$	$2t$
铝	$0.1t$	$0.35t$	$0.5t$	$1t$
	加热到 $300\sim400℃$		冷弯	
镁合金 M2M	$2t$	$3t$	$6t$	$8t$
镁合金 ME20M	$1.5t$	$2t$	$5t$	$6t$
钛合金 BT1	$1.5t$	$2t$	$3t$	$4t$
钛合金 BT5	$3t$	$4t$	$5t$	$6t$
钼合金 ($t\leqslant2mm$)	加热到 $400\sim500℃$		冷弯	
	$2t$	$3t$	$4t$	$5t$

注：表中所列数据用于弯曲件圆角圆弧所对应的圆心角大于 90°、断面质量良好的情况。

（2）弯曲回弹

金属材料在塑性弯曲时，总是伴随着弹性变形。当弯曲变形结束、载荷去除后，由于弹性恢复，制件的弯曲角度和弯曲半径发生变化，与弯曲凸、凹模的形状不一致，这种现象称为回弹。

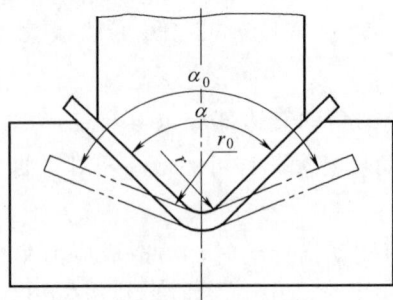

图 1-2　弯曲时的回弹

1）回弹方式

弯曲件的回弹表现为弯曲半径的回弹和弯曲角度的回弹，如图 1-2 所示。

弯曲半径的回弹值是指弯曲件回弹前后弯曲半径的变化值，即 $\Delta r = r_0 - r$。

弯曲角度的回弹值是指弯曲件回弹前后角度的变化值，即 $\Delta\alpha = \alpha_0 - \alpha$。

2）回弹值的确定

由于影响回弹值的因素很多，因此要在理论上计算回弹值是有困难的。模具设计时，通常按试验总结的数据来选用，经试冲后再对弯曲凸、凹模工作部分加以修正。

① 相对弯曲半径较大的制件　当相对弯曲半径较大（$r/t > 10$）时，不仅弯曲件弯曲角度回弹大，而且弯曲半径也有较大变化。这时，可按下列公式计算出回弹值，然后在试模中根据制件现状的分析再进行修正。

在多工位级进模中弯曲时，凸模圆角半径为

$$r_凸 = \cfrac{1}{\cfrac{1}{r} + \cfrac{3R_{eL}}{Et}} \tag{1-1}$$

设 $K = \dfrac{3R_{eL}}{E}$，则

$$r_凸 = \cfrac{r}{1 + K\,\dfrac{r}{t}} \tag{1-2}$$

弯曲凸模角度为

$$\alpha_凸 = \alpha - (180° - \alpha)\left(\frac{r}{r_凸} - 1\right) \tag{1-3}$$

式中　$r_凸$——凸模的圆角半径，mm；

α——弯曲件的角度，(°)；

t——材料厚度，mm；

R_{eL}——材料的屈服强度，MPa；

r——制件的圆角半径，mm；

$\alpha_凸$——弯曲凸模角度，(°)；

E——材料的弹性模量，MPa；

K——简化系数（如表 1-15 所示）。

表 1-15　简化系数 K 值

材料名称	材料牌号	材料状态	K	材料名称	材料牌号	材料状态	K
铝	L4、L6	退火	0.0012	锡青铜	QSn6.5-0.1	硬	0.015
		冷硬	0.0041	铍青铜	QBe2	软	0.0064
防锈铝	LF21	退火	0.0021			硬	0.0265
		冷硬	0.0054	铝青铜	QAl5	硬	0.0047
	LF12	软	0.0024	碳铜	08、10、A2		0.0032
硬铝	2A11	软	0.0064		20、A3		0.005
		硬	0.0175		30、35、A5		0.0068
	2A12	软	0.007		50		0.015
		硬	0.026	碳素工具钢	T8	退火	0.0076
铜	T1、T2、T3	软	0.0019			冷硬	0.0035
		硬	0.0088	不锈钢	1Gr18Ni9Ti	退火	0.0044
黄铜	H62	软	0.0033			冷硬	0.018
		半硬	0.008	弹簧钢	65Mn	退火	0.0076
		硬	0.015			冷硬	0.015
	H68	软	0.0026		60Si2MnA	冷硬	0.021
		硬	0.0148				

② 相对弯曲半径较小的制件　当相对弯曲半径较小（$r/t<5$）时，弯曲后，弯曲半径变化不大，可只考虑角度的回弹，其值可查表 1-16～表 1-18，在试模中进一步进行修正。

表 1-16　90° 单角弯曲时的回弹角 $\Delta\alpha$

材料	r/t	材料厚度 t/mm		
		<0.8	0.8～2	>2
软钢板（$R_m=350$MPa）	<1	4°	2°	0°
软黄铜（$R_m\leqslant350$MPa）	1～5	5°	3°	1°
铝、锌	>5	6°	4°	2°
中硬钢（$R_m=400\sim500$MPa）	<1	5°	2°	0°
硬黄铜（$R_m=350\sim400$MPa）	1～5	6°	3°	1°
硬青铜	>5	8°	5°	3°
硬钢（$R_m\geqslant550$MPa）	<1	7°	4°	2°
	1～5	9°	5°	3°
	>5	12°	7°	6°
30CrMnSiA	<2	2°	2°	2°
	2～5	4°30′	4°30′	4°30′
	>5	8°	8°	8°
硬铝 2A12	<2	2°	3°	4°30′
	2～5	4°	6°	8°30′
	>5	6°30′	10°	14°
超硬铝 7A04	<2	2°30′	5°	8°
	2～5	4°	8°	11°30′
	>5	7°	12°	19°

表 1-17　单角 90° 校正弯曲时的回弹角 $\Delta\alpha$

材料	r/t		
	≤1	1～2	2～3
Q215、Q235	1°～1°30′	0°～2°	1°30′～2°30′
纯铜、铝、黄铜	0°～1°30′	0°～30°	2°～4°

表 1-18　U 形件弯曲时的回弹角 $\Delta\alpha$

材料的牌号与状态	r/t	凹模与凸模的单边间隙 Z						
		$0.8t$	$0.9t$	$1t$	$1.1t$	$1.2t$	$1.3t$	$1.4t$
		回弹角 $\Delta\alpha$						
2A12Y	2	−2°	0°	2°30′	5°	7°30′	10°	12°
	3	−1°	1°30′	4°	6°30′	9°30′	12°	14°
	4	0°	3°	5°30′	8°30′	11°30′	14°	16°30′
	5	1°	4°	7°	10°	12°30′	15°	18°
	6	2°	5°	8°	11°	13°30′	16°30	19°30′

材料的牌号与状态	r/t	凹模与凸模的单边间隙 Z						
		$0.8t$	$0.9t$	$1t$	$1.1t$	$1.2t$	$1.3t$	$1.4t$
		回弹角 $\triangle \alpha$						
2A12M	2	$-1°30'$	$0°$	$1°30'$	$3°$	$5°$	$7°$	$8°30'$
	3	$-1°30'$	$30'$	$2°30'$	$4°$	$6°$	$8°$	$9°30'$
	4	$-1°$	$1°$	$3°$	$4°30'$	$6°30'$	$9°$	$10°30'$
	5	$-1°$	$1°$	$3°$	$5°$	$7°$	$9°30'$	$11°$
	6	$-0°30'$	$1°30'$	$3°30'$	$6°$	$8°$	$10°$	$12°$
7A04Y	3	$3°$	$7°$	$10°$	$12°30'$	$14°$	$16°$	$17°$
	4	$4°$	$8°$	$11°$	$13°30'$	$15°$	$17°$	$18°$
	5	$5°$	$9°$	$12°$	$14°$	$16°$	$18°$	$20°$
	6	$6°$	$10°$	$13°$	$15°$	$17°$	$20°$	$23°$
	8	$8°$	$13°30'$	$16°$	$19°$	$21°$	$23°$	$26°$
7A04M	2	$-3°$	$-2°$	$0°$	$3°$	$5°$	$6°30'$	$8°$
	3	$-2°$	$-1°30'$	$2°$	$3°30'$	$6°30'$	$8°$	$9°$
	4	$-1°30'$	$-1°$	$2°30'$	$4°30'$	$7°$	$8°30'$	$10°$
	5	$-1°$	$-1°$	$3°$	$5°30'$	$8°$	$9°$	$11°$
	6	$0°$	$-0°30'$	$3°30'$	$6°30'$	$8°30'$	$10°$	$12°$
20（已退火）	1	$-2°30'$	$-1°$	$30'$	$1°30'$	$3°$	$4°$	$5°$
	2	$-2°$	$-0°30'$	$1°$	$2°$	$3°30'$	$5°$	$6°$
	3	$-1°30'$	$0°$	$1°30'$	$3°$	$4°30'$	$6°$	$7°30'$
	4	$-1°$	$0°30'$	$2°30'$	$4°$	$5°30'$	$7°$	$9°$
	5	$-0°30'$	$1°30'$	$3°$	$5°$	$6°30'$	$8°$	$10°$
	6	$-0°30'$	$2°$	$4°$	$6°$	$7°30'$	$9°$	$11°$
1Gr18Ni9Ti	1	$-2°$	$-1°$	$30'$	$0°$	$30'$	$1°30'$	$2°$
	2	$-1°$	$-0°30'$	$0°$	$1°$	$1°30'$	$2°$	$3°$
	3	$-0°30'$	$0°$	$1°$	$2°$	$2°30'$	$3°$	$4°$
	4	$0°$	$1°$	$2°$	$2°30'$	$3°$	$4°$	$5°$
	5	$0°30'$	$1°30'$	$2°30'$	$3°$	$4°$	$5°$	$6°$
	6	$1°30'$	$2°$	$3°$	$4°$	$5°$	$6°$	$7°$

1.5.2.2　弯曲件展开尺寸计算

弯曲件展开长度是根据应变中性层弯曲前后长度不变，以及变形区在弯曲前后体积不变的原则来计算的。

（1）应变中性层位置的确定

弯曲过程中，当弯曲变形程度较小时，应变中性层与毛坯［在带料（条料）上已冲切所要弯曲部分外轮廓的工序件］断面的中心层重合，但是当弯曲变形程度较大时，变形区为立体应力应变状态。因此，在弯曲过程中，应变中性层与中心层重合，逐渐向曲率中心移动。同时，由于变形区厚度变薄，应变中性层的曲率半径 $\rho_{\varepsilon} < r + t/2$。此种情况的应变中性层

位置可以根据变形前后体积不变的原则来确定，如图 1-3 所示。

弯曲前变形区的体积按下式计算：

$$V_0 = Lbt \tag{1-4}$$

弯曲后变形区的体积按下式计算：

$$V = \pi (R^2 - r^2) \frac{\alpha}{2\pi} b' \tag{1-5}$$

因为 $V_0 = V$，且应变中性层弯曲前后长度不变，即 $L = \alpha\rho_\varepsilon$，可以根据式（1-4）和式（1-5）得

$$\rho_\varepsilon = \frac{R^2 - r^2}{2t} \times \frac{b'}{b} \tag{1-6}$$

将 $R = r + \eta t$ 代入上式，经整理后得

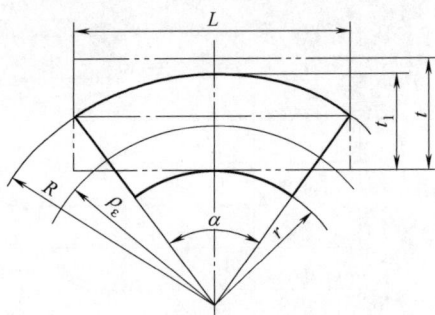

图 1-3 应变中性层位置的确定

$$\rho_\varepsilon = \left(\frac{r}{t} + \frac{\eta}{2} \right) \eta\beta t \tag{1-7}$$

式中　L——毛坯弯曲部分原长，mm；

α——弯曲件圆角的圆弧所对的圆心角，（°）；

b，b'——毛坯弯曲前、后的平均宽度，mm；

β——变宽系数，$\beta = b'/b$，当 $b/t > 3$ 时，$\beta = 1$；

η——材料变薄系数，$\eta = t'/t$，t' 为弯曲后变形区的厚度，mm。

在实际生产中，为了计算方便，一般用经验公式确定中性层的曲率半径，即

$$\rho_\varepsilon = r + xt \tag{1-8}$$

式中　x——与变形有关的中性层系数，其值如表 1-19 所示。

表 1-19　中性层系数 x 的值

r/t	0.1	0.2	0.3	0.4	0.5	0.6	0.7	0.8	1.0	1.2
x	0.21	0.22	0.23	0.24	0.25	0.26	0.28	0.30	0.32	0.33
r/t	1.3	1.5	2.0	2.5	3.0	4.0	5.0	6.0	7.0	≥8.0
x	0.34	0.36	0.38	0.39	0.40	0.42	0.44	0.46	0.48	0.50

（2）弯曲件展开长度计算

弯曲件展开长度应根据不同情况进行计算。

1）$r > 0.5t$ 的弯曲件

这类制件弯曲后变薄不严重且断面畸变较轻，可以按应变中性层长度等于毛坯长度的原则来计算。如图 1-4 所示，毛坯总长度应等于弯曲件直线部分长度和弯曲部分应变中性层长度之和，即

$$L = \sum l_i + \sum \frac{\pi\alpha_i}{180°}(r_i + x_i t) \tag{1-9}$$

式中　L——弯曲件毛坯长度，mm；

l_i——直线部分各段长度，mm；

x_i——弯曲部分各段中性层系数；

α_i——弯曲件各段弯曲部分圆角圆弧所对应的圆心角，（°）；

r_i——弯曲件各段弯曲部分的内圆角半径，mm。

$r>0.5t$ 的弯曲件除以上公式外，还可以参考表 1-20 所列的几种弯曲件展开尺寸计算。

2）$r<0.5t$ 的弯曲件

对于 $r<0.5t$ 的弯曲件，由于弯曲变形时不仅制件的圆角变形区产生严重变薄，而且与其相邻的直边部分也产生变薄，故应按变形前后体积不变条件确定毛坯长度。通常采用表 1-21 所列经验公式计算。

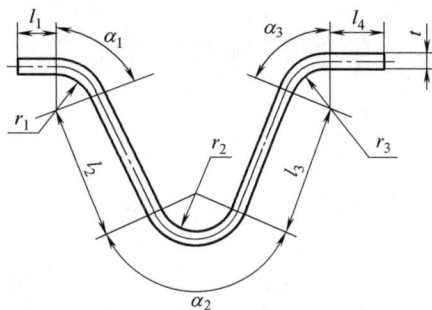

图 1-4　r > 0.5t 的弯曲件

表 1-20　r > 0.5t 时弯曲件展开尺寸计算公式

序号	弯曲特性	简图	计算公式
1	单直角弯曲		$L=a+b+\dfrac{\pi}{2}(r+t)$
2	双直角弯曲		$L=a+b+c+\pi(r+t)$
3	四直角弯曲		$L=2a+2b+c+\pi(r_1+t)+\pi(r_2+t)$
4	圆管形制件的弯曲		$L=\pi D=\pi(d+2t)$

表 1-21　r < 0.5t 时弯曲件毛坯长度计算

序号	弯曲特征	简图	计算公式
1	单角弯曲		$L=a+b+0.4t$
			$L=a+b-0.4t$

序号	弯曲特征	简图	计算公式
1	单角弯曲		$L=a+b-0.43t$
2	双角同时弯曲		$L=a+b+c+0.6t$
3	三角同时弯曲		$L=a+b+c+d+0.75t$
4	第一次同时弯两个角，第二次弯另一个角		$L=a+b+c+d+t$
5	四角同时弯曲		$L=a+2b+2c+t$
6	分两次弯四个角		$L=a+2b+2c+1.2t$

3）无圆角半径的弯曲件展开长度计算

无圆角半径的弯曲件如图 1-5 所示。弯曲角半径 $r<0.3t$ 或 $r=0$ 时，弯曲处材料变薄严重，展开尺寸一般根据毛坯与制件体积相等的原则，并考虑在弯曲处材料变薄修正计算得到。

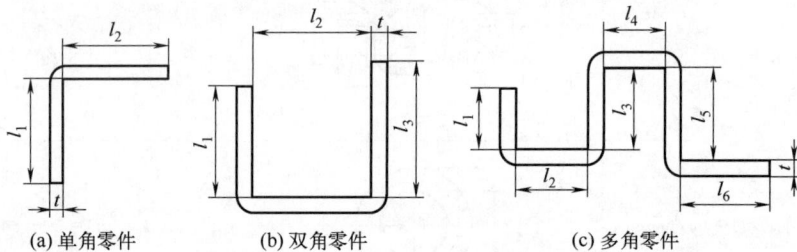

(a) 单角零件　　(b) 双角零件　　(c) 多角零件

图 1-5　无圆角半径的弯曲件

故毛坯总长度等于各平直部分长度与弯曲角部分长度之和，即

$$L=l_1+l_2+\cdots+l_n+nKt \tag{1-10}$$

式中　l_1，l_2，$\cdots$，l_n——平直部分的直线段长度；

n——弯角数目；

K——系数，$r=0.05t$ 时，$K=0.38\sim0.40$；$r=0.1t$ 时，$K=0.45\sim0.48$。其中，小数值用于 $t<1$mm 时，大数值用于 $t=3\sim4$mm 时。系数 K 也可按下面方法选用：单角弯曲时，$K=0.5$；多角弯曲时，$K=0.25$；塑性较大的材料，$K=0.125$。

4）大圆角半径弯曲件展开尺寸计算

当 $r\geqslant8t$ 时，中性层系数接近 0.5，对于用往复曲线连接的曲线性件、弹性件等，展开尺寸可按材料厚度中间层尺寸计算，如表 1-22 所列。

表 1-22　不同弯曲形状展开尺寸计算公式

序号	往复曲线形部分简图	计算公式
1	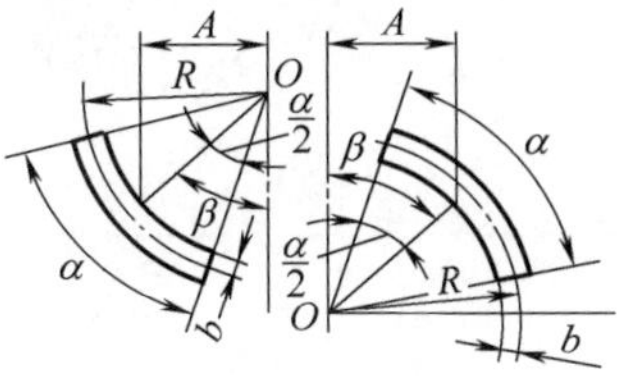	$$A = \frac{Rl_1}{l}\sin\beta = R\frac{360°\sin\frac{\alpha}{2}\sin\beta}{\pi\alpha}$$ 式中　l——弧长，mm；　　　　l_1——弦长，mm
2	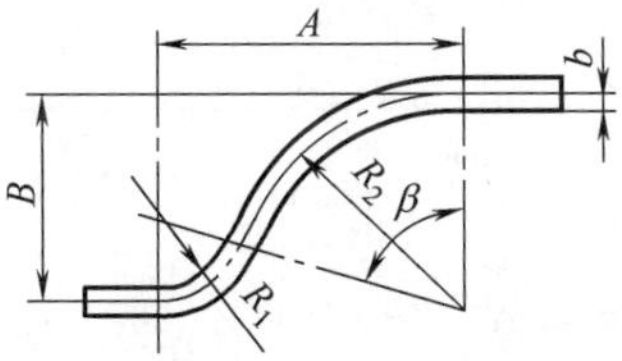	$$A = \sqrt{2B(R_1+R_2)-B^2}$$ $$\cos\beta = \frac{R_1+R_2-B}{R_1+R_2}$$
3	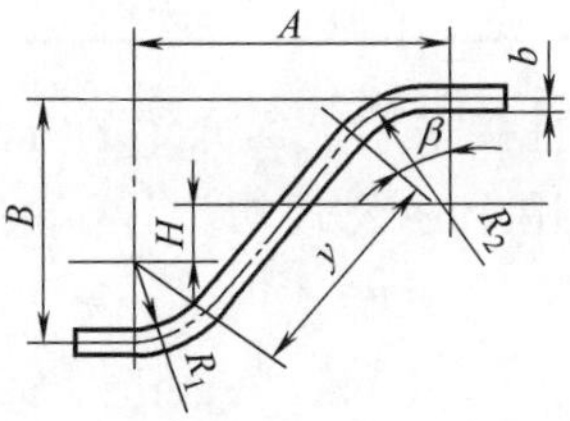	$$A = B\cos\beta+(R_1+R_2)\tan\frac{\beta}{2}$$ $$y = \frac{B}{\sin\beta}-(R_1+R_2)\tan\frac{\beta}{2}$$ $$= \sqrt{A^2+H^2-(R_1+R_2)^2}$$
4	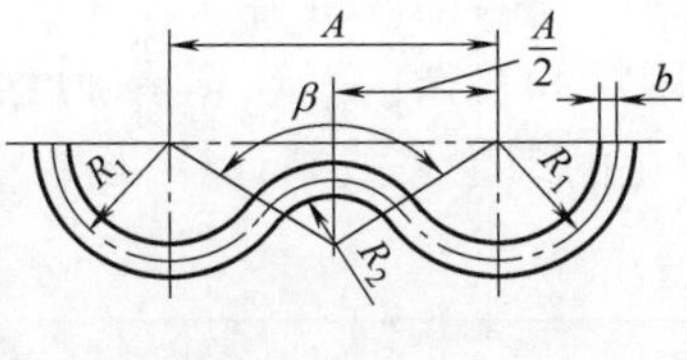	卷圆首次弯曲半径 $$R_2 = \left(\frac{180°}{\beta}-1\right)R_1$$ 式中，R_1 为工件图上圆圈半径：当 $R_2 = R_1$ 时，$A = 4R_1\sin\frac{\beta}{2}$；当 $R_2 \neq R_1$ 时，$A = 2\sin\frac{\beta}{2}(R_2+R_1)$

5）卷圆形零件展开长度计算

卷圆形零件展开长度可按表 1-23 所列计算。

表 1-23　卷圆形零件展开长度计算公式

卷圆形式	简图	计算公式
铰链形	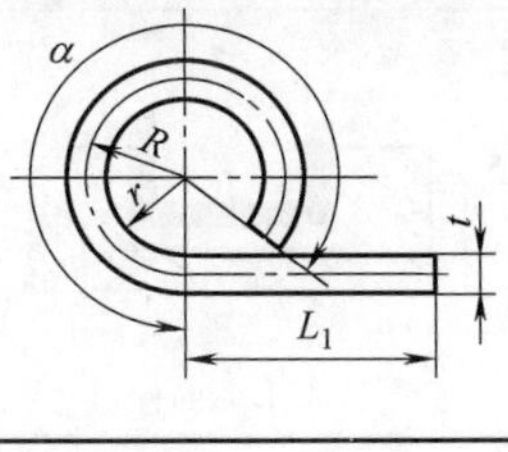	$$L = L_1 + \frac{\pi R}{180°}\alpha$$

卷圆形式	简图	计算公式
吊钩形 I	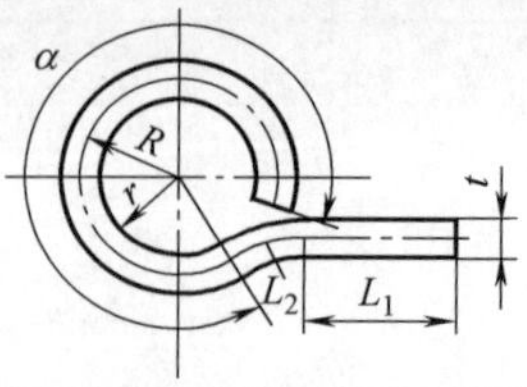	$L=L_1+L_2+\dfrac{\pi R}{180°}\alpha$
吊钩形 II	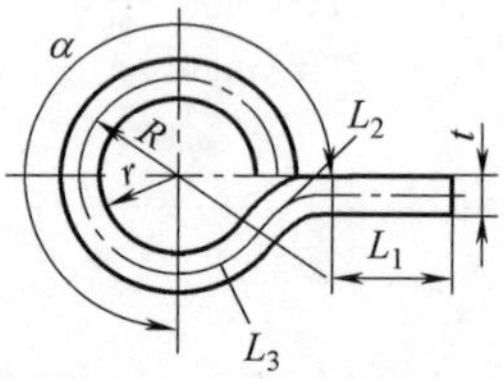	$L=L_1+L_2+L_3+4.71R$

注：1. 式中，R 为弯曲中性层半径，$R=r+Kt$，K 值如表 1-24 所列。

2. L_1、L_2、L_3 按材料中间层尺寸计算，相对圆心角由零件图尺寸确定。

表 1-24　卷圆件弯曲中性层系数 K 值

r/t	>0.3~0.6	>0.6~0.8	>0.8~1	>1~1.2	>1.2~1.5	>1.5~1.8	>1.8~2	>2~2.2	>2.2
K	0.76	0.73	0.7	0.67	0.64	0.61	0.58	0.54	0.5

对于形状比较简单、尺寸精度要求不高的弯曲件，可直接采用上面介绍的方法计算展开长度。而对于形状比较复杂或精度要求高的弯曲件，在利用上述公式初步计算展开长度后，还需反复试验、不断修正，才能最后确定毛坯的展开尺寸。

（3）弯曲力、顶件力及压料力

1）弯曲力

弯曲力也是设计多工位级进模和选择压力机吨位的重要依据之一。弯曲力的大小不仅与毛坯尺寸、材料力学性能、凹模支点间的距离、弯曲半径、模具间隙等有关，而且与弯曲方式也有很大关系。因此，要从理论上计算弯曲力是非常困难和复杂的，计算精确度也不高。

生产中，通常采用表 1-25 所列的经验公式或经过简化的理论公式来计算。

表 1-25　弯曲力计算公式

弯曲方式	名称	计算公式	图示	符号说明
自由弯曲	V 形弯曲件	$F_自=\dfrac{0.6kbt^2R_m}{r+t}$	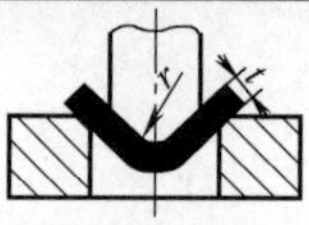	$F_自$——自由弯曲时的弯曲力，N； b——弯曲件的宽度，mm； r——弯曲件的内弯曲半径，mm； R_m——材料的抗拉强度，MPa； k——安全系数，一般取 $k=1$~1.3；
	U 形弯曲件	$F_自=\dfrac{0.7kbt^2R_m}{r+t}$	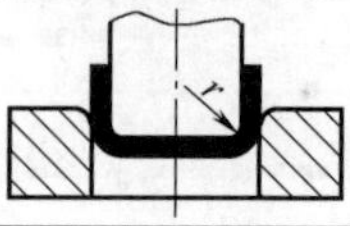	
校正弯曲	V 形、U 形弯曲件	$F_校=qA$	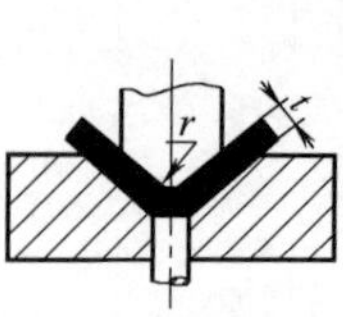 V形弯曲件 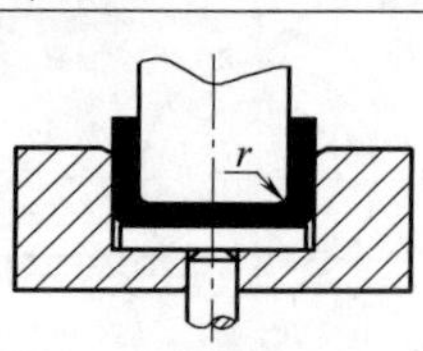　U形弯曲件	$F_校$——校正弯曲时的弯曲力，N； A——校正部分的投影面积，mm²； q——单位面积上的校正力，MPa，q 值可按表 1-26 选择

必须注意，在一般机械传动的压力机上，校模深度（即校正力的大小与弯曲模闭合高度的调整）和制件材料的厚度变化有关。校模深度与制件材料厚度的变化对校正力影响很大，因此表 1-26 所列数据仅供参考。

表 1-26　单位面积上的校正力 q　　　　　　　　　　　单位：MPa

材料	材料厚度/mm			
	≤1	>1～2	>2～5	>5～10
铝	10～15	15～20	20～30	30～40
黄铜	15～20	20～30	30～40	40～60
10、15、20 钢	20～30	30～40	40～60	60～80
25、30、35 钢	30～40	40～50	50～70	70～100

2）顶件力和压料力

设有顶件装置或压料装置的弯曲件，其顶件力或压料力可近似取自由弯曲力的 $30\%\sim80\%$，即

$$F_Q = (0.3\sim0.8)F_自 \tag{1-11}$$

式中　F_Q——顶件力或压料力，N；

　　　$F_自$——自由弯曲力，N。

1.5.3　拉深工艺计算要点

连续拉深模是在单工序拉深模上发展起来的，其拉深工艺与单工序拉深工艺基本相同。连续拉深是指制件在带料（条料）上沿着一定的方向在一个工位接着一个工位上连续地拉深变形，冲压出具有一定形状和尺寸要求的空心件。冲压过程中，坯件一直与带料的载体相连，制件外形完成后，再从带料上分离落下。

1.5.3.1　圆筒形坯料连续拉深工艺计算

（1）坯料形状和尺寸的确定

1）形状相似性原则

拉深件的坯料形状一般与拉深件的截面轮廓形状近似相同，即当拉深件的截面轮廓是圆形、方形或矩形时，相应坯料的形状应分别为圆形、近似方形或近似矩形。另外，坯料周边应光滑过渡，以使拉深后得到等高侧壁（如果制件要求等高时）或等宽凸缘。

2）表面积相等原则

对于不变薄拉深，虽然在拉深过程中板料的厚度既有增厚也有变薄，但实践证明，拉深件的平均厚度与坯料厚度相差不大。由于拉深前后拉深件与坯料重量相等、体积不变，因此，可以按坯料面积等于拉深件表面积的原则确定坯料尺寸。

应该指出，用理论计算方法确定坯料尺寸不是绝对准确的，而是近似的，尤其是变形复杂的拉深件。实际生产中，由于材料性能、模具几何参数、润滑条件、拉深系数以及制件几何形状等多种因素的影响，有时拉深的实际结果与计算值有较大出入，因此，应根据具体情况予以修正。对于形状复杂的拉深件，通常是先做好简易的单工序试制模，并以理论计算方法初步确定的坯料进行反复试模修正。直至得到的制件符合要求时，再将符合实际的坯料形状和尺寸作为制造连续拉深模的依据。

在连续拉深过程中，无论是有凸缘的还是无凸缘的拉深件，均按有凸缘的拉深工艺计

算。由于带料（条料）具有板平面方向性和受模具几何形状等因素的影响，制成的拉深件凸缘周边一般不整齐，尤其是深拉深件。因此，在多数情况下还需采取加大带料（条料）中的工序件凸缘宽度的办法，拉深后再经过修边以保证制件质量。修边余量可参考表1-27所列经验值。

表 1-27　连续拉深件的修边余量 δ　（一）　　　　单位：mm

凸缘直径 $d_凸$	修边余量 δ	图示
≤25	1.5～2.0	
>25～50	2.0～2.5	
>50～100	2.5～3.5	
>100～150	3.5～4.5	
>150	4.5～5.5	

带凸缘拉深件　　无凸缘拉深件

注：带凸缘、无凸缘拉深件的修边余量直接加在制件的凸缘上，再进行毛坯的展开尺寸计算。

带料连续拉深修边余量除了表1-27所列外，也可参考表1-28。

表 1-28　连续拉深件的修边余量 δ　（二）　　　　单位：mm

毛坯直径 D_1	不同材料厚度 t 下的 δ								
	0.2	0.3	0.5	0.6	0.8	1.0	1.2	1.5	2.0
≤10	1.0	1.0	1.2	1.5	1.8	2.0	—	—	—
>10～30	1.2	1.2	1.5	1.8	2.0	2.2	2.5	3.0	—
>30～60	1.2	1.5	1.8	2.0	2.2	2.5	2.8	3.0	3.5
>60	—	—	2.0	2.2	2.5	3.0	3.5	4.0	4.5

注：表中的修边余量加在制件毛坯的外形上，其毛坯计算公式为 $D=D_1+\delta$。式中，D 为包括修边余量的毛坯直径；D_1 为制件毛坯直径。

（2）简单旋转体拉深件坯料尺寸的确定

旋转体拉深件坯料的形状是圆形，所以坯料尺寸的计算主要是确定坯料直径。对于简单旋转体拉深件，可首先将拉深件划分为若干个简单而又便于计算的几何体，并分别求出各简单几何体的表面积，再把各简单几何体的表面积相加，即为拉深件的总表面积，然后根据表面积相等原则，即可求出坯料直径。

例如，图1-6所示为带凸缘圆筒形拉深件，将该制件分解成 $f_1\sim f_5$ 五个部分，分别按表1-29所列公式求出各部分的面积并相加，即得制件总面积为

$$F=f_1+f_2+\cdots+f_n=\sum_{i=1}^{n}f_i$$

毛坯面积 F_0 为

$$F_0=\frac{\pi D^2}{4}$$

按等面积法，$F=F_0$，故毛坯直径按下式计算：

$$D=\sqrt{\frac{4}{\pi}F}=\sqrt{\frac{4}{\pi}\sum_{i=1}^{n}f_i}\ ,i=1,2,\cdots,n \qquad (1\text{-}12)$$

式中　F——拉深件的表面积，mm^2；

f_i——拉深件分解成第 i 个简单几何形状的表面积，mm^2。

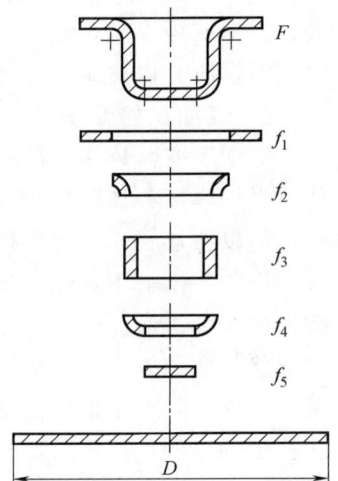

图 1-6　带凸缘圆筒形拉深件

表 1-29　简单几何形状的表面积计算公式

序号	几何形状	几何形状图示	面积 f
1	圆形	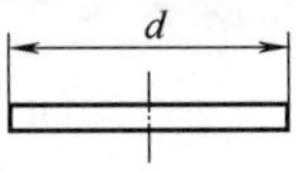	$f=\dfrac{\pi d^2}{4}=0.785d^2$
2	环形	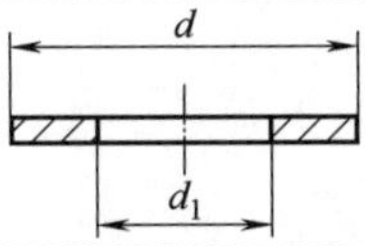	$f=\dfrac{\pi}{4}(d^2-d_1^2)$
3	圆筒形	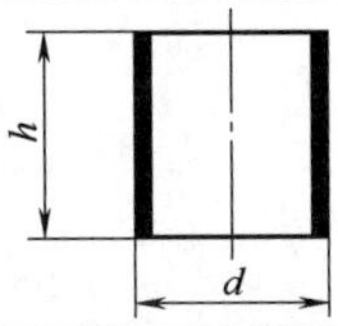	$f=\pi dh$
4	圆锥形	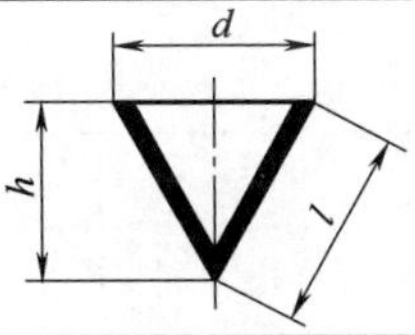	$f=\dfrac{\pi dl}{2}$ 或 $f=\dfrac{\pi}{4}d\sqrt{d^2+4h^2}$
5	截头锥形	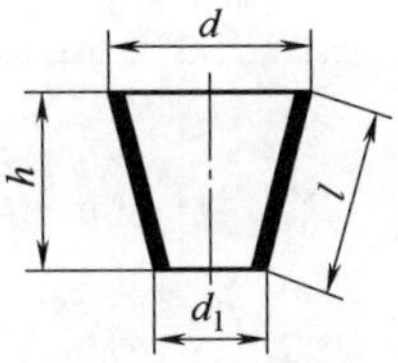	$f=\pi l\left(\dfrac{d+d_1}{2}\right)$ 式中　$l=\sqrt{h^2+\left(\dfrac{d-d_1}{2}\right)^2}$
6	半球面	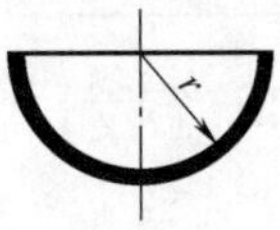	$f=2\pi r^2$
7	小半球面	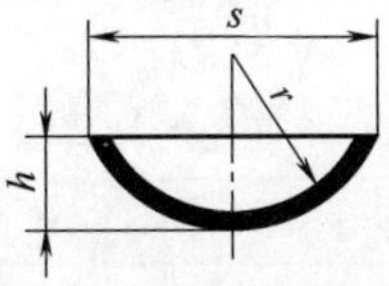	$f=2\pi rh$ 或 $f=\dfrac{\pi}{4}(s^2+4h^2)$
8	球带	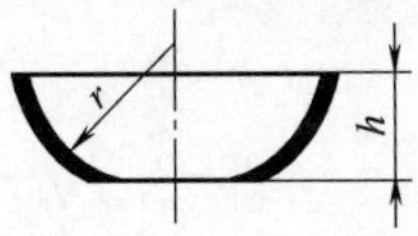	$f=2\pi rh$
9	四分之一的凸球带	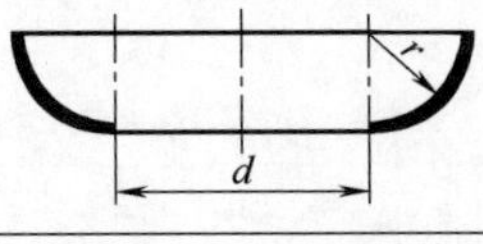	$f=\dfrac{\pi}{2}r(\pi d+4r)$
10	四分之一的凹球带	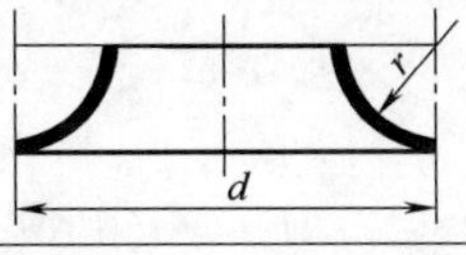	$f=\dfrac{\pi}{2}r(\pi d-4r)$
11	凸形球环	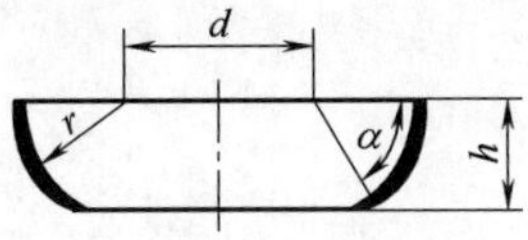	$f=\pi(dl+2rh)$ 式中　$h=r\sin\alpha$ $l=\dfrac{\pi r\alpha}{180°}$

序号	几何形状	几何形状图示	面积 f
12	凸形球环	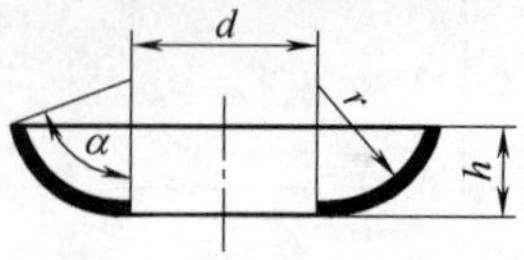	$f=\pi(dl+2rh)$ 式中 $h=r(1-\cos\alpha)$ $l=\dfrac{\pi r\alpha}{180°}$
13		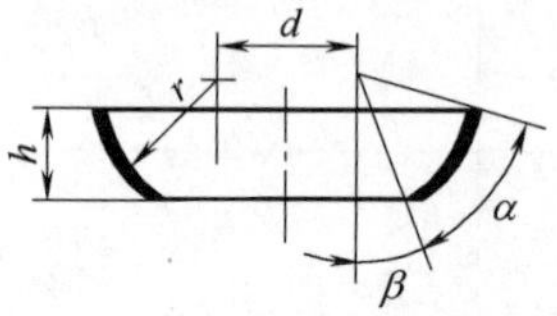	$f=\pi(dl+2rh)$ 式中 $h=r[\cos\beta-\cos(\alpha+\beta)]$ $l=\dfrac{\pi r\alpha}{180°}$
14	凹形球环	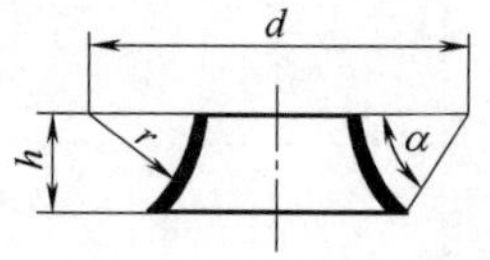	$f=\pi(dl-2rh)$ 式中 $h=r\sin\alpha$ $l=\dfrac{\pi r\alpha}{180°}$
15		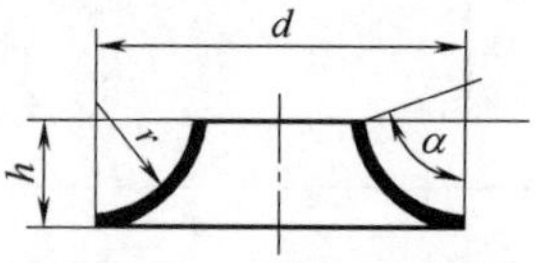	$f=\pi(dl-2rh)$ 式中 $h=r(1-\cos\alpha)$ $l=\dfrac{\pi r\alpha}{180°}$
16		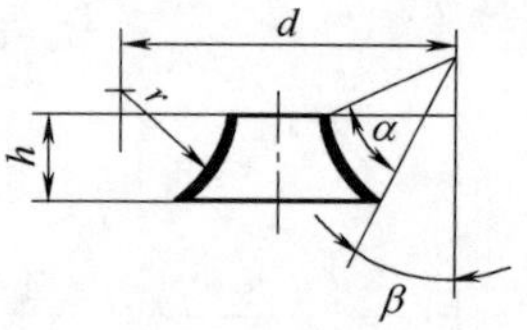	$f=\pi(dl-2rh)$ 式中 $h=r[\cos\beta-\cos(\alpha+\beta)]$ $l=\dfrac{\pi r\alpha}{180°}$

计算时，拉深件尺寸均按厚度中线尺寸计算，但当带料（条料）厚度小于 1.0mm 时，也可以按制件图标注的外形或内形尺寸计算。

常用旋转体拉深件毛坯直径的计算公式如表 1-30 所示。

表 1-30　常用旋转体拉深件毛坯直径的计算公式

序号	简图	毛坯直径 D
1	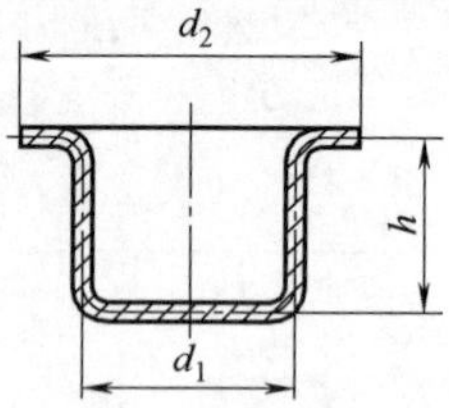	$D=\sqrt{d_2^2+4d_1h}$
2	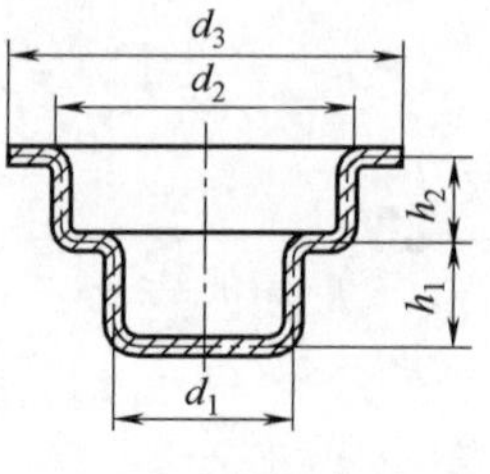	$D=\sqrt{d_3^2+4(d_1h_1+d_2h_2)}$

序号	简图	毛坯直径 D
3	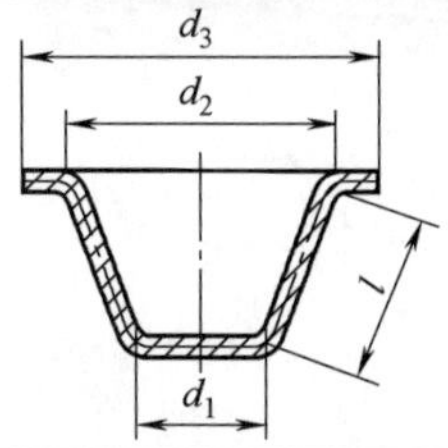	$D = \sqrt{d_1^2 + 2l(d_1 + d_2) + d_3^2 - d_2^2}$
4	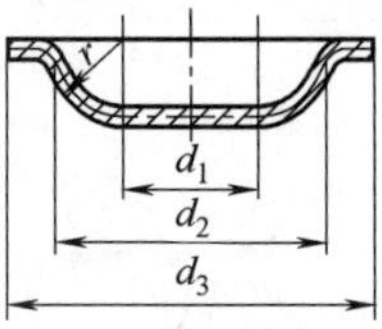	$D = \sqrt{d_1^2 + 6.28rd_1 + 8r^2 + d_3^2 - d_2^2}$
5	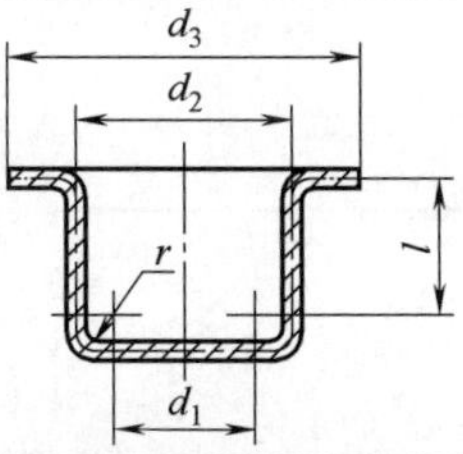	$D = \sqrt{d_1^2 + 2\pi rd_1 + 8r^2 + 4d_2l + d_3^2 - d_2^2}$
6	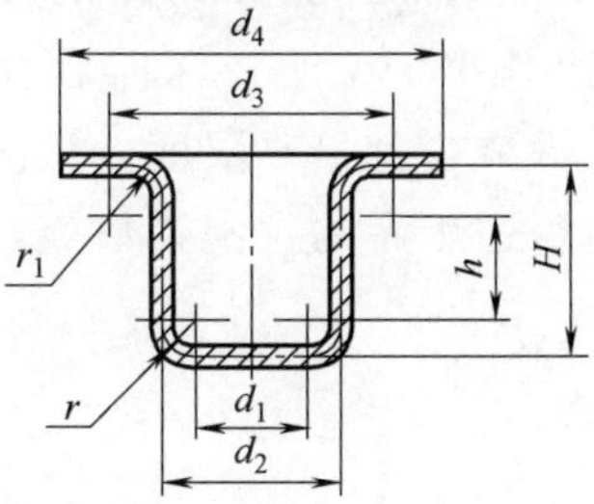	当 $r_1 = r$ 时 $D = \sqrt{d_1^2 + 4d_2h + 2\pi r(d_1 + d_2) + 4\pi r^2 + d_4^2 - d_3^2}$ 或 $D = \sqrt{d_4^2 + 4d_2H - 3.44rd_2}$ 当 $r_1 \neq r$ 时 $D = \sqrt{d_1^2 + 6.28rd_1 + 8r^2 + 4d_2h + 6.28r_1d_2 + 4.56r_1^2 + d_4^2 - d_3^2}$
7	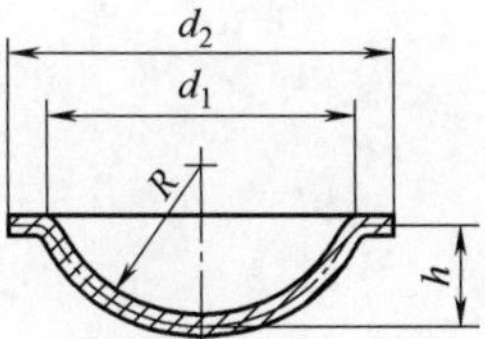	$D = \sqrt{d_2^2 + 4h^2}$
8	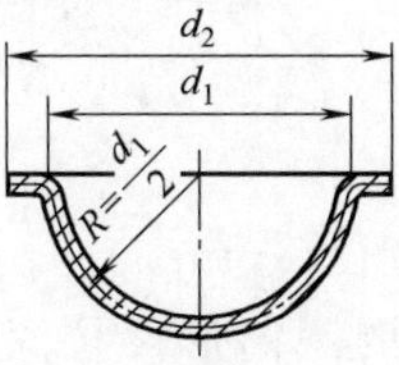	$D = \sqrt{d_1^2 + d_2^2}$
9	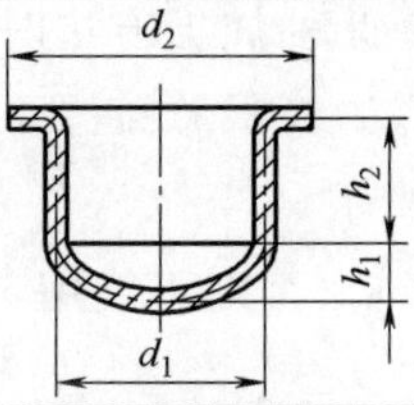	$D = \sqrt{d_2^2 + 4(h_1^2 + d_1h_2)}$

序号	简图	毛坯直径 D
10	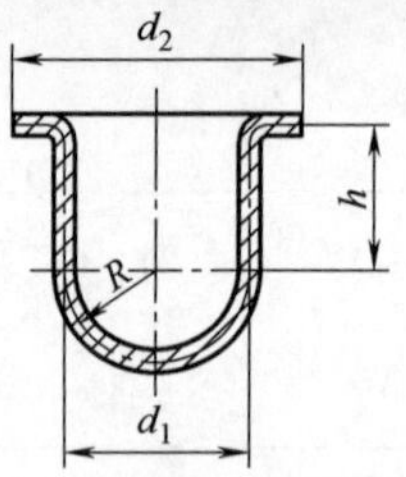	$$D=\sqrt{d_1^2+d_2^2+4d_1h}$$
11	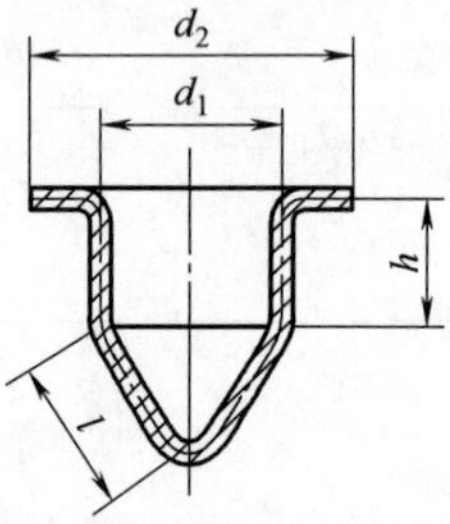	$$D=\sqrt{d_2^2-d_1^2+4d_1\left(h+\dfrac{l}{2}\right)}$$

1.5.3.2 带料拉深系数、相对拉深高度和拉深次数计算

（1）拉深系数及相对拉深高度

在带料上，每次拉深后，圆筒直径与拉深前毛坯（或半成品）直径的比值称为拉深系数。拉深系数用来表示拉深过程中的变形程度。拉深系数越小，说明拉深前后直径差别越大，即变形程度越大。合理地选定拉深系数可以使拉深次数减少到最小限度。拉深系数是拉深工艺中的一个重要工艺参数。在工艺计算中，只要知道每道工序的拉深系数值，就可以计算出各道工序中制件的尺寸：

$$m_1=\frac{d_1}{D}$$

$$m_2=\frac{d_2}{d_1}$$

$$m_3=\frac{d_3}{d_2}$$

$$\cdots$$

$$m_n=\frac{d_n}{d_{n-1}}\quad(m<1)$$

式中　m_1，m_2，$\cdots$，m_n——各次拉深的拉深系数；

　　　d_1，d_2，$\cdots$，d_n——各次拉深半成品（或制件）的直径，mm。

在带料上连续拉深时，总拉深系数的计算方法与带凸缘的圆筒形件拉深系数的计算相同。由于带料连续拉深中间不能进行有退火工序，所以在选择此种加工方法时，首先应审查材料不进行中间退火所能允许的最大总拉深变形程度（即允许的极限总拉深系数，简称许用总拉深系数 $[m_{总}]$），看是否能满足拉深件总拉深系数的要求，当拉深件的总拉深系数 $m_{总}\geqslant[m_{总}]$ 时，可以使用带料连续拉深（不用中间退火工序），否则不能用带料连续拉深。

总拉深系数为

$$m_{总} = \frac{d}{D} = m_1 m_2 \cdots m_n$$

式中 d——制件的中线直径；

                    D——制件毛坯直径；

m_1，m_2，$\cdots$，m_n——各次拉深系数。

带料（条料）允许的极限总拉深系数，即许用总拉深系数 $[m_{总}]$ 如表 1-31 所列。

表 1-31　连续拉深的许用总拉深系数 $[m_{总}]$

材料	抗拉强度 R_m /MPa	断后伸长率 $A/\%$	许用总拉深系数 $[m_{总}]$			
			模具不带推件装置时 t		模具带推件装置时 t	
			≤1mm	>1~2mm	≤1mm	>1~2mm
08F、10	300~400	28~40	0.40	0.32	0.2	0.16
纯铜、H62、H68	300~400	28~40	0.35	0.28	0.26~0.24	0.2~0.22
软铝	80~110	22~25	0.38	0.30	0.28~0.26	0.18~0.22
不锈钢、镍带	400~550	22~40	0.40	0.34	0.32	0.26~0.30
精密合金	500~600	—	0.42	0.36	0.34	0.28~0.32

由于带料连续拉深过程中，有工艺切口或无工艺切口下，材料均受到约束，相互牵连。无工艺切口拉深比有工艺切口拉深材料的受约束和相互牵连要大一些。此外，带料连续拉深时，是不能对中间工序的半成品进行退火的，所以带料连续拉深每个工位的材料变形程度，相对于单工序拉深都要小，即拉深系数应比单工序拉深系数大，所需的拉深次数也多。

无工艺切口的带料连续拉深的第一次极限拉深系数 m_1 见表 1-32，最大相对高度 $\frac{h_1}{d_1}$ 见表 1-33，以后各次极限拉深系数 m_n 见表 1-34。

表 1-32　无工艺切口的带料第一次拉深系数的极限值 m_1（材料：08、10 钢）

凸缘相对直径 $d_{凸}/d_1$	毛坯相对厚度 $\frac{t}{D} \times 100$			
	>0.2~0.5	>0.5~1.0	>1.0~1.5	>1.5
≤1.1	0.71	0.69	0.66	0.63
>1.1~1.3	0.68	0.66	0.64	0.61
>1.3~1.5	0.64	0.63	0.61	0.59
>1.5~1.8	0.54	0.53	0.52	0.51
>1.8~2.0	0.48	0.47	0.46	0.45

表 1-33　无工艺切口的带料第一次拉深的最大相对高度 h_1/d_1（材料：08、10 钢）

凸缘相对直径 $d_{凸}/d_1$	毛坯相对厚度 $\frac{t}{D} \times 100$			
	>0.2~0.5	>0.5~1.0	>1.0~1.5	>1.5
≤1.1	0.36	0.39	0.42	0.45
>1.1~1.3	0.34	0.36	0.38	0.40
>1.3~1.5	0.32	0.34	0.36	0.38
>1.5~1.8	0.30	0.32	0.34	0.36
>1.8~2.0	0.28	0.30	0.32	0.35

表 1-34　无工艺切口的带料以后各次拉深系数的极限值 m_n（材料：08、10 钢）

极限拉深系数 m_n	毛坯相对厚度 $\frac{t}{D} \times 100$			
	>0.2~0.5	>0.5~1.0	>1.0~1.5	>1.5
m_2	0.86	0.84	0.82	0.80
m_3	0.88	0.86	0.84	0.82
m_4	0.89	0.87	0.86	0.85
m_5	0.90	0.88	0.89	0.87

　　有工艺切口的带料连续拉深，相似于单个带凸缘件的拉深，但变形比单个带凸缘件拉深要困难一些，所以首次拉深系数要大一些，其 m_1 如表 1-35 所列。以后各次拉深系数可取带凸缘件拉深的上限值，值 m_n 见表 1-36。有工艺切口的材料各次拉深系数极限值见表 1-37。

表 1-35　有工艺切口的带料第一次拉深系数的极限值 m_1（材料：08、10 钢）

凸缘相对直径 $d_凸/d_1$	毛坯相对厚度 $\frac{t}{D} \times 100$				
	>0.06~0.2	>0.2~0.5	>0.5~1.0	>1.0~1.5	>1.5
≤1.1	0.64	0.62	0.60	0.58	0.55
>1.1~1.3	0.60	0.59	0.58	0.56	0.53
>1.3~1.5	0.57	0.56	0.55	0.53	0.51
>1.5~1.8	0.53	0.52	0.51	0.50	0.49
>1.8~2.0	0.47	0.46	0.45	0.44	0.43
>2.0~2.2	0.43	0.43	0.42	0.42	0.41
>2.2~2.5	0.38	0.38	0.38	0.38	0.37
>2.5~2.8	0.35	0.35	0.35	0.35	0.34
>2.8~3.0	0.33	0.33	0.33	0.33	0.33

表 1-36　有工艺切口的带料以后各次拉深系数的极限值 m_n（材料：08、10 钢）

极限拉深系数 m_n	毛坯相对厚度 $\frac{t}{D} \times 100$				
	>0.06~0.2	>0.2~0.5	>0.5~1.0	>1.0~1.5	>1.5
m_2	0.80	0.79	0.78	0.76	0.75
m_3	0.82	0.81	0.80	0.79	0.78
m_4	0.85	0.83	0.82	0.81	0.80
m_5	0.87	0.86	0.85	0.84	0.82

表 1-37　有工艺切口的材料各次拉深系数的极限值

材料	拉深次数					
	1	2	3	4	5	6
	极限拉深系数 m					
黄铜（软）	0.63	0.76	0.78	0.80	0.82	0.85
软钢、铝	0.67	0.78	0.80	0.82	0.85	0.90

　　有工艺切口带凸缘圆筒形件第一次拉深的最大相对高度 $\frac{h_1}{d_1}$ 见表 1-38。各种材料拉深系数极限值参考表 1-39 所列。

表 1-38　有工艺切口带凸缘圆筒形件第一次拉深的最大相对高度 h_1/d_1

凸缘相对直径 $d_凸/d_1$	毛坯相对厚度 $t/D \times 100$				
	>0.15~0.3	>0.3~0.6	>0.6~1.0	>1.0~1.5	>1.5~2
≤1.1	0.45~0.52	0.50~0.62	0.57~0.70	0.65~0.82	0.75~0.90
>1.1~1.3	0.40~0.47	0.45~0.53	0.50~0.60	0.56~0.72	0.65~0.80
>1.3~1.5	0.35~0.42	0.40~0.48	0.44~0.53	0.50~0.63	0.58~0.70
>1.5~1.8	0.29~0.35	0.34~0.39	0.37~0.44	0.42~0.53	0.48~0.58
>1.8~2.0	0.25~0.30	0.29~0.34	0.32~0.38	0.36~0.46	0.42~0.51

注：表中数值适用于 10 钢，对于比 10 钢塑性更大的金属取接近于大的数值，对于塑性较小的金属，取接近于小的数值。

表 1-39　实用拉深系数极限值（推荐）

序号	材料	首次极限拉深系数 m_1	以后各次极限拉深系数 m_n	许用总拉深系数 $m_总$
1	拉深用钢板	0.55~0.60	0.75~0.80	0.16
2	不锈钢	0.50~0.55	0.80~0.85	0.26
3	镀锌钢	0.58~0.65	0.88	0.28
4	纯铜	0.55~0.60	0.85	0.20~0.24
5	黄铜	0.50~0.55	0.75~0.80	0.20~0.24
6	锌	0.65~0.70	0.85~0.90	0.32
7	铝	0.53~0.60	0.8	0.18~0.22
8	硬铝	0.55~0.60	0.9	0.24

（2）拉深次数计算

拉深次数通常是先通过概略计算，然后通过工艺计算来确定。

1）无工艺切口整体带料连续拉深次数确定

从表 1-32、表 1-34 中查出极限拉深系数 m_1、m_2、$m_3 \cdots$，初步计算出 $d_1 = m_1 D$、$d_2 = m_2 d_1$、$d_3 = m_3 d_2 \cdots d_n \leqslant m_n d$，从而求出所需拉深次数 n。

2）有工艺切口带料连续拉深次数确定

从表 1-35～表 1-37 中可查出极限拉深系数，计算出 $d_1 = m_1 D$、$d_2 = m_2 d_1$、$d_3 = m_3 d_2 \cdots d_n \leqslant m_n d$，从而求出所需的拉深次数 n。

3）调整各次拉深系数

拉深次数一般取接近计算结果的整数，使最后一次拉深（工序）的变形程度为最小。为使各次拉深变形程度分配合理，确定拉深次数后，需将拉深系数进行合理化调整。

1.5.3.3　各次拉深凸、凹模圆角半径的确定

凸、凹模圆角半径应随着工序的增加而逐渐减小，原则上最后一次拉深凸模的圆角半径应等于制件底部的圆角半径，拉深凹模的圆角半径应等于制件的凸缘圆角半径。在允许的条件下，拉深的凸、凹模圆角半径应尽可能设计得大一些。凸、凹模圆角半径越大，则所需拉深力就会越小，但在首次拉深时有效的压料面积也随之减少，会使得凸缘口部或圆角处易发生起皱，不利于拉深。凹模圆角半径 r_d 越小，所需的拉深力就越大，容易发生开裂，一般的情况，在不发生起皱的条件下，尽可能加大 r_d。一般 r_d 的使用范围为 $(4 \sim 6)t \sim (10 \sim 20)t$，也可按以下经验公式求得。

（1）凹模圆角半径的确定

1）经验公式

首次拉深凹模的圆角半径按经验公式计算，即

$$r_{d1} = 0.8\sqrt{(D-d)t} \tag{1-13}$$

式中　r_{d1}——首次拉深凹模圆角半径，mm；

　　　D——毛坯直径，mm；

　　　d——凹模内径（不考虑制件变形或收缩时等于制件直径），mm；

　　　t——材料厚度，mm。

以后各次拉深时，凹模圆角半径值应逐渐地减小，第 n 次拉深后凹模圆角半径可以按下式计算：

$$r_{dn} = (0.6 \sim 0.9)r_{d(n-1)}, \quad n > 1 \tag{1-14}$$

2）查表法（见表1-40）

表 1-40　拉深凹模圆角半径 r_d 的数值（一）　　　　　　　　单位：mm

$D-d$	材料厚度 t					
	≤1	>1~1.5	>1.5~2	>2~3	>3~4	>4~6
≤10	2.5	3.5	4	4.5	5.5	6.5
>10~20	4	4.5	5.5	6.5	7.5	9
>20~30	4.5	5.5	6.5	8	9	11
>30~40	5.5	6.5	7.5	9	10.5	12
>40~50	6	7	8	10	11.5	14
>50~60	6.5	8	9	11	12.5	15.5
>60~70	7	8.5	10	12	13.5	16.5
>70~80	7.5	9	10.5	12.5	14.5	18
>80~90	8	9.5	11	13.5	15.5	19
>90~100	8	10	11.5	14	16	20

注：D——第1次拉深时的毛坯直径，或第 $n-1$ 次拉深后的制件直径，mm；

　　d——第1次拉深后的制件直径，或第 n 次拉深后的制件直径，mm。

3）按材料的种类与厚度确定

拉深凹模的圆角半径也可以根据制件材料的种类与厚度来确定，见表1-41。

表 1-41　拉深凹模圆角半径 r_d 的数值（二）

材料种类	材料厚度 t/mm	凹模圆角半径 r_d
钢	<3	$(6 \sim 10)t$
	3~6	$(4 \sim 6)t$
	>6	$(2 \sim 4)t$
铝、黄铜、纯铜	<3	$(5 \sim 8)t$
	3~6	$(3 \sim 5)t$
	>6	$(1.5 \sim 3)t$

注：1. 对于第1次拉深或较薄的材料，应取表中的最大极限值。

　　2. 对于以后各次拉深或较厚的材料，应取表中的最小极限值。

一般对于钢的拉深件，$r_d = 10t$；对于有色金属（铝、黄铜、纯铜）的拉深件，$r_d = 5t$。

（2）凸模圆角半径的确定

可以根据以下几点来选取：

① 除最后一次拉深外，其他所有各次拉深工序中，凸模圆角半径 r_p 可取与凹模圆角半径相等或略小一点的数值：

$$r_p = (0.6 \sim 1)r_d \tag{1-15}$$

② 对于首次拉深，如采用带料厚度大于 2mm 而拉深直径又小时，通常把首次拉深凸模的工作端加工成球面形。

③ 在最后一次拉深工序中，凸模圆角半径应与制件底部的内圆角半径相等。但当材料厚度＜5mm 时，其数值不得小于 $(2 \sim 3)t$；当材料厚度 $t > 5$mm 时，其数值不得小于 $(1.5 \sim 2)t$。

④ 如果制件要求的圆角半径很小，则在最后一次拉深工序后，需加一道整形工序。

（3）无工艺切口连续拉深凸、凹模圆角半径的确定

1）首次拉深凸、凹模圆角半径的确定

采用无工艺切口拉深时，首次拉深的凸模工作部分也可加工成球面形。但一般首次拉深凸、凹模圆角半径按下式计算。

首次拉深凸模圆角半径为

$$r_{p1} = (3 \sim 5)t \tag{1-16}$$

首次拉深凹模圆角半径为

$$r_{d1} = (0.6 \sim 0.9)r_{p1} \tag{1-17}$$

式中 r_{p1}——首次拉深凸模圆角半径；

   r_{d1}——首次拉深凹模圆角半径；

   t——材料厚度。

2）以后各次拉深凸、凹模圆角半径的确定

对于以后各工序间的凸、凹模圆角半径应均匀递减，使之逐步接近制件圆角半径。一般可按下式计算：

$$r_{pn} = (0.7 \sim 0.8)r_{pn-1}，但凸模圆角 \ r_{pn} \geqslant 2t \tag{1-18}$$

$$r_{dn} = (0.7 \sim 0.8)r_{dn-1}，但凹模圆角 \ r_{dn} \geqslant t \tag{1-19}$$

凸、凹模圆角半径在实际生产中，需通过模具的调试做必要的修正，因此，在设计时尽量取小值。

1.5.3.4 拉深高度计算

当带料连续拉深件的次数和各工序（半成品）的直径确定后，便应确定拉深凹模圆角半径和拉深凸模圆角半径，最后计算出各工序的拉深高度。

带料连续拉深过程中，只是将首次拉深进入凹模部分的材料面积做重新分布（而凸缘直径保持固定不变），随着拉深直径的减小和凸、凹模圆角半径的减小，从而改变各工序直径和高度。当直径减小时，可使其拉深高度增加；而当其圆角半径减小时，反而使其拉深高度减小。

带料连续拉深每道工序的拉深高度，可根据如下相关公式计算。

（1）计算首次拉深高度

计算拉深高度时，先确定实际拉深假想毛坯直径和首次拉深的实际高度。

首次拉深假想毛坯直径：

$$D_1 = \sqrt{(1+x)D^2} \tag{1-20}$$

首次拉深高度：

$$H_1 = \frac{0.25}{d_1}(D_1^2 - d_{凸}^2) + 0.43(r_{p1} + r_{d1}) + \frac{0.14}{d_1}(r_{p1}^2 - r_{d1}^2) \tag{1-21}$$

（2）计算第二次至第 $n-1$ 次拉深的高度

D_2，D_3，…，D_{n-1} 是考虑到去除遗留在凸缘中的面积增量以后的假想毛坯直径，可以用其准确地确定 H_2，H_3，…，H_{n-1}。n 是拉深次数。

第二次拉深高度：

$$H_2 = \frac{0.25}{d_2}(D_2^2 - d_{凸}^2) + 0.43(r_{p2} + r_{d2}) + \frac{0.14}{d_2}(r_{p2}^2 - r_{d2}^2) \tag{1-22}$$

其中，第二次假想毛坯直径：

$$D_2 = \sqrt{(1+x_1)D^2} \tag{1-23}$$

式中，x_1 为第二次进入凹模的面积增量。

第 $n-1$ 次拉深的高度：

$$H_{n-1} = \frac{0.25}{d_{n-1}}(D_{n-1}^2 - d_{凸}^2) + 0.43(r_{pn-1} + r_{dn-1}) + \frac{0.14}{d_{n-1}}(r_{pn-1}^2 - r_{dn-1}^2) \tag{1-24}$$

其中，第 $n-1$ 次拉深的假想毛坯直径：

$$D_{n-1} = \sqrt{(1+x_{n-1})D^2} \tag{1-25}$$

式中　　　　　D——毛坯直径，mm；

D_1，D_2，…，D_{n-1}——首次拉深、第二次拉深及第 $n-1$ 次拉深的考虑到去除遗留在凸缘中的面积以后的假想毛坯直径，mm；

r_{p1}，r_{p2}，…，r_{pn-1}——首次拉深、第二次拉深及第 $n-1$ 次拉深的凸模圆角半径，mm；

r_{d1}，r_{d2}，…，r_{dn-1}——首次拉深、第二次拉深及第 $n-1$ 次拉深的凹模圆角半径，mm；

x，x_1，…，x_{n-1}——首次拉深、第二次拉深及第 $n-1$ 次拉深进入凹模的面积增量。对于无工艺切口的带料，首次连续拉深取 $10\% \sim 15\%$，对于有工艺切口的带料，首次连续拉深取 $4\% \sim 6\%$（工序次数多时取上限值，反之，工序次数少时取下限值）；首次拉深进入凹模的面积增量在第 2 次拉深及以后的拉深中会逐步返回到凸缘上，因此 x_1，…，x_{n-1} 也随之逐步减小。

以上式中未表示出的符号如图 1-7 所示。

1.5.3.5　压边力、拉深力的计算

（1）压边力

压边力的作用是防止拉深过程中坯料的起皱。压边力的大小应适当，压边力过小时，防皱效果差；反之，压边力过大时，则会增大传力区危险断面上的拉应力，从而引起严重变薄甚至断裂现象。因此在保证坯料变形区不起皱的前提下，尽量选用较小的压边力。

1）压边圈的结构形式

压边力是为了保证制件侧壁和凸缘不起皱而通过压边装置对制件施加的力，压边力的大

小直接关系着拉深过程能否顺利进行。而拉深过程中制件是否起皱主要取决于毛坯的相对厚度 $\frac{t}{D} \times 100$，或以后各次拉深半成品的相对厚度 $\frac{t}{d_{n-1}} \times 100$。在实际生产中是否需要采用压边装置可根据表 1-42 所列的条件确定。但在连续拉深模首次拉深过程中，一般情况下，都选择用压边装置来设计，对于可用可不用或不用压边装置的，在设计中可以考虑轻一些的压边力，以使带料（条料）平直，使连续送料过程更顺畅。

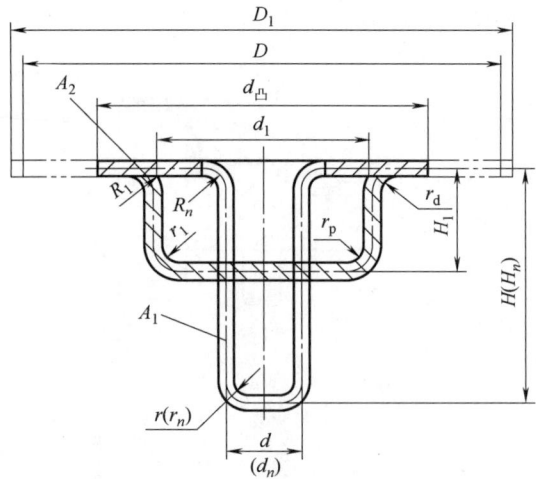

图 1-7 带凸缘拉深有关尺寸

表 1-42 是否采用压边装置的条件

拉深方法	第一次拉深		以后各次拉深	
	$\frac{t}{D} \times 100$	m_1	$\frac{t}{d_{n-1}} \times 100$	m_n
采用压边装置	<1.5	<0.6	<1.0	<0.8
可用可不用压边装置	1.5~2.0	0.6	1.0~1.5	0.8
不采用压边装置	>2.0	>0.6	>1.5	>0.8

常用压边装置的形式有以下几种：

① 平面压边圈 最简单的平面压边圈的结构形式可以做成与板料或半成品内部轮廓一致（图 1-8）。图 1-8（a）为用于首次拉深的压边圈；图 1-8（b）为用于以后各次拉深的压边圈，此压边圈不但起压边作用，而且起以后各工序的定位作用。

② 带限位装置的压边圈 如果在整个拉深过程中要保持压边力均衡，防止压边圈将毛坯压得过紧（特别是拉深材料较薄和有宽凸缘的制件），需采用带限位装置的压边圈，如图 1-9 所示，图 1-9（a）所示适用于第一次拉深，图 1-9（b）、（c）所示适用于第二次及以后各次的拉深。

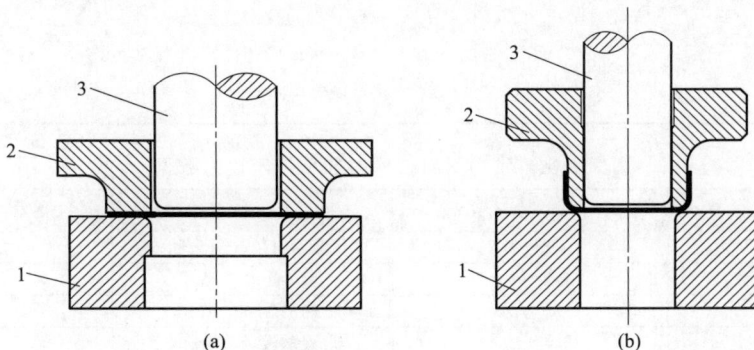

图 1-8 简单的平面压边圈

1—拉深凹模；2—压边圈；3—拉深凸模

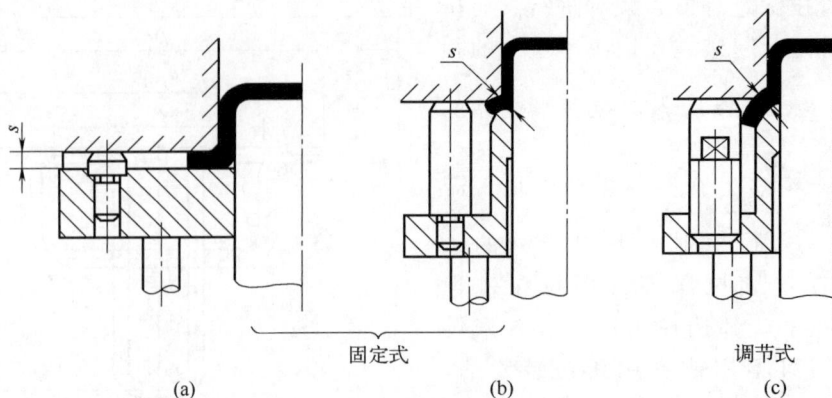

固定式　　　　　　　　　　　调节式

(a)　　　　　　　　　　(b)　　　　　　　　　　(c)

图 1-9 带限位装置的压边圈

在连续拉深过程中，压边圈和凹模制件始终保持一定的距离 s，一般 s 取 $t+(0.05\sim1)$ mm。拉深铝合金时，s 取 $1.1t$；拉深钢件时，s 取 $1.2t$。

2）压边力的确定

压边力是为了保证制件侧壁和凸缘不起皱而通过压边装置对制件施加的力。拉深时，压边力过大会增大拉深力，导致拉深时制件破裂；反之，压边力过小，制件在拉深时会出现边壁或凸缘起皱。因此，压边力的大小是很重要的。但压边力的计算是为了确定压边装置，一般情况下，在生产中通过试模调整来确定压边力的大小。在模具设计时，压边力可按表 1-43 中的公式计算，常用材料拉深时单位压边力数据可从表 1-44 中查得。

表 1-43 圆筒形拉深件压边力的计算

参数名称	计算公式	符号说明
首次拉深时的压边力	$Q_1=\dfrac{\pi}{4}\big[D^2-(d_1+2r_\mathrm{d})^2\big]q$	Q_1——首次拉深时的压边力，N； D——坯料直径，mm； d_1——首次拉深直径，mm； r_d——拉深凹模圆角半径，mm； q——单位压边力，MPa，可参考表 1-44 选取
首次拉深后各次拉深时的压边力	$Q_2=\dfrac{\pi}{4}\big[d_{n-1}^2-(d_n+2r_{dn})^2\big]q$	Q_2——第二次及以后各次拉深时的压边力，N； d_{n-1}——第 $n-1$ 次的拉深直径，mm； d_n——第 n 次的拉深直径，mm； r_{dn}——第 n 次拉深凹模圆角半径，mm； q——单位压边力，MPa，可参考表 1-44 选取

表 1-44 常用材料拉深时的单位压边力数据

材料（状态）	单位压边力 q/MPa	材料（状态）	单位压边力 q/MPa
铝（退火状态）	0.8～1.2	可伐合金 4J29（退火状态）	3.0～3.3
铝（硬态）	1.2～1.4	钼（退火状态）	4.0～4.5
黄铜（退火状态）	1.5～2.0	低碳钢（$t<0.5$mm）	2.5～3.0
黄铜（硬态）	2.4～2.6	低碳钢（$t>0.5$mm）	2.0～2.5
铜（退火状态）	1.2～1.8	不锈钢 1Cr18Ni9Ti[①]	4.5～5.5
铜（硬态）	1.8～2.2	镍铬合金 Cr20Ni80	3.5～4.0

① 1Cr18Ni9Ti 牌号在 GB/T 20878—2024 中取消。

（2）拉深力

拉深力的确定，应根据材料塑性力学的理论进行计算，但影响拉深力的因素相当复杂，计算出的结果往往和实际相差较大，因此在实际生产中多利用表 1-45～表 1-47 所示公式进行计算。此公式是以危险断面所产生的拉应力必须小于该断面的抗拉强度为依据。

表 1-45　拉深力的计算

类别	参数名称	拉深力/N	符号说明
圆筒形连续拉深件	圆筒形件首次拉深力	$F = \pi d_{p1} t R_m K_F$	t——料厚，mm； R_m——材料抗拉强度，MPa； F——拉深力，N； d_{p1}, d_{p2}——首次拉深及第二次拉深圆筒部分直径，mm； d_{pi}——第 i 次拉深圆筒部分直径，mm； K_2——第二次拉深时的系数（查表 1-46）； K_F——第一次拉深时的系数（查表 1-47）； d_h——锥顶直径，或球壳半径，mm； t_{n-1}, t_n——分别为变薄拉深前后的筒壁厚度，mm； K_3——系数，钢为 1.8～2.25，黄铜为 1.6～1.8； L——拉深件横截面周长，mm； K——系数，取 0.5～0.8
	圆筒形件首次拉深后的各次拉深力	$F = \pi d_{p2} t R_m K_2$	
	圆锥形及球形件首次拉深力	$F = \pi d_h t R_m K_F$	
圆筒形变薄拉深件	圆筒形件变薄拉深力	$F = \pi d_{pi}(t_{n-1} - t_n) R_m K_3$	
其他形状的拉深件	矩形、椭圆形等非圆筒形件的拉深力	$F = KLtR_m$	

表 1-46　圆筒形连续拉深件第二次拉深时的系数 K_2（08～15 钢）

相对厚度 $\frac{t}{D} \times 100$	第二次拉深系数 K_2									
	0.7	0.72	0.75	0.78	0.80	0.82	0.85	0.88	0.90	0.92
5.0	0.85	0.70	0.60	0.50	0.42	0.32	0.28	0.20	0.15	0.12
2.0	1.10	0.90	0.75	0.60	0.52	0.42	0.32	0.25	0.20	0.14
1.2	—	1.10	0.90	0.75	0.62	0.52	0.42	0.30	0.25	0.16
0.8			1.00	0.82	0.70	0.57	0.46	0.35	0.27	0.18
0.5			1.10	0.90	0.76	0.63	0.50	0.40	0.30	0.20
0.2				1.00	0.85	0.70	0.56	0.44	0.33	0.23
0.1				1.10	1.00	0.82	0.68	0.55	0.40	0.30

注：1. 当凸模圆角半径 $r_p = (4～6) t$ 时，系数 K_2 应按表中尺寸值加大 5%。

2. 对于第三、四、五次拉深的系数 K_2，由同一表格查出其相应的 m_n 及 $\frac{t}{D} \times 100$ 的数值，但需根据是否有中间退火工序而取表中较大或较小的数值；无中间退火时，K_2 取较大值（靠近下面的一个数值）；有中间退火时，K_2 取较小值（靠近上面的一个数值）。

3. 对于其他材料，根据材料的塑性变化，对查得值做修正（随塑性降低而增大）。

表 1-47　圆筒形连续拉深件第一次拉深时系数 K_F（08～15 钢）

$d_凸/d_p$	拉深系数 K_F									
	0.35	0.38	0.40	0.42	0.45	0.50	0.55	0.60	0.65	0.70	0.75
3.0	1.0	0.9	0.83	0.75	0.68	0.56	0.45	0.37	0.30	0.23	0.18
2.8	1.1	1.0	0.90	0.83	0.75	0.62	0.50	0.42	0.34	0.26	0.20

$d_凸/d_p$	拉深系数 K_F										
	0.35	0.38	0.40	0.42	0.45	0.50	0.55	0.60	0.65	0.70	0.75
2.5	—	1.1	1.0	0.90	0.82	0.70	0.56	0.46	0.37	0.30	0.22
2.2	—	—	1.1	1.0	0.90	0.77	0.64	0.52	0.42	0.33	0.25
2.0	—	—	—	1.1	1.0	0.85	0.70	0.58	0.47	0.37	0.28
1.8	—	—	—	1.1	0.95	0.80	0.65	0.53	0.43	0.33	
1.5	—	—	—	—	—	1.1	0.90	0.75	0.62	0.50	0.40
1.3	—	—	—	—	—	—	1.0	0.85	0.70	0.56	0.45

注：对凸缘处进行压边时，K_F 值增大 $10\%\sim20\%$。

1.5.4　翻边与翻孔工艺计算要点

在级进模冲压中，除了冲裁、弯曲、拉深等主要工序外，成形工序也很常见，如翻边、压肋（筋）、压包、压字、压花纹、整形及校平等。从变形特点来看，这类工序都以局部变形为主，受力情况各不相同。

下面主要对翻边、翻孔成形工艺作些简要的介绍。

（1）翻边

翻边是沿制件外形曲线周围将材料翻成侧立短边的冲压工序，又称为外缘翻边。

常见的翻边形式如图 1-10 所示。图 1-10（a）所示为内凹翻边，也称为伸长类翻边；图 1-10（b）所示为外凸翻边，也称为压缩类翻边；图 1-10（c）所示为复合翻边；图 1-10（d）所示为阶梯翻边。

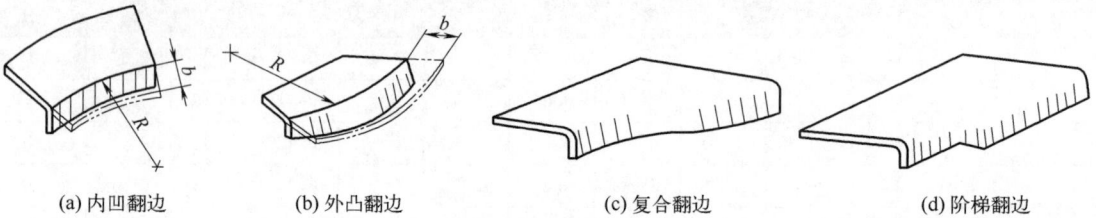

(a) 内凹翻边　　　　　　(b) 外凸翻边　　　　　　(c) 复合翻边　　　　　　(d) 阶梯翻边

图 1-10　翻边形式

1）翻边的变形程度

内凹翻边时，变形区的材料主要受切向拉伸应力的作用。这样翻边后的竖边会变薄，其边缘部分变薄最严重，使该处在翻边过程中成为危险部位。当变形超过许用变形程度时，此处就会开裂。

内凹翻边的变形程度由下式计算：

$$E_凹 = \frac{b}{R-b} \times 100\% \tag{1-26}$$

式中　$E_凹$——内凹翻边的变形程度，%；

R——内凹曲率半径，mm，如图 1-10（a）所示；

b——翻边后竖边的高度，mm，如图 1-10（a）所示。

外凸翻边的变形情况类似于不用压边圈的浅拉深，变形区材料主要受切向压应力的作用，变形过程中材料易起皱。

外凸翻边的变形程度由下式计算：

$$E_{凸} = \frac{b}{R+b} \times 100\%$$ （1-27）

式中　$E_{凸}$——外凸翻边的变形程度，%；

　　　R——外凸曲率半径，mm，如图 1-10（b）所示；

　　　b——翻边后竖边的高度，mm，如图 1-10（b）所示。

翻边的极限变形程度与制件材料的塑性、翻边时边缘的表面质量及凹凸形的曲率半径等因素有关。翻边允许的极限变形程度可以由表 1-48 查得。

表 1-48　翻边允许的极限变形程度　　　　　　　　　单位：%

材料名称	材料牌号	$E_{凸}$		$E_{凹}$	
		橡胶成形	模具成形	橡胶成形	模具成形
铝合金	1035（软）（L4M）	25	30	6	40
	1035（硬）（L4Y1）	5	8	3	12
	3A21（软）（LF21M）	23	30	6	40
	3A21（硬）（LF21Y1）	5	8	3	12
	5A02（软）（LF2M）	20	25	6	35
	5A03（硬）（LF3Y1）	5	8	3	12
	2A12（软）（LY12M）	14	20	6	30
	2A12（硬）（LY12Y）	6	8	0.5	9
	2A11（软）（LY11M）	14	20	4	30
	2A11（硬）（LY11Y）	5	6	0	0
黄铜	H62（软）	30	40	8	45
	H62（半硬）	10	14	4	16
	H68（软）	35	45	8	55
	H68（半硬）	10	14	4	16
钢	10	—	38	—	10
	20	—	22	—	10
	1Cr18Mn8Ni5N（1Cr18Ni9）（软）	—	15	—	10
	1Cr18Mn8Ni5N（1Cr18Ni9）（硬）	—	40	—	10

2）翻边力的计算

翻边力可以用下式近似计算：

$$F = cLtR_{m}$$ （1-28）

式中　F——翻边力，N；

　　　c——系数，可取 $c = 0.5 \sim 0.8$；

　　　L——翻边部分的曲线长度，mm；

　　　t——材料厚度，mm；

　　　R_{m}——抗拉强度，MPa。

（2）翻孔

翻孔是沿制件内孔周围将材料翻成侧立凸缘的冲压工序，又称为内孔翻边。常见的翻孔为圆形翻孔。如图 1-11 所示，翻孔前毛坯孔径为 d_0、翻孔变形区是内径为 d_0、外径为 D 的环形部分。当凸模下行时，d_0 不断扩大，并逐渐形成侧边，最后使平面环形变成竖直的侧边。变形区毛坯受切向拉应力 σ_{θ} 和径向拉应力 σ_{r} 的作用，其中切向拉应力 σ_{θ} 是最大主应力，而径向拉应力 σ_r 值较小，它是由毛坯与模具的摩擦而产生的。在整个变形区内，孔的外缘处于切向拉应力状态，且其值最大，该处的应变在变形区内也最大。因此在翻孔过程中，竖立侧边的边缘部分最容易变薄、开裂。

1）翻孔系数计算

翻孔的变形程度用翻孔系数 K 来表示：

$$K = \frac{d_0}{D} \qquad (1\text{-}29)$$

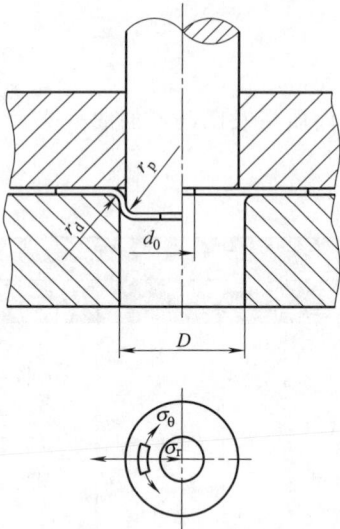

图 1-11　翻孔时变形区的应力状态

翻孔系数 K 越小，翻孔的变形程度越大。翻孔时孔的边缘不破裂所能达到的最小翻孔系数，称为极限翻孔系数。影响翻孔系数的主要因素如下：

① 材料的性能：塑性越好，极限翻孔系数越小。

② 预制孔的加工方法：冲压出的孔没有撕裂面时，翻孔不易出现裂纹，极限翻孔系数较小；冲出的孔有部分撕裂面时，翻孔容易开裂，极限翻孔系数较大。如果冲孔后对材料进行孔的整修，可以减少开裂。此外，还可以使冲孔的方向与翻孔的方向相反，使毛刺位于翻孔内侧，这样也可以减少开裂，降低极限翻孔系数。

③ 如果翻孔前毛坯孔径 d_0 与材料厚度 t 的比值 d_0/t 较小，在开裂前材料的绝对伸长量可以较大，因此极限翻孔系数可以取较小值。

④ 采用球形、抛物面形或锥形凸模翻孔时，孔边圆滑地逐渐胀开，所以极限翻孔系数可以较小；而采用平面凸模翻孔则容易开裂。

低碳钢的极限翻孔系数如表 1-49 所列。翻圆孔时各种材料的翻孔系数如表 1-50 所列。

表 1-49　低碳钢的极限翻孔系数

翻孔凸模形状	材料相对厚度 d_0/t										
	100	50	35	20	15	10	8	6.5	5	3	1
球形凸模	0.75	0.65	0.57	0.52	0.48	0.45	0.44	0.43	0.42	0.42	—
圆柱形凸模	0.85	0.75	0.65	0.60	0.55	0.52	0.50	0.50	0.48	0.47	—

表 1-50　翻圆孔时各种材料的翻孔系数

经退火的毛坯材料		翻孔系数	
		K_0	$K_{\min}$
镀锌钢板（白铁皮）		0.70	0.65
软钢	$t=0.25\sim2.0\text{mm}$	0.72	0.68
	$t=3.0\sim6.0\text{mm}$	0.78	0.75
黄铜 H62	$t=0.5\sim6.0\text{mm}$	0.68	0.62
铝	$t=0.5\sim5.0\text{mm}$	0.70	0.64
硬铝合金		0.89	0.80
钛合金	TA1（冷态）	$0.64\sim0.68$	0.55
	TA1（加热 $300\sim400$℃）	$0.40\sim0.50$	0.40
	TA5（冷态）	$0.85\sim0.90$	0.75
	TA5（加热 $500\sim600$℃）	$0.70\sim0.75$	0.65
不锈钢、高温合金		$0.65\sim0.69$	$0.57\sim0.61$

2）翻孔尺寸计算

平板毛坯翻孔的尺寸结构如图 1-12 所示。

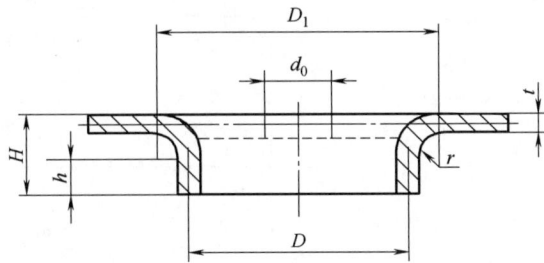

图 1-12　平板毛坯翻孔

在平板毛坯上翻孔时，按制件中性层长度不变的原则近似计算。预制孔直径 d_0 由以下近似公式计算：

式一：
$$d_0 = D_1 - \left[\pi \left(r + \frac{t}{2} \right) + 2h \right] \tag{1-30}$$

式二：
$$d_0 = D - 2(H - 0.43r - 0.72t)$$

式中，$D_1 = D + 2r + t$，$h = H - r - t$。

翻孔后的高度 H 由下式计算：

$$
\begin{aligned}
H &= \frac{D - d_0}{2} + 0.43r + 0.72t \\
&= \frac{D}{2}(1 - K) + 0.43r + 0.72t
\end{aligned} \tag{1-31}
$$

在式（1-31）中代入极限翻孔系数，即可求出最大翻孔高度。当制件要求的高度大于最大翻孔高度时，就难以一次翻孔成形。这时应先进行拉深，在拉深件的底部先加工出预制孔，然后再进行翻孔，如图 1-13 所示。

3）翻孔力计算

有预制孔的翻孔力由下式计算：

$$F = 1.1\pi t R_{\text{eL}}(D - d_0) \tag{1-32}$$

式中　F——翻孔力，N；

R_{eL}——材料屈服强度，MPa；

D——翻孔后中性层直径，mm；

d_0——预制孔直径，mm；

t——材料厚度，mm。

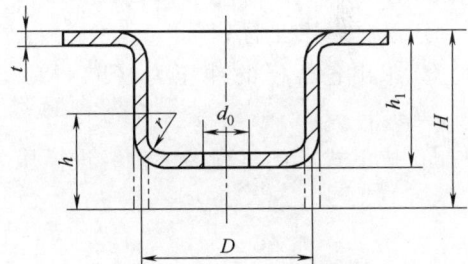

图 1-13　拉深后再翻孔

无预制孔的翻孔力要比有预制孔的翻孔力大 1.3～1.7 倍。

【例】　固定套翻孔件的工艺计算。制件如图 1-14 所示，材料为 08 钢，料厚 $t = 1.0\text{mm}$。

解：① 计算预制孔：

$$D = (40 - 1)\text{mm} = 39\text{mm}$$

$$D_1 = D + 2r + t = (39 + 2 \times 1 + 1)\text{mm} = 42\text{mm}$$

$$H = 4.5\text{mm}$$

$$h = H - r - t = (4.5 - 1 - 1)\text{mm} = 2.5\text{mm}$$

$$d_0 = D_1 - \left[\pi \left(r + \frac{t}{2} \right) + 2h \right]$$

$$= 42\text{mm} - \left[\pi(1 + 0.5) + 2 \times 2.5 \right]\text{mm}$$

$$= 32.3\text{mm}$$

得预制孔直径为 32.3mm。

② 计算翻孔系数：

$$K = \frac{d_0}{D} = \frac{32.3}{39} = 0.828$$

由 $d_0 / t = 32.3$，查表 1-49，若采用圆柱

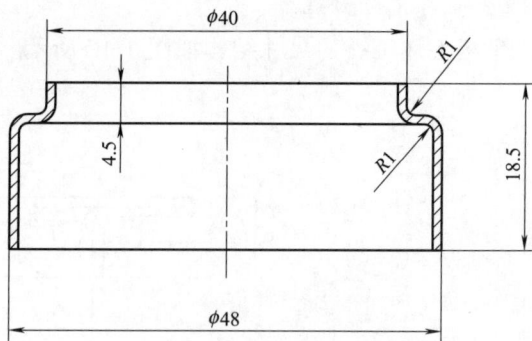

图 1-14 固定套翻孔件

形凸模，得低碳钢极限翻孔系数为 0.65，小于计算值，所以该制件能一次翻孔成形。

③ 计算翻孔力：

查表 1-3 得 08 钢

$$R_{eL} = 200\text{MPa}$$

$$F = 1.1 \pi t R_{eL}(D - d_0) = 1.1 \times \pi \times 1 \times 200(39 - 32.3)\text{N} = 4631\text{N}$$

1.5.5 压力中心计算

冲压力合力的作用点称为压力中心。对于有冲裁、弯曲、拉深、成形等各种冲压工序的多工位级进模，在设计时，应尽量使压力中心与压力机滑块中心相重合，否则会产生偏心载荷，使模具导向部分和压力机导轨非正常磨损，使模具间隙不匀，严重时会有"啃刃口"现象。对有模柄的小型多工位级进模，在安装模具时，使压力中心与模柄的轴线重合，便能实现压力中心与滑块中心重合。

如图 1-15 所示多工位级进模压力中心求法如下：

① 选择基准坐标；

② 求出各凸模的冲压力（F_1，F_2，…，F_n）和相应的各个压力中心的坐标 $[(x_1, y_1)$，(x_2, y_2)，…，$(x_n, y_n)]$；

③ 按下式求出整副多工位级进模压力中心坐标：

$$x_0 = \frac{F_1 x_1 + F_2 x_2 + \cdots + F_n x_n}{F_1 + F_2 + \cdots + F_n} \tag{1-33}$$

$$y_0 = \frac{F_1 y_1 + F_2 y_2 + \cdots + F_n y_n}{F_1 + F_2 + \cdots + F_n} \tag{1-34}$$

式中　　　　　x_0——多工位级进模压力中心至 y 轴的距离，mm；

　　　　　　　y_0——多工位级进模压力中心至 x 轴的距离，mm；

F_1，F_2，…，F_n——各凸模的冲压力，N；

x_1，x_2，…，x_n——各冲压力中心至 y 轴的距离，mm；

y_1，y_2，…，y_n——各冲压力中心至 x 轴的距离，mm。

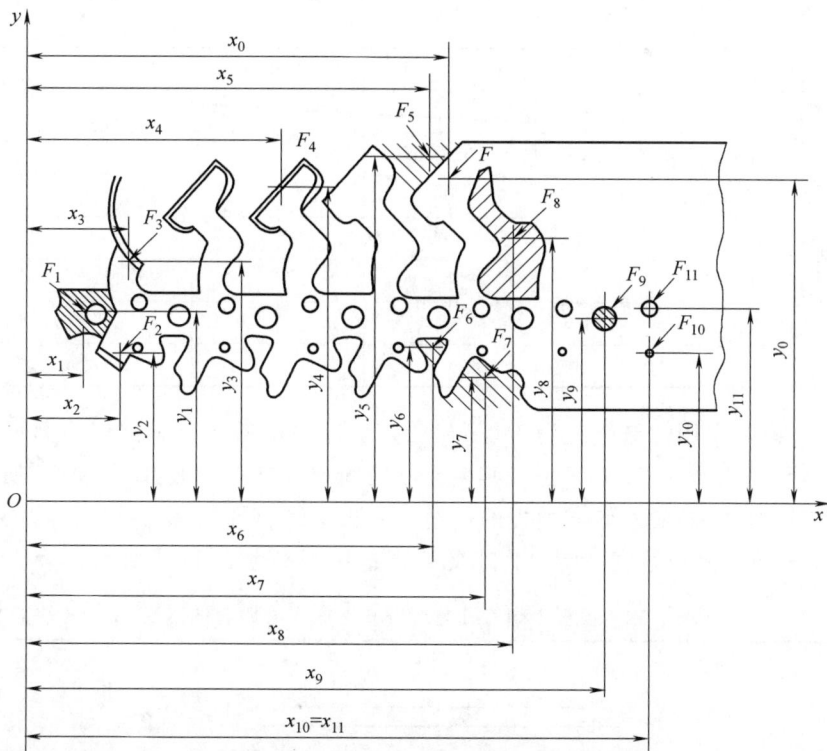

图 1-15　多工位级进模的压力中心

1.6　螺钉与销钉

1.6.1　螺钉

　　螺钉主要承受拉应力，用来连接固定零件。在冲压模具中广泛应用的是内六角螺钉。螺孔的深度原则上比螺钉旋进的深度大一点即可，但有时为了便于加工，将模板或零件的螺孔加工成通孔。也有时在模板或零件的厚度方向部分加工成螺孔，部分加工成螺纹底孔的钻孔或盲孔。只要模具的结构和外形允许即可。

　　常用螺钉安装孔、螺纹底孔尺寸及螺钉拧入模板最小深度可参考表 1-51。

表 1-51　常用螺钉安装孔、螺纹底孔的尺寸及螺钉拧入模板最小深度　　单位：mm

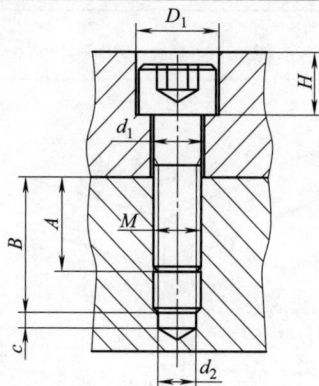

螺纹直径	M3	M4	M5	M6	M8	M10	M12	(M14)	M16	(M18)	M20
D_1	6.5	8	9.5	11	14	17.5	20	23	26	29	32
H（最小）	3.5	4.5	5.5	6.5	8.5	11	13	15	17	19	21
d_1	3.4	4.5	5.5	7.0	9	11	14	16	18	20	22
A	1.5M 以上										
B	8	12	15	15	20	25	25	30	30	35	35
d_2	2.6	3.4	4.3	5.1	6.8	8.5	10.3	12	14	15.5	17.5
C	3	4	4	6	6	8	8	8	8	10	12

一般中小型模具常用螺钉直径为 M6～M12。数量根据需要而定。用于固定凹模或凸模固定板时，数量一般在 4 个以上。由于凹模或凸模固定板外形一般都是矩形，所以螺钉孔尽可能对称分布在模板中心的两侧或模板的周边。模板上螺钉孔与螺钉孔之间中心距离的确定可参考表 1-52 所列。模板厚度与螺钉大小的合理选用可参考表 1-53 所列。

表 1-52　模板上螺钉孔与螺钉孔之间中心距离的确定　　　单位：mm

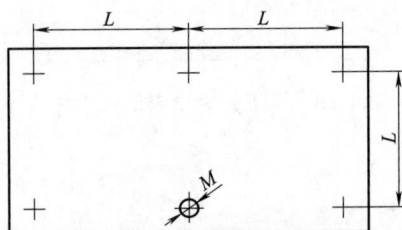

螺纹直径	中心距离 L
M4	40±15
M5	50±15
M6	60±20
M8	80±20
M10	100±20
M12	120±30

表 1-53　模板厚度 H 与螺钉大小的合理选用　　　单位：mm

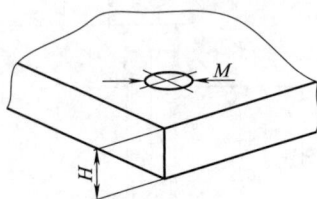

H	13 以下	13～19	＞19～25	＞25～32	32 以上
M	M4,M5	M5,M6	M6,M8	M8,M10	M10,M12

1.6.2　销钉

销钉有圆柱销和圆锥销之分。在冲压模具中主要起定位作用，同时也承受一定的侧向力。通常作为定位模具零件并与紧固螺钉配合使用。

由于圆柱销的使用更广泛，习惯上把圆柱销简称为销钉或定位销。模具中比较常用的直径有 $\phi 4mm$、$\phi 6mm$、$\phi 8mm$、$\phi 10mm$、$\phi 12mm$ 几种。销钉的头部应倒角或倒圆，这样拆装过程中即使经锤打后其头部有些变大，也不影响继续使用。

销钉应经淬硬处理，表面磨光，保证尺寸精度，以保持足够的硬度和使用寿命。如图 1-16 所示为圆柱销配合长度示意图。一般情况下，圆柱销最小配合长度 $H \geqslant 2d$。

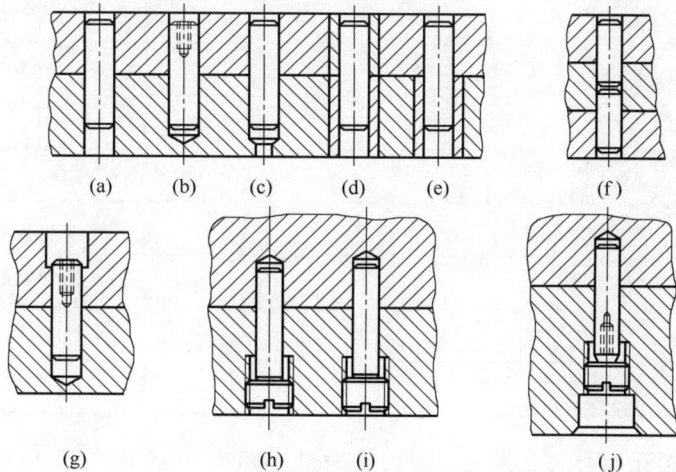

图 1-17 (a) 是最常用的销钉安装方法，安装后的销钉头部均应在上下模板之内。

图 1-17 (b) 所示销钉的一端有螺纹，可供拆卸使用。为了便于拆装，销钉与销钉孔配合不能过紧，按过渡配合即可。这种销钉装入时孔内有空气，主要用于模具工作零件表面不能损坏的场合。拆卸时，用拔销器上的螺钉拧紧销钉的螺孔，即可拔出。

图 1-17 (c) 中被定位的板件销孔做成台肩孔，拆装时利用小孔将销钉顶出。

图 1-17 (d)、(e) 是在淬硬的板件上镶入软钢套，采用配作销钉孔，便于加工。但软钢套在一般情况下要设计防转动处理。

图 1-17 (f) 是在三块厚板件的情况下，用两个销钉定位。板件薄时也可用一个销钉定位三块板件。

图 1-17 (g) 与图 1-17 (b) 的使用功能相同，只是为了减少配合长度，将图 1-17 (b) 上面一块板件的销孔口部扩大。

图 1-17 (h)、(i) 是用螺塞压紧销钉，防止销钉松动后掉出，一般比较适用于模具的上模部分。图示的销钉被压紧端都有螺孔（未画出），便于取出。

图 1-17 (j) 的特点与图 1-17 (g)～(i) 相似。

如图 1-18 所示为采用防松脱弹簧塞压紧销钉，防止销钉松动掉出。此结构与用螺塞压紧相比：无须进行螺纹加工；拆卸时可借助拔销器直接拆下定位销。

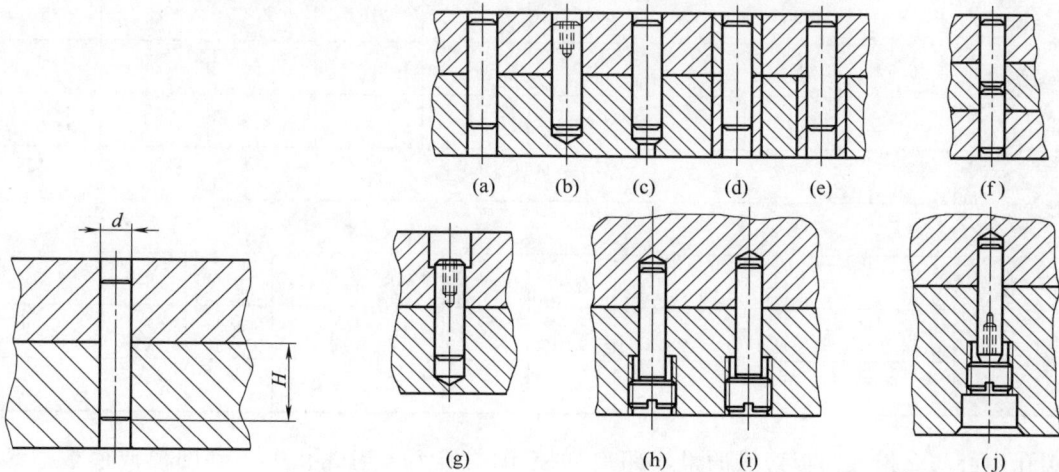

图 1-16　圆柱销配合长度　　　　　**图 1-17　销钉的定位形式**

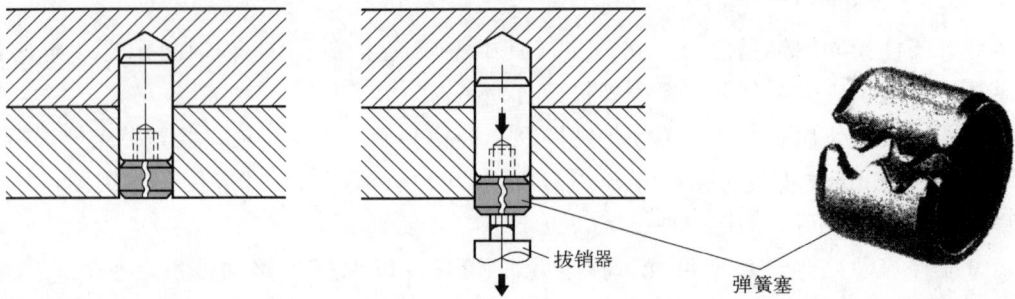

图 1-18 销钉定位（使用弹簧塞时）

1.6.3　螺钉孔及销钉孔距离的确定

当模板或凹模采用螺钉和销钉定位固定时，要保证螺孔（螺钉孔）间距，螺孔与销钉孔间距及螺孔、销钉孔与模板或凹模刃壁的间距不能太近，否则会影响模具的使用寿命。其数值可参考表 1-54 所列。

表 1-54　螺钉孔、销钉孔的最小距离

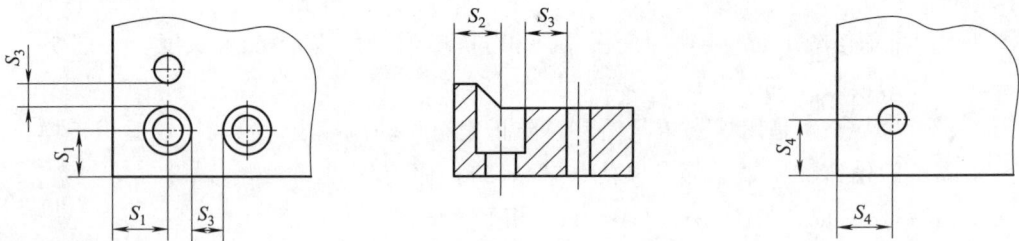

螺钉孔		M4	M5	M6	M8	M10	M12	M16	M20	M24
S_1/mm	淬火	8	9	10	12	14	16	20	25	30
	不淬火	6.5	7	8	10	11	13	16	20	25
S_2/mm	淬火	7	10	12	14	17	19	24	28	35
S_3/mm	淬火	5								
	不淬火	3								
销钉孔 d/mm		$\phi2$	$\phi3$	$\phi4$	$\phi5$	$\phi6$	$\phi8$	$\phi10$	$\phi12$	$\phi16$	$\phi20$	$\phi25$
S_4/mm	淬火	5	6	7	8	9	11	12	15	16	20	25
	不淬火	3	3.5	4	5	6	7	8	10	13	16	20

螺孔中心与凹模或模板边缘的最小距离如表 1-55 所列。当螺孔中心到凹模或模板边缘等距时，如表 1-55 中图（a）所示；反之，当螺孔中心到凹模或模板边缘不等距时，如表 1-55 中图（b）所示。

表 1-55　螺孔中心与凹模或模板边缘的最小距离　　　　　　　　单位：mm

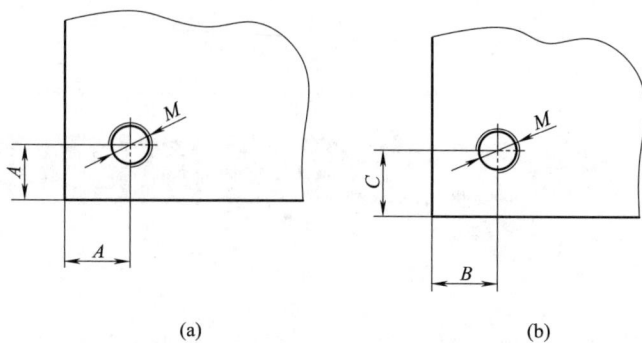

(a)　　　　　　　　　　　　　(b)

螺钉孔	M4	M5	M6	M8	M10	M12
B_{min}	6	7.5	9	12	15	18
C_{min}	4.5	5.5	7	9	11.5	14
A 标准	7～8	8.5～10	10～12	13～16	17～20	20.5～24
A_{min}	5	6	8	10	13	15

第2章

多工位级进模排样设计

设计多工位级进模时，首先要设计条料排样图。因为条料排样设计是多工位级进模设计的关键环节。多工位级进模的排样设计是否合理，直接影响到模具设计的成败。排样确定了，模具的基本结构也确定了，所以进行排样设计时，要充分考虑各工序安排的合理性，并使带料（或条料）在连续冲压过程中畅通无阻，便于制造、使用、刃磨和维修等。

2.1 排样图设计原则及应考虑的因素

2.1.1 排样图设计的原则

多工位级进模的排样设计是与制件冲压方向、变形次数及相应的变形程度密切相关的，其排样方式不同，则材料利用率、冲压出制件的精度、生产率、模具制造的难易程度及模具的使用寿命也不同，因此，排样图设计时应遵循下列原则。

① 提高凹模强度及便于模具制造。对冲压形状复杂的制件，可用分段切除的方法，如将复杂的型孔分解为若干个简单的孔形，并安排在多个工位上进行冲压，以使凸、凹模形状简单规则，便于模具制造并提高使用寿命，但对同一尺寸精度或位置精度要求的部位应尽量安排在同一工位上冲压。

② 合理确定工位数，工位数为分解各单工序之和。在不影响凹模强度的原则下，工位数越少越好，这样可以减少累积误差，使冲出的制件精度高。

③ 在排样设计时，尽可能提高材料的利用率，尽量按少、无废料排样，以便降低制件成本，提高经济效益。也可以采用双排或多排排样，比单排排样节省材料，但模具结构复杂，制造困难，会给操作带来不便，应多方面进行考虑后加以确定。

④ 为保证条料送进步距的精度，在排样设计时，一般应设置侧刃为粗定位，导正销为精定位，但导正销孔应尽可能设置在废料上。有时由于制件形状的限制，在废料上无法设置导正销孔，也可以将制件中冲出的孔作为导正销孔。当使用送料精度较高的送料装置时，可不设侧刃，只设导正销即可。

⑤ 需要冲制的制件与载体连接应有足够的强度和刚度，以保证条料在冲压过程中连续送进的稳定性。

⑥ 合理安排工序顺序，原则上宜先安排冲孔、切口、切槽等冲裁工序，再安排弯曲、拉深、成形等工序，最后切断或落料分离，各工序先后应按一定的次序而定，以有利于下一

工序的进行为准。但如果孔位于成形工序的变形区，则应在成形工序后冲出。对于精度要求高的，应在成形工序之后增加校平或整形工序。

2.1.2 排样图设计时应考虑的因素

根据多工位级进模排样图设计的原则，还应全面细致地考虑以下这些因素。

（1）企业的生产能力与生产批量

① 生产能力是指企业现有的自动化程度、工人技术水平及压力机的数量、型号、规格。压力机的规格包括公称压力、模具闭合高度、滑块行程高度、装模尺寸及冲压速度等。

② 当生产能力与生产批量相适应时，采用单排排样较好。单排排样模具结构简单，便于制造，模具刚性好，模具使用寿命也可延长。反之，生产批量较大时，可采用双排或多排排样，能提高生产效率，但会使模具制造较为复杂。

（2）多工位级进模的送料方式

多工位级进模的送料方式主要有人工送料、自动送料和自动拉料三种，见表 2-1。

表 2-1 三种送料方式在多工位级进模中的应用

序号	送料方式	简要说明
1	人工送料	人工送料一般用于小批量生产,制件形状较简单、工位数较小的级进模
2	自动送料	自动送料的种类较多,其功能及送料原理都是一样的,利用它将卷料进行自动送料,来实现自动化冲压。自动送料装置一般同压力机配套使用,但部分也安装在模具上,其送料步距是可调的
3	自动拉料	自动拉料主要有滚动拉料、气动拉料及钩式拉料。滚动拉料一般安装在压力机上,同压力机配套使用。气动拉料和钩式拉料大部分都直接安装在模具上 自动拉料装置一般用于材料较薄的拉深及成形的制件。它们经过各个工位冲压后,带料易变形不平整,用自动送料难以稳定送进,因此选用自动拉料较为合理。选用自动拉料时,带料的载体上必须有导正销孔或其他工艺孔,拉料器上的拉钩进入导正销孔或其他工艺孔上实现自动拉料功能

（3）冲裁力的平衡

① 力求压力中心与模具中心重合，其最大偏移量不超过模具长度的 1/6 或模具宽度的 1/6。

② 多工位级进模往往在冲压过程中产生侧向力，必须分析侧向力产生部位、大小和方向，采取一定措施，力求抵消侧向力，保持冲压的稳定性。

（4）模具结构

多工位级进模的结构尽量简单，制造工艺性好，便于装配、维修和刃磨。特别对高速冲压的多工位级进模，应尽量减轻上模部分重量，如上模部分较重会导致冲压时的惯性大，当冲压发生故障时不能在第一时间段停止。通常高速冲压的小型多工位级进模的上模座采用合金铝制造。

（5）被加工材料

多工位级进模对被加工材料有严格要求。在设计条料排样图时，对材料的供料状态、被加工材料的物理力学性能、材料纤维方向及材料利用率等均要全面考虑，见表 2-2。

表 2-2　被加工材料在多工位级进模中的用途

序号	考虑方面	简 要 说 明
1	材料供料状态	设计条料排样图时,应明确说明是成卷带料还是板料剪切成的条料供料。多工位级进模常用成卷带料供料,这样便于进行连续、自动、高速冲压。否则,自动送料、高速冲压难以实现
2	材料物理力学性能	设计条料排样图时,必须说明材料的牌号、料厚公差、料宽公差。被选材料既要能够充分满足冲压工艺要求,又要有适应连续高速冲压加工变形的物理力学性能
3	材料纤维方向	弯曲线应该与材料纤维方向垂直。但对于已成卷带料,其纤维方向是固定的,因此在多工位级进模排样图设计时,由排样方位来解决。有时制件上要进行几个方向上的弯曲,可利用斜排使弯曲线与纤维方向成 α 角,一般 $\alpha=30°\sim60°$。如下图所示,图中 $\alpha=45°$ 当不便于斜排时,征得产品设计师同意,可以适当加大弯曲制件的内圆半径 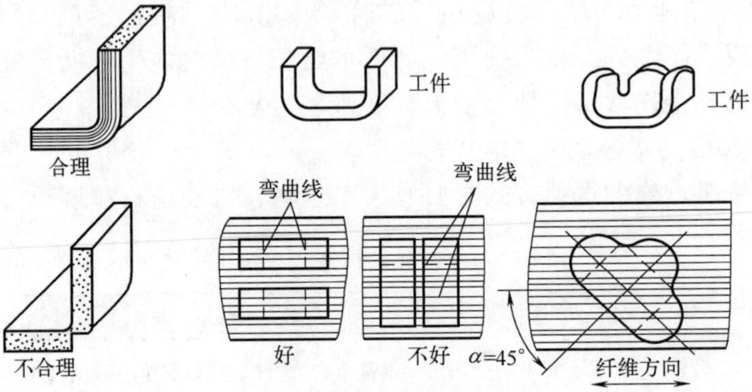 材料纤维方向与弯曲线之间的关系
4	材料利用率	材料利用率高低是直接影响制件成本的主要因素之一。多工位级进模材料利用率较低。如提高了材料利用率,也就会降低制件的成本。对于生产批量较大的制件,提高材料利用率、降低制件成本非常重要。所以在设计排样图时应尽量使废料达到最少 在多工位级进模排样中采用双排、多排等可以提高材料利用率,但会给模具设计、制造带来很大困难。对形状复杂的、贵重金属材料的冲压件,采用双排或多排排样还是经济的。如下图所示,排样方法不同,材料利用率 η 便不同。如下四种排样中单排的材料利用率最低,双排次之,三排材料利用率最高 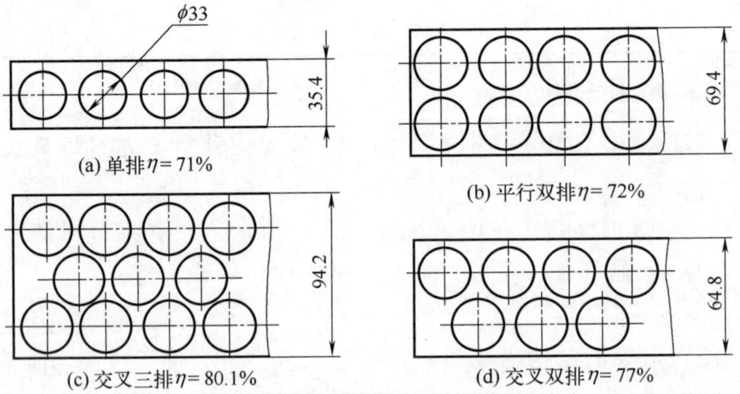 从排样方法看材料利用率

（6）制件的毛刺方向

制件经凸、凹模冲切后,其断面有毛刺。在设计多工位级进模条料排样图时,应注意毛刺的方向。原则是:

① 当制件图样提出毛刺方向要求时，无论排样图是双排还是多排，应保证多排冲出的制件毛刺方向一致，绝不允许一副模具冲出的制件毛刺方向有正有反。如图2-1所示，同是双排排样，但图2-1（a）中的一个制件相对于另一个制件翻转了一下排样，结果使冲下的两个制件毛刺方向相反；图2-1（b）中的一个制件相对于另一个制件在同一平面内旋转了180°后排样，结果使冲下的两个制件毛刺方向相同。

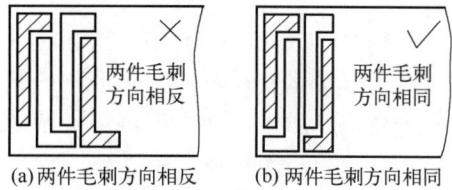

图2-1 同是双排排样，
毛刺方向有正有反

② 对带有弯曲工艺的制件，排样图设计时，应当使毛刺面在弯曲件的内侧，这样既使制件外形美观，又不会使弯曲部位出现边缘裂纹，对于弯曲质量有好处。

③ 如果采用分段切除废料方法，会出现一个冲压件的周边毛刺方向不一致，这是不允许的，应注意避免。若在排样图设计时有困难，则可在模具设计时采用倒冲来满足其要求。

④ 当最后一工位制件同载体分离时，要使制件所有部位的毛刺方向相同，那么必须采用冲切载体的方式，制件从侧面滑出；若采用冲切制件的方式，载体从侧面滑出，会导致制件与载体搭边处毛刺方向相反。

（7）正确设置侧刃位置与导正销孔

侧刃是用来保证送料步距的。所以侧刃一般设置在第一工位（特殊情况可设在第二工位）。若仅以侧刃定距的多工位级进模，且以剪切的条料供料时，应设计成双侧刃定距，即在第一工位设置一侧刃，在最后工位再设置一个，如图2-2所示。如果仅在第一工位设置一个侧刃，那么，每一条料的前后均剩下四个工位无法冲制，造成很大浪费。

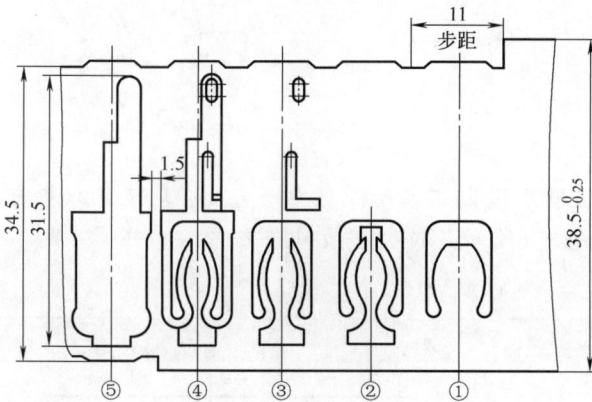

图2-2 双侧刃的设置

导正销孔与导正销的位置设置，对多工位级进模的精确定位是非常重要的。多工位级进模由于采用自动送料，因此必须在排样图的第一工位就冲出导正销孔。第二工位以及以后工位，应相隔2～4个工位在相应位置上设置导正销定位，在重要工位之前一定要设置导正销定位（设导正）。

对圆形拉深件的多工位级进模，一般不设导正，这是因为拉深凸模或在拉深凸模上的定位压边圈本身就对带料起定距导正作用。对拉深后再进行冲裁、弯曲等的制件，在拉深阶段不设导正，拉深后冲制导正销孔，冲制导正销孔后一工位才开始设导正。

（8）注意条料在送进过程中的阻碍

设计多工位级进模排样图时，应保证带料在送进过程中的畅通无阻，否则就无法实现自动冲压。

（9）具有侧向冲压时，注意冲压的运动方向

多工位级进模经常出现侧向冲裁、侧向弯曲、侧向抽芯等。为了便于侧向冲压机构工作

与整副模具和送料机构动作协调，一般应将侧向冲压机构放在条料送进方向的两侧，其运动方向应垂直于条料的送进方向。

（10）凸、凹模应有足够的强度

对于形状比较复杂或特殊形状的制件，制件的局部对凸、凹模来说，可能是最薄弱的地方或者是难以加工之处，可将制件的局部设计在几个工位上分段冲压。如图 2-3 所示，将一异形孔分段为三次冲成，这样每一次冲的型孔都比较简单。若异形孔一次冲成，则尖角处很容易损坏。

图 2-4 的左右是两个不同凹模孔形的设计，按图 2-4 的左边部分设计，异形孔一次冲成，对于凸模和凹模来说，形状较为复杂，加工比较困难，如将该孔进行分解，分解后的孔形如图 2-4 的右边部分，即先冲异形孔的中间窄长孔，后冲异形孔的两头孔，使每个工位上的冲裁加工变得简单，对提高凹模强度十分有利。

当工位间步距较小时，前后工位均属冲裁，影响到凹模刃口间的壁厚强度时（如料厚 $t<1mm$，壁厚$<2mm$），应考虑排样错开，加大刃口间壁厚。

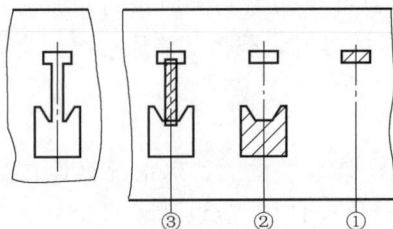

图 2-3　异形孔分段冲裁（一）

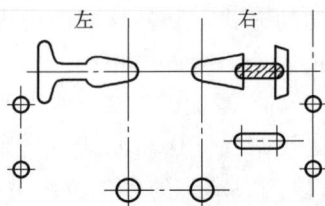

图 2-4　异形孔分段冲裁（二）

2.2　排样设计技巧

2.2.1　排样的类型及方法

根据多工位级进模冲压工艺特点、工位间送进方式、排样有无搭边及冲切工艺废料方法等，可将多工位级进模冲裁件排样归纳为表 2-3 所示几种类型及排布方法。

表 2-3　排样类型及方法

序号	排样类型	内　容	图　示
1	分切组合排样	即各工位分别冲切冲裁件的一部分，工位与工位之间相对独立，互不相干，其相对位置由模具控制，最后组合成完整合格的冲裁件	分切组合排样
2	拼切组合排样	即冲裁件的内孔与外形，甚至是一个完整的任意形状冲裁件，都用几个工位分开冲切，最后拼合成完整的冲裁件。虽与分切组合类似，但却不尽相同。其各工位拼切组合，冲切刃口相互关联，接口部位要重合	拼切组合排样

序号	排样类型	内 容	图 示
3	裁沿边排样	用冲切沿边的方法，获取冲裁件侧边的复杂外形，即裁沿边排样。当冲切沿边在送料方向上的长度 L 与步距 S 相等时，即 $L=S$，则可取代侧刃并承担对送进原材料切边定距的任务。通称这类侧边凸模为成形侧刃	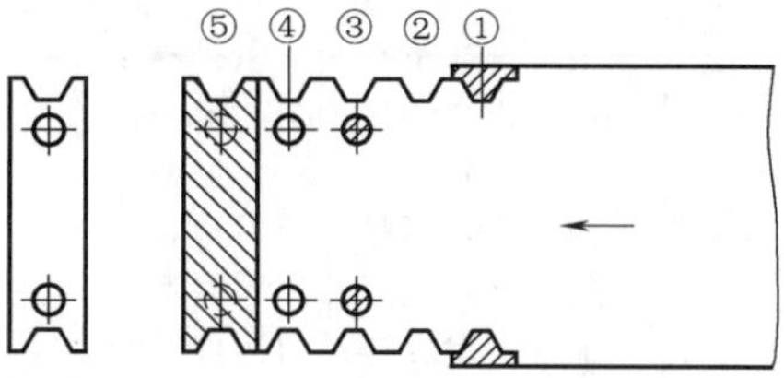 裁沿边排样
4	裁搭边排样	对于细长的薄料冲裁件、与搭边连接的部位有复杂形状外廓的长冲裁件，用裁搭边法冲裁，可避免细长冲裁件扭曲变形、卸件困难等缺点。比较典型的冲压零件是仪表指针、手表秒针等，采用裁搭边排样，效果很好。为了制模方便，有时将搭边放大，便于落料，而作为搭边留在原材料上的冲裁件，最后才与载体冲切分离出来	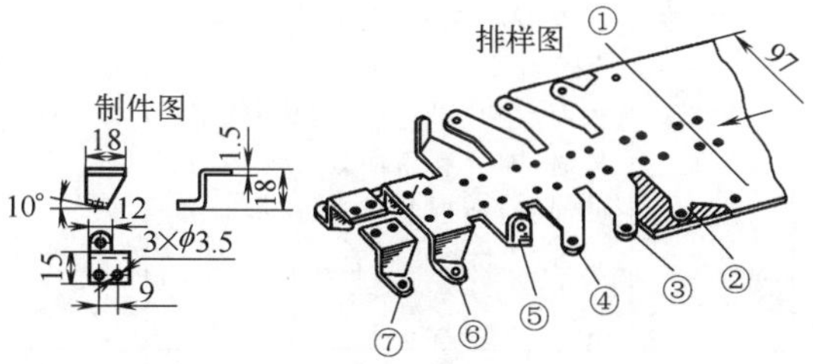 裁搭边排样
5	沿边与搭边组合冲切排样	通过分工位逐步冲切沿边与搭边获取成形冲压制件展开毛坯，并冲压成形的排样称为沿边与搭边组合冲切排样。各工位冲去的是工艺废料，冲压制件留在原材料上，逐步成形至最后工位与载体分离出件	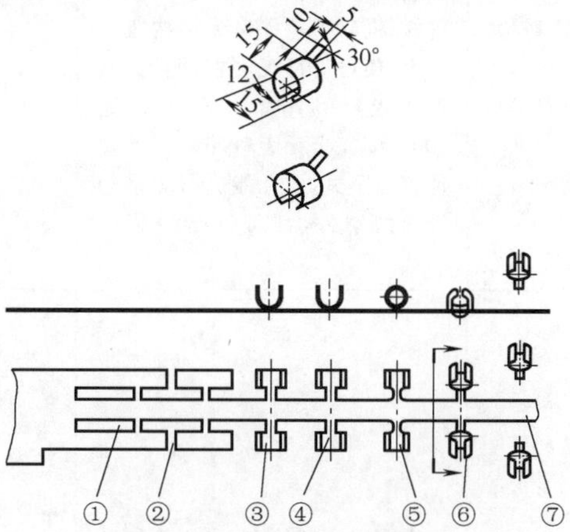 沿边与搭边组合冲切排样
6	套裁排样	用大尺寸冲裁件内孔的结构废料，在同一副多工位级进模的专设工位上冲制相同材料厚度的更小尺寸的冲压制件，即套裁排样。一般情况下，先冲内孔中的小尺寸制件，大尺寸制件往往在最后工位上落料冲出。由于上下工位无搭边套料，同轴度要求高，送料进距偏差要小才能保证套裁制件尺寸与形状精度	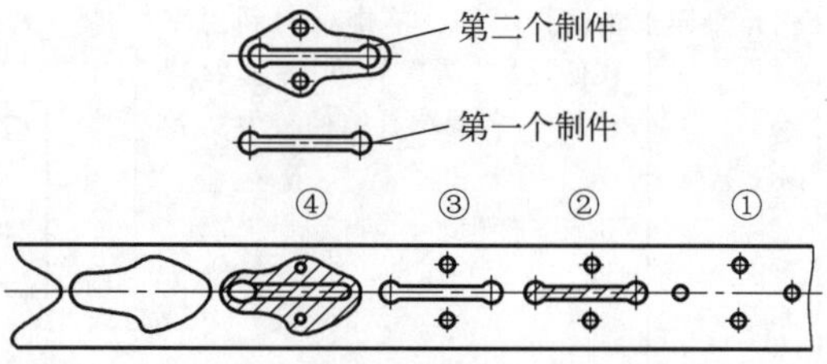 套裁排样

续表

序号	排样类型	内容	图示
7	混合排样	混合排样是指在一条排样上同时安排冲出不同的多个制件，或在排样上安排冲主件的同时，利用其工艺废料或与沿边相连的结构废料冲出几种不同形状的制件。混合排样的制件必须具备同类型(包括产量也相同)、同材质、同料厚、同冲裁毛刺方向的条件。与套裁排样的区别在于，混合排样尽量利用工艺废料或多余的沿边与搭边，以及由于冲裁件复杂的外形、凸凹差异大而产生的外沿结构废料。排样时，充分利用冲裁件外形凸、凹部分，相互掺叉嵌入拼合排布，使原材料得到充分利用	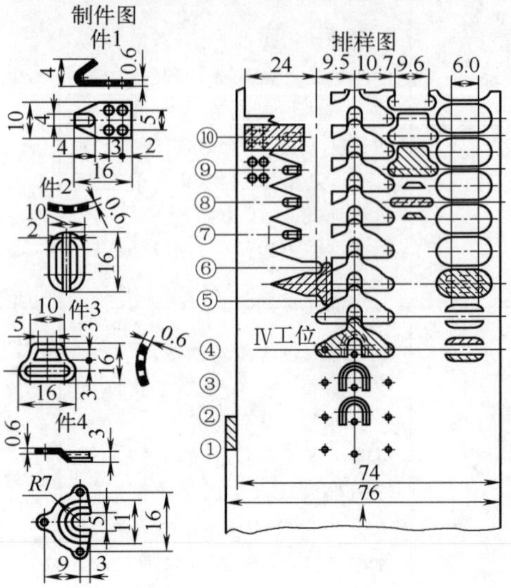 混合排样
8	无搭边排样与无废料排样	由于绝大多数多工位级进模冲压的制件，都采用有沿边、有搭边排样，只能进行有废料冲裁。如果能进行无沿边、无搭边排样，同时冲裁件又无结构废料产生，便可进行无废料冲裁。真正使板材利用率达到或接近100%的完全无废料冲裁的冲裁件较为罕见，但凡能进行无搭边排样的制件，都可进行少废料冲裁	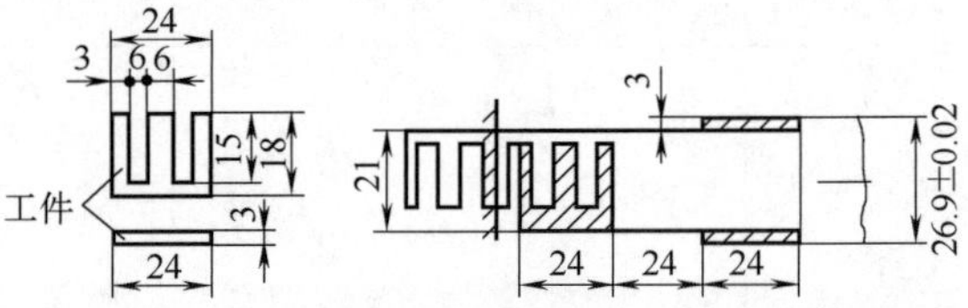 无搭边排样
9	单排和多排排样	在同一个制件中，采用不同的排样方式，其材料利用率的高低差别较大。如右图所示，圆形制件的排样方法不同，材料利用率的高低不同。单排材料利用率较低，模具结构简单；多排材料利用率高，但模具结构较为复杂	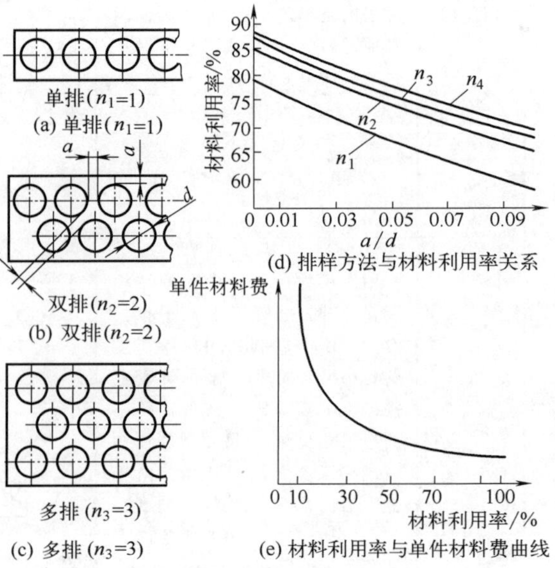 (a) 单排(n_1=1) (b) 双排(n_2=2) (c) 多排(n_3=3) (d) 排样方法与材料利用率关系 (e) 材料利用率与单件材料费曲线 圆形制件的不同排样方法

序号	排样类型	内容	图 示
10	横排、纵排及斜排排样	如右图所示为异形制件单排排样。这里介绍同一个制件采用的三种不同的排样方式。 ①如图（a）所示，横排样需要四个工位冲压，所需材料质量约为14.3g； ②如图（b）所示，纵排样需要五个工位冲压，所需材料质量约为14.1g； ③如图（c）所示，斜排样需要四个工位冲压，所需材料质量约为13.2g。 从以上三种不同排样方式的材料利用率比较可知，横排样材料利用率低，斜排样材料利用率高	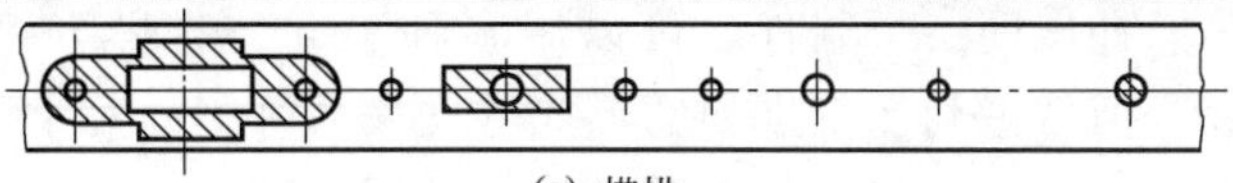 (a) 横排 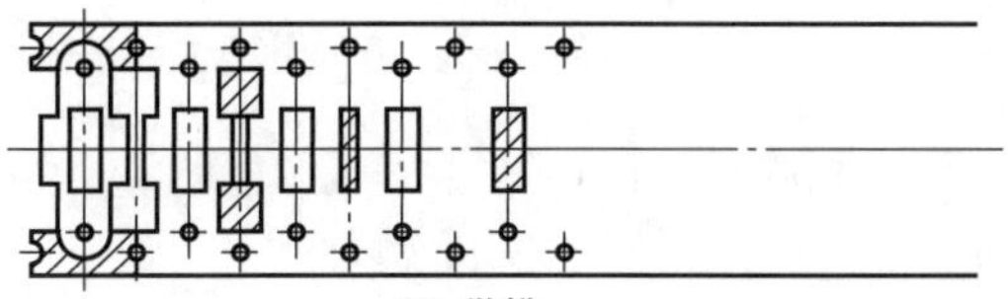 (b) 纵排 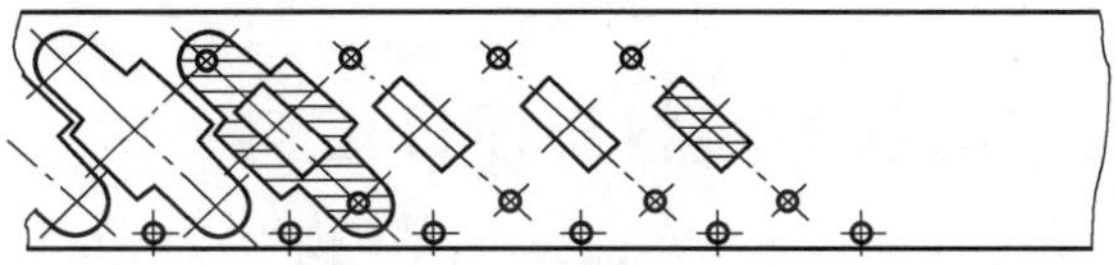 (c) 斜排 异形制件单排排样
11	对排和交叉排样	如右图（a）所示为对排排样，图（b）所示为交叉排样，这两种排样的材料利用率比单排排样高，且生产效率也高	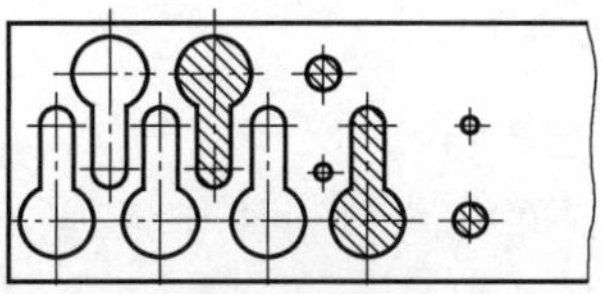 (a) 对排排样  (b) 交叉排样 对排和交叉排

  多工位级进模的送料方向大都是在一个平面上沿直线进行，各工位送料是用送进原材料携带。为此，一般将冲压制件一直保留在原材料上供各工位冲压加工，直到加工完成后才从原材料上切断分离出件。用裁搭边法冲制的细长、多枝芽以及外廓多凸台与凹口的平板冲裁件，所用多工位级进模一般都用这种连续冲裁方法。其结构的特点之一是，各工位都在一个平面上且沿送进方向呈直线布置。

2.2.2 材料利用率的计算

  用制件的面积占所用板料面积的比例作为衡量排样合理性的指标，称为材料利用率，用 η 表示，公式为

$$\eta = \frac{nS}{BA} \times 100\%$$

式中 S——制件面积；

   n——一个步距内制件数；

B——条料（带料）宽度；

A——排样步距。

冲压同一个制件，可以用多种不同的排样方法，η 值越大，说明废料少，材料利用率高。但考虑到多行排列的形式（交叉或平行）和端头废料，所以 η 还不能说明总的材料有效利用率。在一张板料上总的材料利用率用 $\eta_{总}$ 表示，即。

$$\eta_{总}=\frac{n_{总}S}{LB}\times100\%$$

式中　S——制件面积；

$n_{总}$——一张板料上实际制件数；

B——板料宽度；

L——板料上的长度。

2.2.3　工艺废料与设计废料

在多工位级进模中冲裁出的废料，分为设计废料和工艺废料两种，如图 2-5 所示。

（1）设计废料

由于制件有内孔的存在而产生的废料即为设计废料，它是由制件本身的形状结构要求所决定的，见图 2-5 中的 a。

（2）工艺废料

制件与制件之间和制件与条料（或带料）侧边之间的搭边，以及因不可避免的料头、料尾而产生的废料，称为工艺废料。它主要决定于冲压方法和排样形式。见图 2-5 中的 b、c、e 所示（d 为制件）。

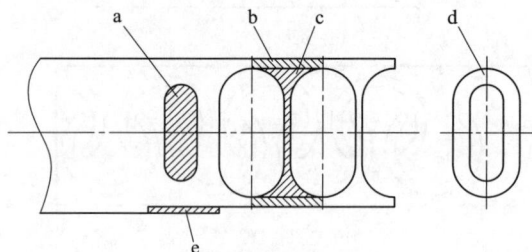

为了提高材料利用率，应从减少工艺废料想办法，采取合理排样，必要时，在不影响产品性能的前提下，改善制件的结构设计，也可以减少设计废料，如图 2-6 所示。采用第一种排样法，材料利用率为 50%；采用第二种排样法，材料利用率可提高到 70%；当改善制件形状后，采用第三种排样法，材料利用率提高到 80% 以上。

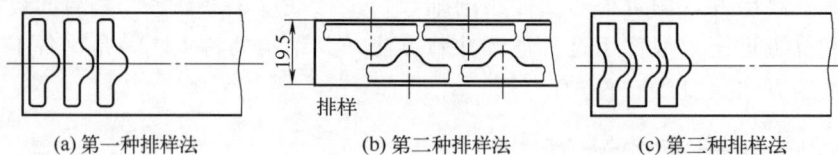

图 2-5　设计废料（a）与工艺废料（b、c、e）

(a)第一种排样法　　(b)第二种排样法　　(c)第三种排样法

图 2-6　排样与材料利用率

（3）工艺废料的合理确定

① 落料　制件与制件之间以及制件与条料侧边之间留下的工艺废料叫搭边。搭边的作用一是为了补偿定位误差和裁剪下带料（条料）的误差，确保冲出合格制件；二是可以增加带料（条料）的刚度，便于带料（条料）送进。

搭边值需合理确定。搭边过大时，材料利用率低；搭边过小时，搭边的强度和刚度不够，在落料中将被拉断，制件产生毛刺，有时甚至单边拉入模具间隙，损坏模具刃口。搭边值目前由经验确定，其大小见表2-4。

② 切槽　切槽是指冲切出制件局部外形，为了制件外形的质量，要考虑合理的搭边及槽长、槽宽等相关尺寸，具体见表2-5。

③ 分段　分段是指制件与带料（条料）分离，也叫冲切载体。表2-6所列的有R形分段冲切和直线形分段冲切两种。

表 2-4　多工位级进模落料工序搭边 a 和 b 的相关尺寸　　　　　　　单位：mm

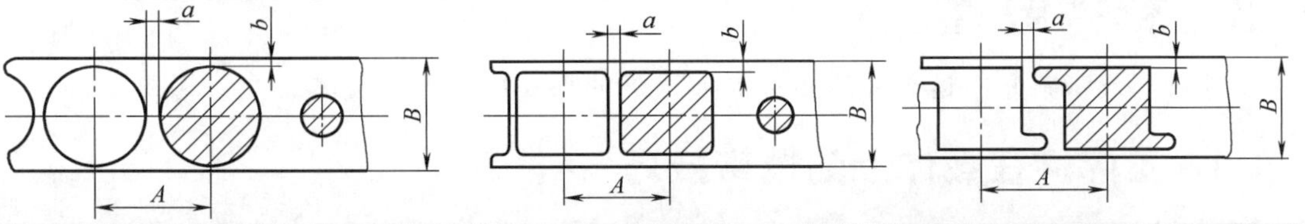

材料宽度 B	当 $A/B<1.5$ 时		当 $A/B<1.5$ 时			
	搭边 a 和 b		搭边 a		搭边 b	
	标准	最小	标准	最小	标准	最小
≤25	$1.0t$	0.8	$1.25t$	1.2	$1.25t$	1.0
>25～75	$1.25t$	1.2	$1.5t$	1.8	$1.5t$	1.4
>75～150	$1.5t$	2.5	$2.0t$	2.5	$1.75t$	2.0

注：t 为料厚。

表 2-5　切槽的搭边 b 和槽宽 a_1 的相关尺寸

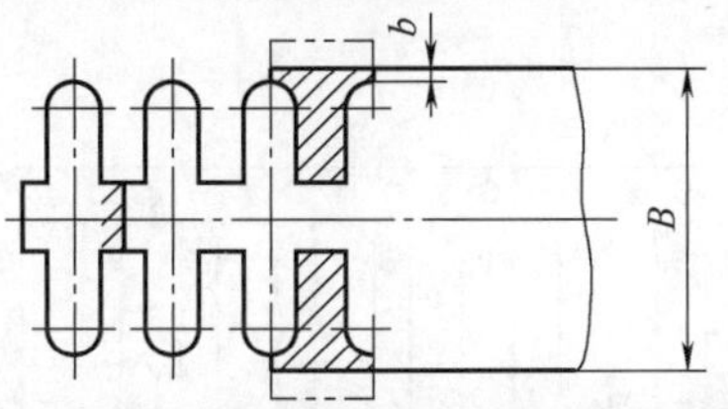

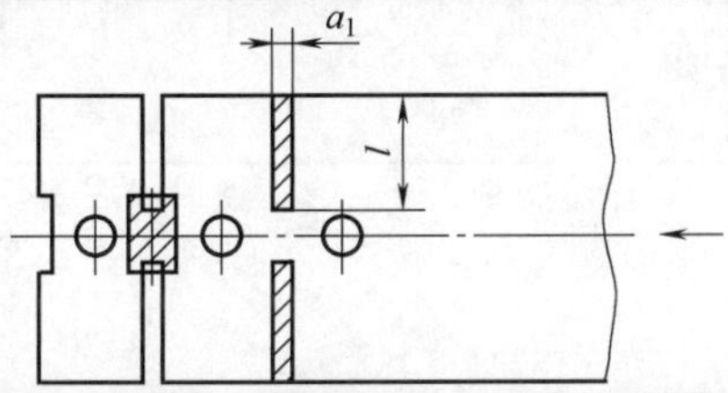

料宽 B	标准 b	b 的最小值	槽长 l	标准 a_1	a_1 的最小值
≤25	$0.8t$	0.8	≤10	$1.2t$	1.8
>25～75	$1.0t$	1.2	>10～20	$1.5t$	2.5
>75～150	$1.2t$	1.8	>20～40	$2.0t$	3.5
>150～250	$1.3t$	2.4	>40～60	$2.5t$	4.0

表 2-6　R形和直线形分段凸模刃厚相关尺寸

R形分段凸模刃厚相关尺寸	直线形分段凸模刃厚相关尺寸
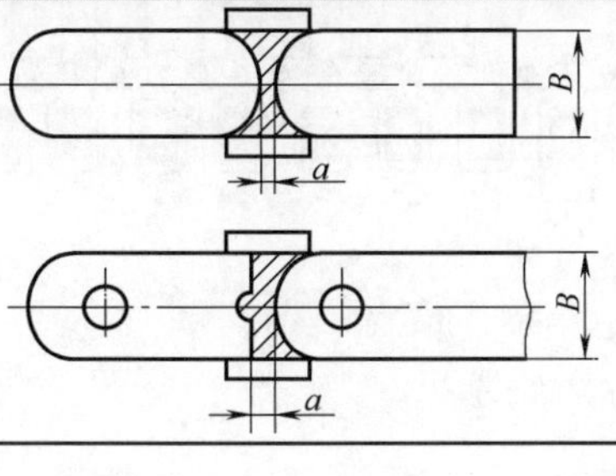	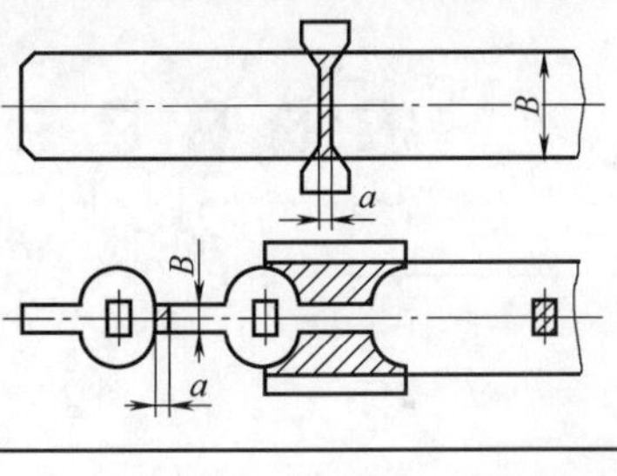

料宽 B	标准 a	a 的最小值	料宽 B	标准 a	a 的最小值
≤25	1.2t	1.5	≤25	1.2t	2.0
>25～50	1.5t	2.0	>25～50	1.5t	3.0
>50～100	2.0t	3.0	>50～100	2.0t	4.5

2.3 载体设计

在条料（或带料）中运载冲压零件向前送进的那一部分称为载体。

2.3.1 工序件在载体上的携带技巧

在排样中未冲压成的成品件，均可称为工序件或坯件，在排样设计时必须先确定工序件在条料（带料）上的携带方法。目前常见的方法有两种，即通过载体传递和落料后又被压回到原条料（或带料）内。

（1）通过某种载体进行工序间传递

利用冲切废料的方法可以使制件和载体通过必要的"桥"连接在一起，冲切废料的目的是使制件成形部分与条料（带料）分离。制件的成形是在载体的传递过程中在有关工位上进行的，制件成形结束后，利用最后一工位，一般将其从条料（带料）上分离出来，见图2-7。

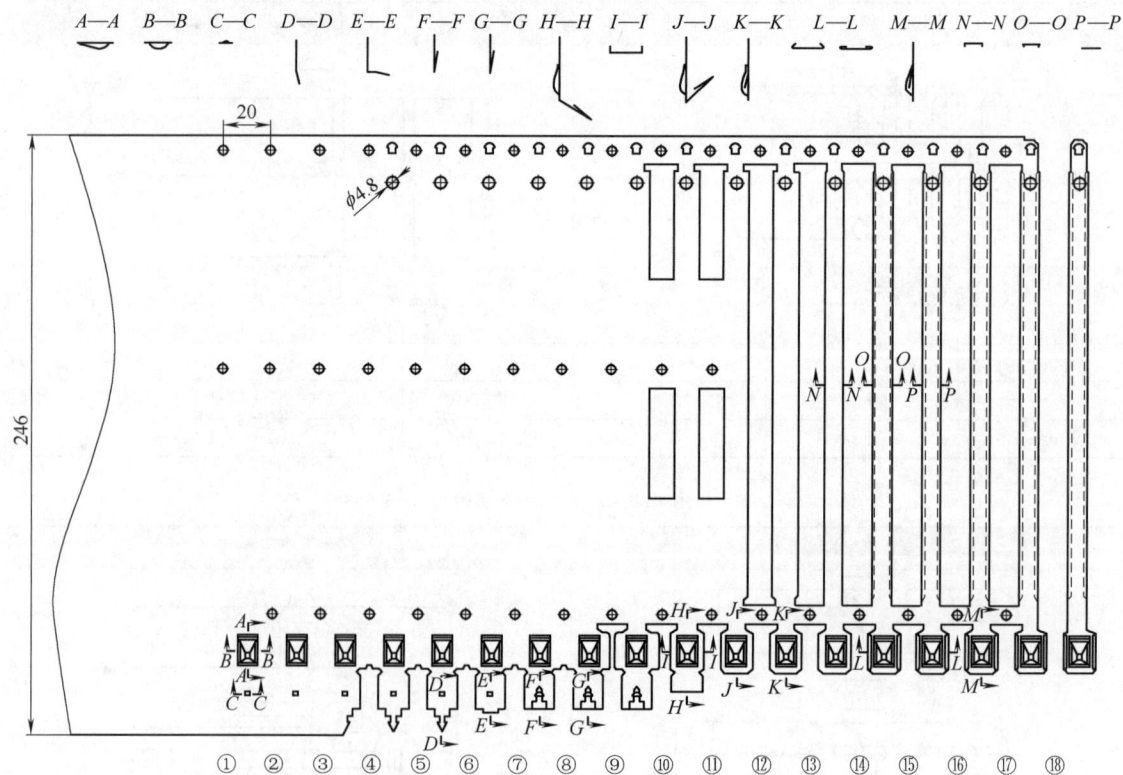

图 2-7 单侧载体带有"桥"连接

（2）工序件落料后又被压回到原条料（带料）内

这种方法主要在料厚大于 0.5mm 时应用，并且多用在最后工位或其后面工位数已不多的要进行压弯成形的场合。它的原理是在落料工位的凹模内加反向压力，使工序件落料后重新被压入条料（或带料）内，并用条料（或带料）作为载体传递到下一工位成形或整平。如图 2-8 所示，工位⑧制件与带料切开分离后，把制件压回到带料上，传递到工位⑨翻边拉直落料。

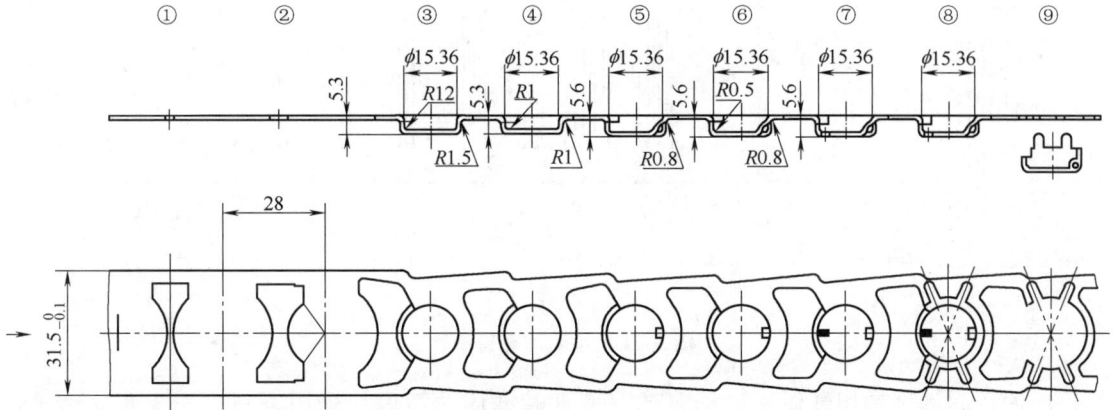

图 2-8 工序件落料后又被压回到原带料内

2.3.2 制件在带料上获取的冲压方法

① 冲切载体留制件。冲切载体留制件是比较简便、经济、实用的方法。它是在最后工位切除载体后，留制件在凹模表面，由压缩空气吹出，见图 2-9。

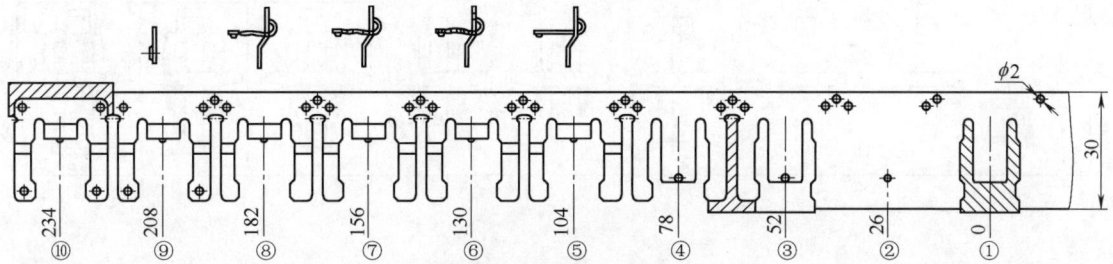

图 2-9 冲切载体留制件

② 冲切制件留载体。带料（条料）经模具上一个工位接一个工位冲压以后，成品制件在最后工位从载体上被冲落下来，载体仍保持原样（见图 2-10）。

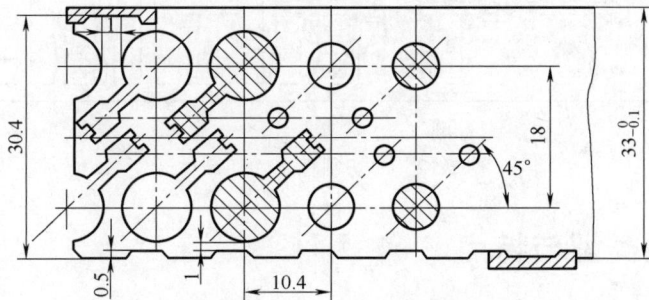

图 2-10 冲切制件留载体

③ 留载体也留制件。常常由于后步工序（指本模具之外的加工）的需要，带料（条料）上的制件虽经多工位级进模冲压结束了，但仍留在载体上，如小电流接线端子。要求每十个或几十个制件为一个单元，冲切成一长条。如图 2-11 所示是冲切晶体管金属引线脚时留载体也留制件方式。

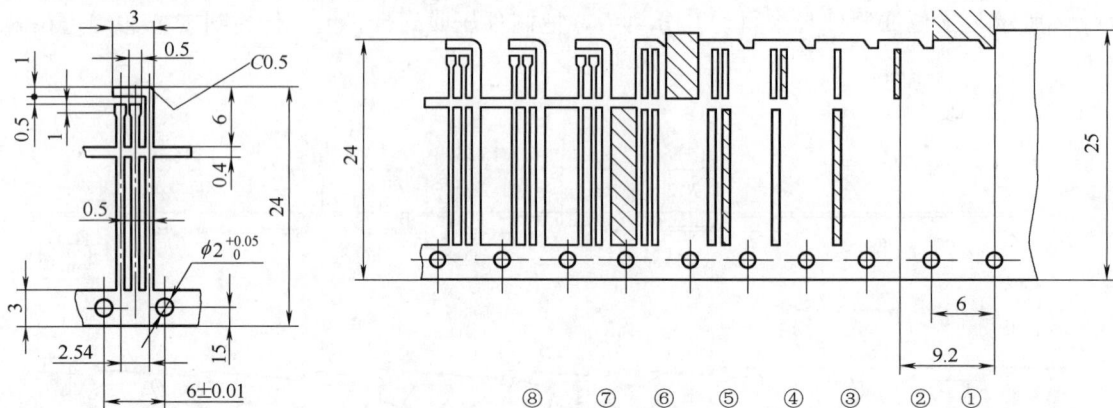

图 2-11　留载体也留制件

④ 冲切制件也冲切载体。这种方式在制件和载体冲切后均采用漏料方法下落，为了避免制件与废料下落时混淆，在下模座里要设有制件料斗或漏料通道，将它们分别排出。如图 2-12 所示为连接器外壳排样，该排样在工位⑮冲切制件，在工位⑯冲切载体。此方法在大批量、自动冲压生产中应用较为普遍。

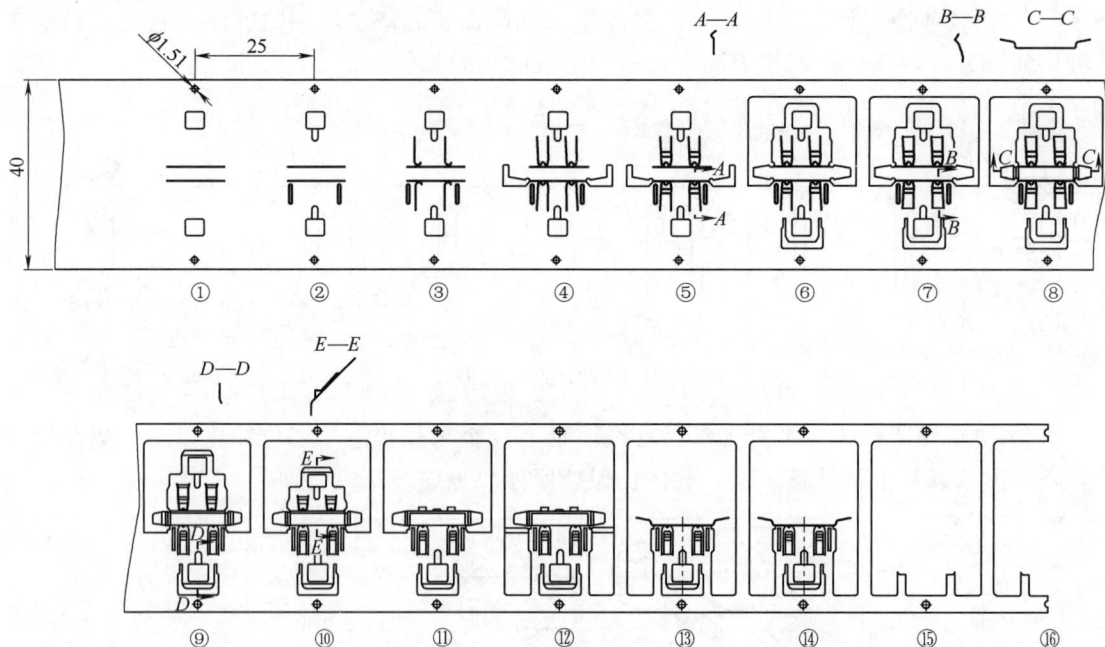

图 2-12　冲切制件也冲切载体

2.3.3　载体的类型与特点

根据制件的形状、变形性质、材料厚度等情况，划分了几种载体的基本类型，见表 2-7。

表 2-7　载体的基本类型

序号	载体类型	特点及应用	图示
1	单侧载体	单侧载体指带料（条料）在送进过程中，带料（条料）的一侧外形被冲切掉，另一侧外形保持完整原形，并且与制件相连的那部分。导正销一般都设计在单侧载体上，冲压送料仅靠这一侧载体送进，见右图（a） 单侧载体常用于弯曲件在弯曲成形前，需要被前面工位冲去多余的废料，使制件的一端与载体断开。当制件外形细长时，为了增强载体强度，在两个工序件之间的适当位置上用一小部分材料连接起来，以增强带料（条料）的强度，称为桥接式载体，其连接两个工序件的部分称为“桥”。采用桥接式载体时，冲压进行到一定的工位或到最后一工位再将桥接部分冲切掉，如右图（b）所示	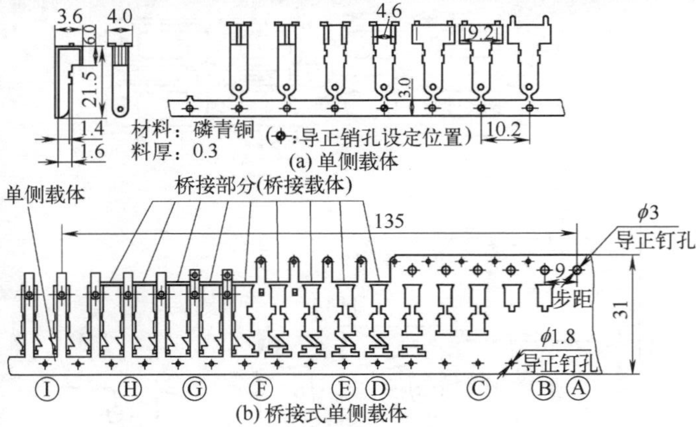 单侧载体排样图
2	双侧载体	双侧载体，指带料（条料）在送进的进程中，在最后工位前被制件与带料（条料）的两侧相连的那部分。也就是指在带料（条料）两侧分别留出的、有一定宽度的、用于运载工序件的材料 双侧载体可分为等宽双侧载体和不等宽双侧载体 ①等宽双侧载体　如右图（a）所示，等宽双侧载体一般用于材料较薄，而步距定位精度和制件精度要求较高的多工位级进模冲压 ②不等宽双侧载体　如右图（b）所示，两侧载体有宽有窄。宽的一侧为主载体，导正销孔通常安排在此载体上，带料（条料）的送进主要靠主载体一侧；窄的一侧为副载体，这部分载体通常被冲切掉，目的是便于后面的侧向冲压或压弯成形加工。因此不等宽双侧载体在冲切副载体之前，应将主要的冲裁工序进行完，这样才能保证制件的加工精度	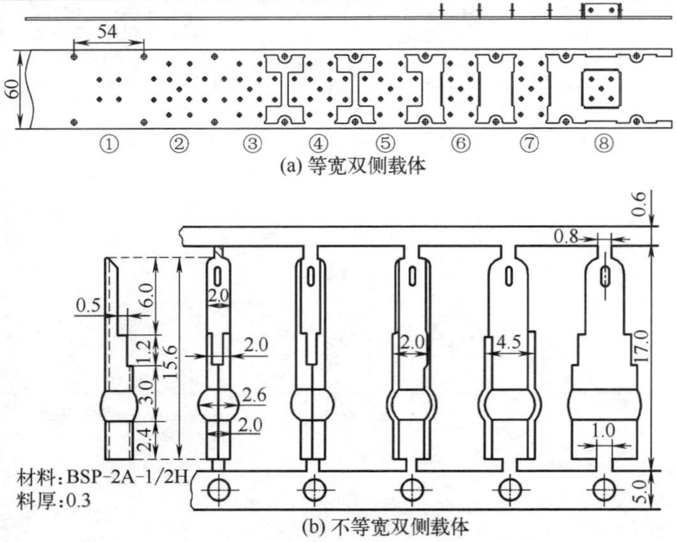 双侧载体

续表

序号	载体类型	特点及应用	图示
3	边料载体	边料载体是利用带料（条料）搭边冲出导正孔而形成的一种载体	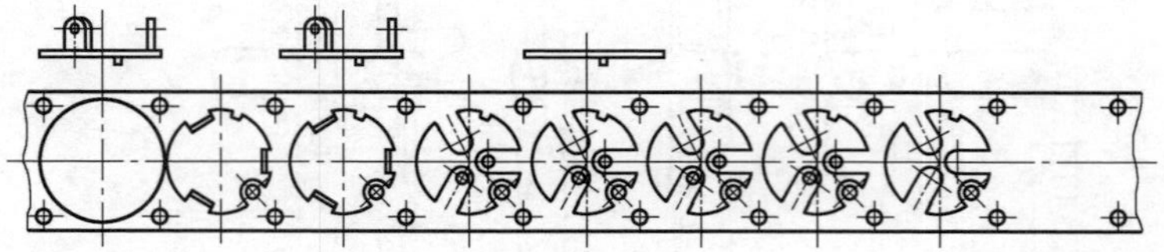 边料载体
4	中间载体	载体设计在带料（条料）的中间，称为中间载体。中间载体可以提高材料利用率。中间载体适合对称性制件的冲压，尤其是两外侧有弯曲的制件。这样有利于抵消两侧压弯时产生的侧向力。对一些不对称单向弯曲的制件，采用中间载体，将制件排列在载体两侧，变不对称排样为对称排样，如右图所示。根据制件结构，中间载体可为单载体，也可为双载体	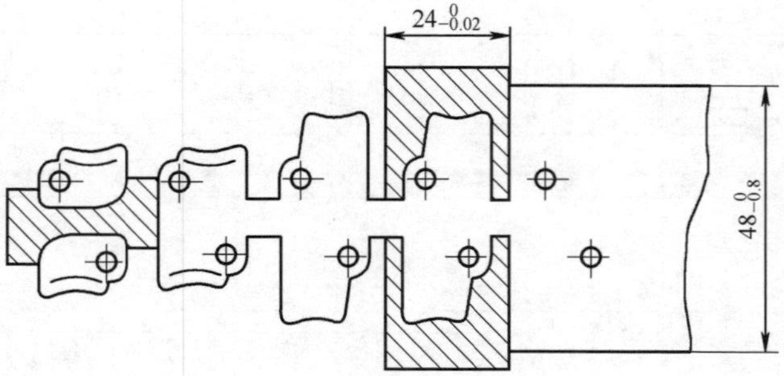 中间载体
5	原载体	原载体是采用撕口方式，从条料（带料）上撕切出制件的展开形状，留出载体搭口，依次在各工位冲压成形的一种载体	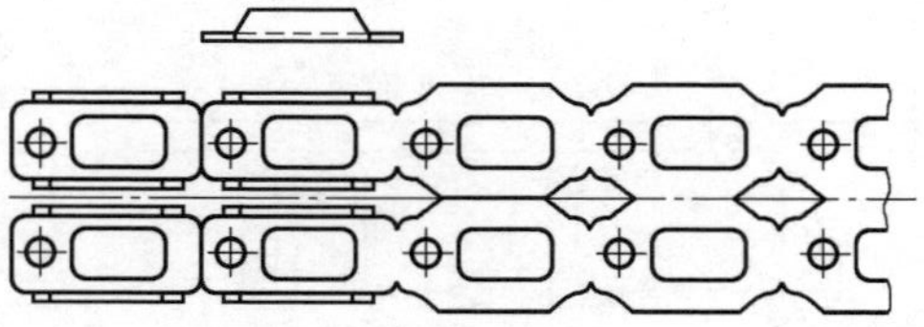 原载体

68 　多工位级进模设计及仿真

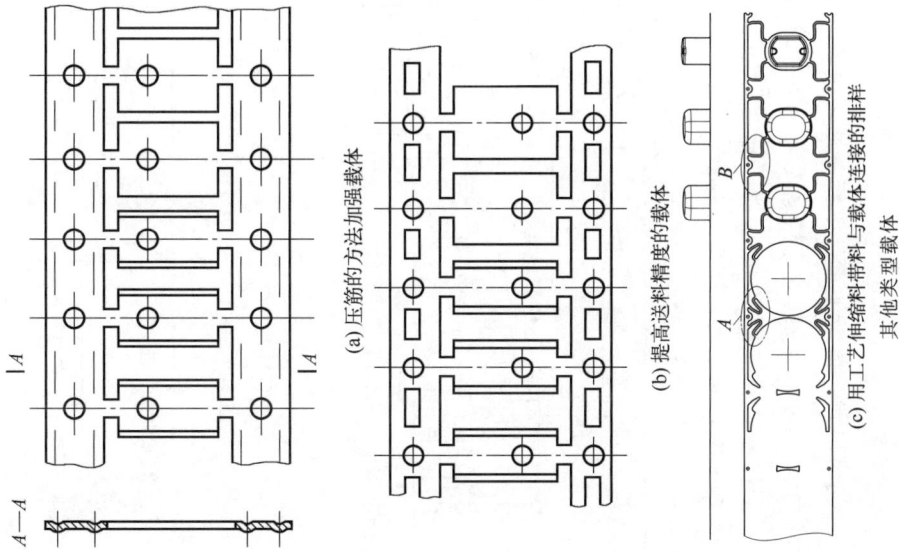

序号	载体类型	特点及应用	图示
6	载体的其他类型	根据制件的特点,选择上述5种较合适的载体后,有时为了后道工序需要,对该载体进行必要的改造。一般可采取下列措施进行改造。 ①对于料厚较薄的制件,可采用压筋的方法加强载体,防止送料时因条料(带料)刚性不足而失稳,既影响到制件的几何形状或尺寸产生误差,又导致送料阻卡,无法实现冲压过程的自动化,如右图(a)所示 ②在自动冲压时,为了实现精确可靠地送料,可以在导正销孔之间冲出长导料孔,采用履带式送料,如右图(b)所示 ③对于成形件或成形带料(条料)厚度大于2mm以上的拉深,大多采用工艺伸缩带来连接成形或拉深工艺件,使载体在成形或拉深时能顺利地流动,有利于材料塑性变形,使制件在成形或拉深后仍保持原来的状态不产生变形、扭曲现象,便于送料。 如右图(c)所示为电机盖局部排样图。图示中,A处为带料在平板上冲切出未变形的工艺伸缩带,B处为拉深已变形的工艺伸缩带。其动作是:拉深时,由圆形毛坯经过拉深渐变为椭圆形拉深件,其宽度保持原状不变,但工艺伸缩带却发生了变化,则由A处的工艺伸缩带拉长变为B处的工艺伸缩带	(a) 压筋的方法加强载体 (b) 提高送料精度的载体 (c) 用工艺伸缩料带载体连接的排样 其他类型载体

2.4 分段冲切废料设计

在排样中,当制件外缘或成型孔较复杂,或部分位置较薄弱时,为简化凸、凹模的几何形状,便于加工、维修,通常采用多次冲切余料。这些余料对排样来说就是废料,所以切除余料就是冲切废料。当采用分段冲切废料法时,应注意各段间的连接缝要十分平直或圆滑,保证被冲制件的质量。由于多工位级进模排样的工位数多,若连接不好,就会形成错位、尖角、毛刺等缺陷,排样时应重视,避免发生这种现象。

多工位级进模排样采用分段冲切废料连接方式主要有搭接、平接、切接和水滴状连接四种,见表2-8。

表 2-8　分段冲切废料的连接方式

序号	连接类型	特点及应用	图示
1	搭接	如右图所示,若第一次冲出A、C两区,第二次冲出B区,图示的搭接区是冲裁B区凸模的延长部分。搭接区在实际冲裁时不起作用,主要是克服冲裁型孔同连接的各种误差,以使型孔连接良好,保证制件在分段冲切后连接整齐。搭接最有利于保证制件的连接质量,在分段冲切中大部分都采用这种连接方式	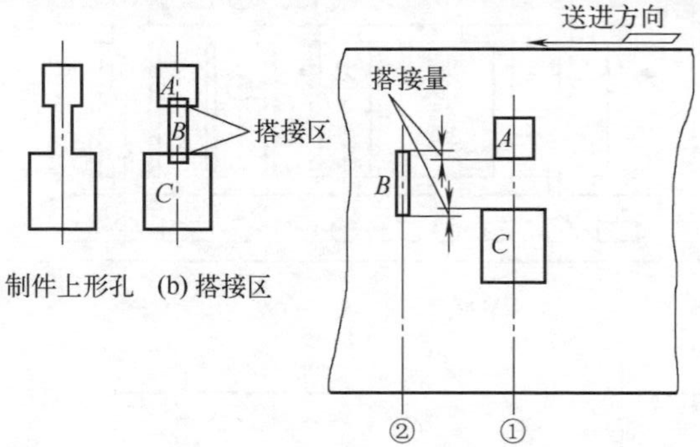 (a)制件上形孔　(b)搭接区 (c)排样图 搭接方式
2	平接	平接是在制件的直边上先切去一段,然后在另一工位再切去余下的一段,经两次(或多次)冲切,共线但不重叠,形成完整的平直边。平接方式易出现毛刺、错牙、不平直等质量问题,如右图所示。设计时应尽量避免使用,需采用这种方式时,要提高模具步距精度和凸、凹模制造精度,并且在直线导正的第一次冲切和第二次冲切的两个工位必须设置导正销导正。二次冲切的凸模连接处延长部分设计出微小的斜角(3°~5°),以防由于种种误差的影响导致连接处出现明显的缺陷	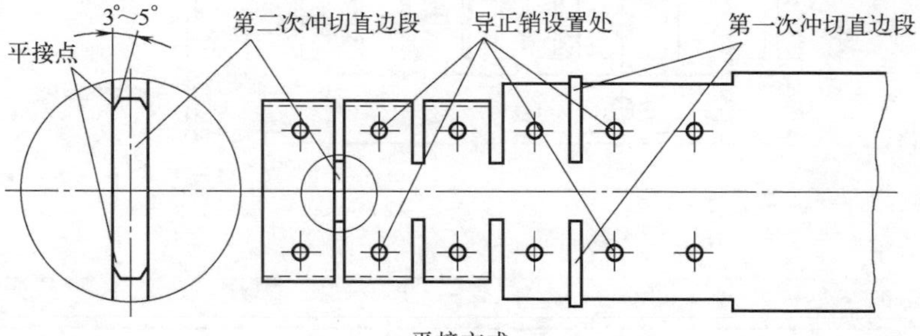 平接方式

続表

序号	连接类型	特点及应用	图　示
3	切接	切接与平接相似,是指制件的圆弧部分或圆弧与圆弧相切的切接点进行分段冲切废料的连接方式,即在前一工位先冲切一部分圆弧段,在以后的工位再冲切其余的圆弧部分,要求先后冲切的圆弧连接圆滑,如右图(a)所示。切接也容易在连接处产生毛刺,或在圆弧连接处设计凸台,不圆滑等质量问题,需采取与平接相同的防止措施,在圆弧段与直边形成的尖角处要注意尺寸关系,如右图(b)所示	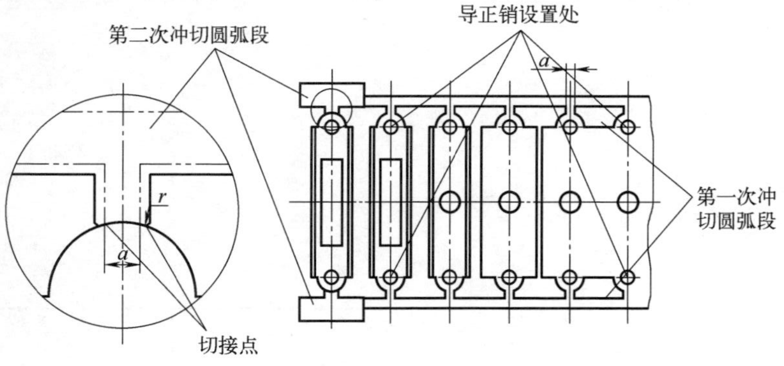 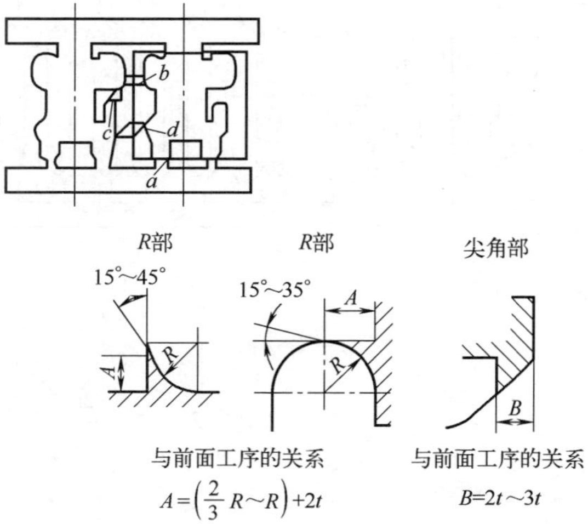 (a) 切接方式示意图 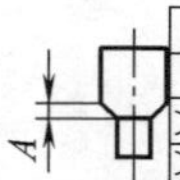 (b) 切接方式

表中所示图内文字(从上到下、从右到左):

导正销设置处

第一次冲切圆弧段

第二次冲切圆弧段

切接点

r / a

R部 15°~45°

R部 15°~35°

与前面工序的关系 $A=\left(\dfrac{2}{3}R\sim R\right)+2t$

尖角部

与前面工序的关系 $B=2t\sim3t$

切接刃口尺寸关系

t/mm	A_{min}/mm
≤0.3	0.03
>0.3~0.8	0.05
>0.8~1.2	0.08
>1.2~2.0	0.12
>2.0~2.6	0.15

续表

第2章　多工位级进模排样设计 | 71

续表

序号	连接类型	特点及应用	图示
4	水滴状连接	对于家用电器或汽车零部件的排样设计，通常在分段冲切的交接缝处采用水滴状连接方式。如右图所示，在工位⑧直边上先冲切出带水滴状的一段，其水滴状见 a 处放大图，然后在工位⑭再切去余下的一段，凸模形状见 b 处放大图。冲压完成后会在制件直边部分留下一个微小的缺口，这也是此连接方式的缺点(见 c 处放大图)，该微小的缺口深度一般在 0.5mm 以内。其优点为：分段冲切的交接缝部位的凸、凹模转角处可采用圆弧连接，从而增加模具的使用寿命；使冲压出的制件不易出现毛刺，而有微小的错位也不易看出	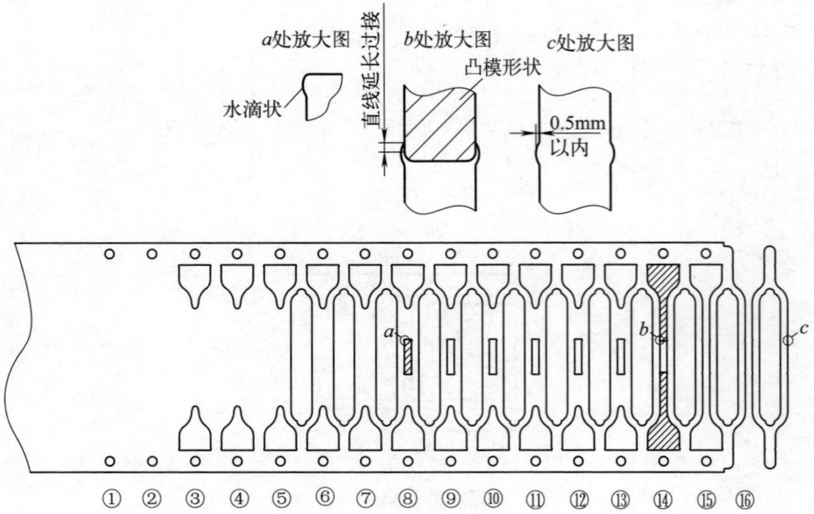 水滴状连接方式

2.5 空工位设计

当带料（条料）送到某个工位时不做任何加工（但有时会设导正销定位），随着带料（条料）的送进，再进入下一工位，这样的工位称为空工位。在排样图中，增设空工位是为了保证凹模、卸料板、凸模固定板有足够的强度，确保模具的使用寿命，或是为了便于模具设置特殊结构，或是为了做必要的储备工位，便于试模时调整工序用。

2.6 步距精度及步距的基本尺寸的确定

（1）步距基本尺寸的确定

步距是确定带料（条料）在模具中每送进一次，所需要向前移动的固定距离。步距的精度直接影响制件的精度。设计多工位级进模时，要合理地确定步距的基本尺寸和步距精度。步距的基本尺寸，就是模具中两相邻工位的距离。多工位级进模任何相邻两个工位的距离都必须相等。对于单排排样，步距基本尺寸等于冲压件的外形轮廓尺寸和两冲压件间的搭边宽度之和。常见排样的步距基本尺寸计算见表 2-9。

表 2-9 步距的基本尺寸计算

排样方式（自右向左送料）	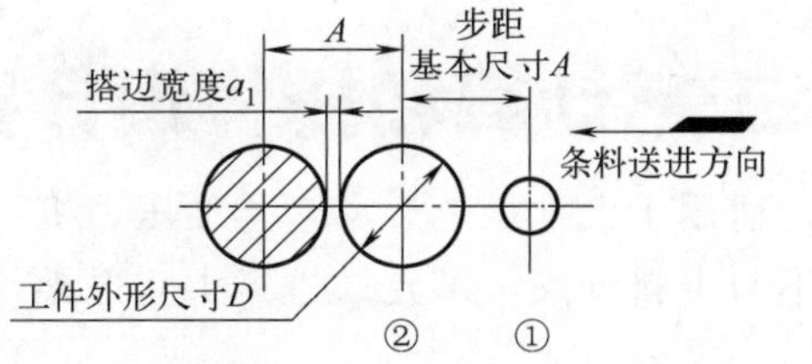	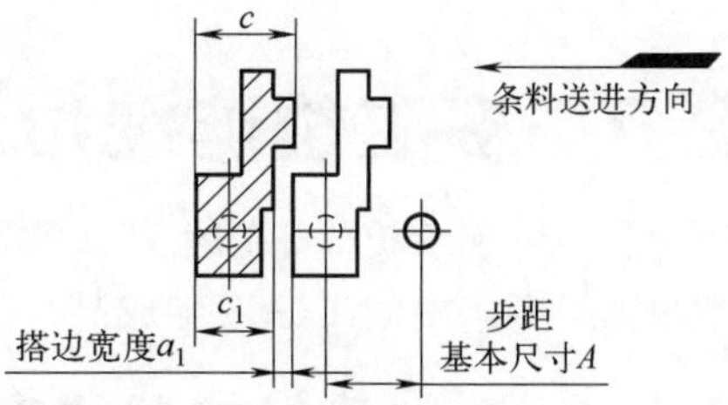
步距基本尺寸	$A=D+a_1$	$A=c_1+a_1$
排样方式（自右向左送料）	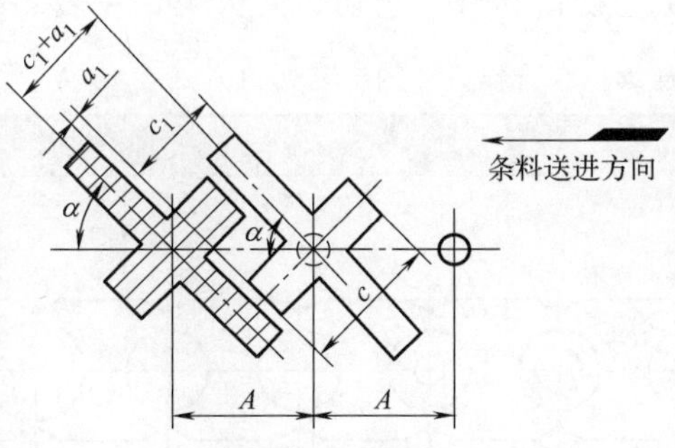	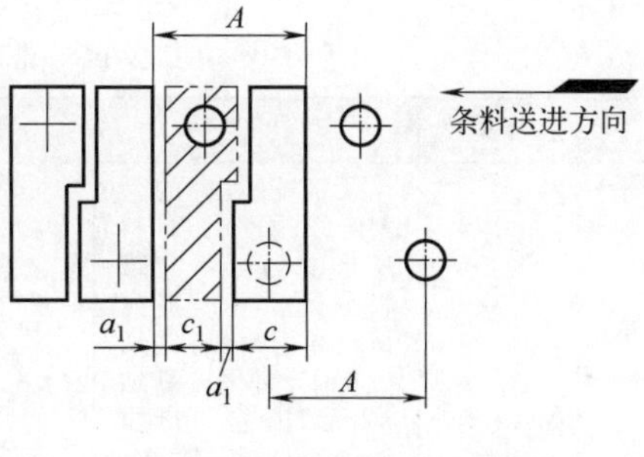
步距基本尺寸	$A=\dfrac{a_1+c_1}{\sin\alpha}$	$A=c+c_1+2a_1$

（2）步距精度

在多工位级进模冲压中，工位数不管多还是少，要求其工位步距大小的绝对值在同一副模具内都相同。步距的精度直接影响制件精度，步距精度越高，制件精度也越高。但步距精度过高，将给模具制造带来困难。影响步距精度的主要因素有：制件的精度等级、制件形状的复杂程度、制件的材质、材料厚度、模具的工位数，以及冲压时带料（条料）的送进方式和进距方式等。

由实践经验总结出多工位级进模的步距精度可由下式确定：

$$\delta = \pm \frac{\beta}{2\sqrt[3]{n}}k \tag{2-1}$$

式中　δ——多工位级进模步距对称偏差值；

　　　β——制件沿带料（条料）送进方向最大轮廓基本尺寸（指展开后）精度提高三级后的实际公差值；

　　　n——多工位级进模的工位数；

　　　k——修正系数，见表 2-10。

表 2-10　修正系数 k 取值

冲裁间隙 Z（双面）/mm	k 值	冲裁间隙 Z（双面）/mm	k 值
0.01～0.03	0.85	>0.12～0.15	1.03
>0.03～0.05	0.90	>0.15～0.18	1.06
>0.05～0.08	0.95	>0.18～0.22	1.10
>0.08～0.12	1.00		

注：1. 修正系数 k 主要是考虑料厚和材质因素，并将其反映到冲裁间隙上。

2. 多工位级进模因工位的步距累积误差，所以标注模具每步尺寸时，应由第一工位至其他各工位直接标注其长度，无论这长度多长，其步距公差均为 δ。

2.7　多工位连续拉深工艺计算和排样设计要点

多工位连续拉深工艺生产效率高，适用于大批量生产，它是在压力机一次行程中完成全部冲压工序。中间工序（半成品）下不与带料分离，不允许进行中间退火。

2.7.1　带料连续拉深的应用范围

带料连续拉深排样设计可分为无工艺切口和有工艺切口两大类，见表 2-11。

表 2-11　带料连续拉深排样设计的工艺切口方式

序号	拉深类型	特　点	图　示
1	无工艺切口的带料连续拉深	无工艺切口的带料连续拉深时，材料变形的区域不与带料分开。可以提高材料利用率，省去切口工序，简化模具结构。无工艺切口拉深过程中，相邻两个拉深件之间的材料相互影响，相互牵连，尤其是沿送料方向的材料流动比较困难。为了避免拉深破裂，要采用较大的拉深系数，减少每个工位材料的变形程度，特别是首次拉深系数要比有工艺切口的拉深系数大	

序号	拉深类型	特点	图示
2	有工艺切口的带料连续拉深	有工艺切口的带料连续拉深,材料变形区域与带料部分是分开的,只留搭边部分与载体相连。在首次拉深前的工位上,先冲切出工艺切口,在首次拉深及以后各次拉深时,工序件(制件)与带料(条料)间的材料相互影响、相互约束较小,有利于材料塑性变形。但与带凸缘件单工序毛坯拉深时还有一定的区别,材料变形由于搭边的影响稍困难,拉深系数接近于单工序模的拉深系数,但比单工序模的拉深系数要大,比无工艺切口的拉深系数要小	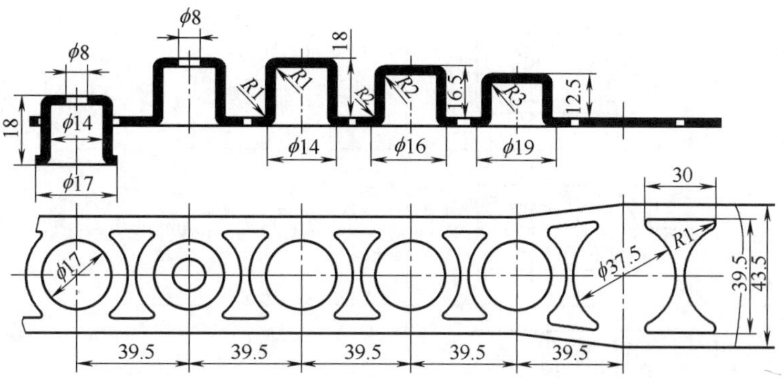

带料在连续拉深时,是否要采用有工艺切口或无工艺切口,主要取决于拉深工艺,具体应用范围见表 2-12。

表 2-12　带料连续拉深的应用范围

分类	无工艺切口	有工艺切口
应用范围	$\dfrac{t}{D} \times 100 > 1$ $\dfrac{d_凸}{d} = 1.1 \sim 1.5$ $\dfrac{h}{d} \leqslant 1$	$\dfrac{t}{D} \times 100 < 1$ $\dfrac{d_凸}{d} = 1.3 \sim 1.8$ $\dfrac{h}{d} > 1$
特点	①拉深时,相邻两工位间互相影响,在送料方向材料流动困难,主要依靠材料伸长变形 ②拉深系数比单工序大,需增加工步 ③节省材料	①有工艺切口,与有凸缘件拉深相似,但比单个有凸缘件拉深困难 ②材料消耗大

注:t—材料厚度;d—拉深件直径;h—拉深件高度;$d_凸$—凸缘直径;D—包括修边余量的毛坯直径。

2.7.2　带料连续拉深工艺切口形式、料宽和步距的计算

(1)工艺切口形式

为了有利于材料的塑性变形,有工艺切口形式在带料连续拉深中应用比较广泛。有工艺切口的种类很多。在连续拉深排样中,选择什么样的工艺切口形式,要根据制件的材料特点来定,生产中常见的工艺切口形式及应用见表 2-13。

表 2-13　常见工艺切口形式及应用

序号	切口或切槽形式	应用场合	优缺点
1	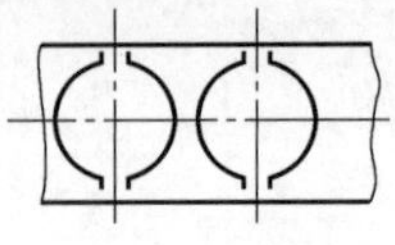	用于材料厚度 $t<1$mm、制件直径 $d=5\sim30$mm 的圆形浅拉深件	①首次拉深工位,料边起皱情况较无切口时为好 ②拉深中侧搭边会弯曲,妨碍送料
2	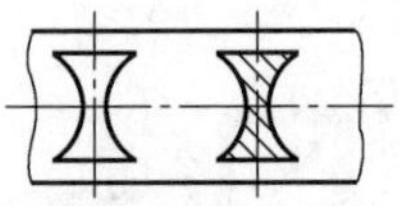	用料材料较厚($t>0.5$mm)的圆形小工件,应用较广	①不易起皱,送料方便 ②拉深中带料会缩小,不能用来定位 ③费料
3	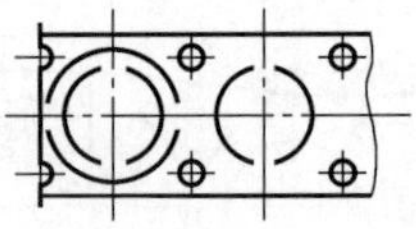	用于薄料($t<0.5$mm)的小工件	① 拉深过程中料宽与进距不变,可用废料搭边上的孔定位 ②费料
4	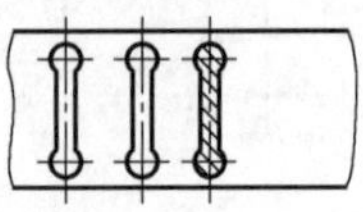	用于矩形件的拉深,其中序号 4 应用较广	与序号 2 相同
5	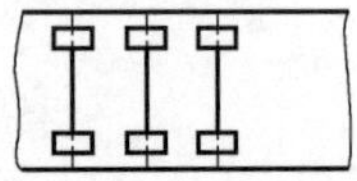		
6	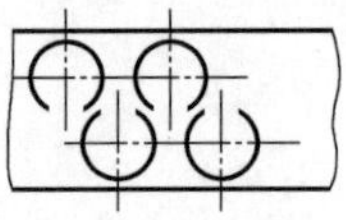	用于单排或双排的单头焊片	与序号 1 相同
7	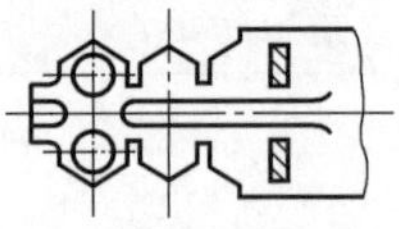	用于双排或多排筒形件的连续拉深(如双孔空心铆钉)	①中间压筋后,可在拉深过程中避免两筒形间产生开裂 ②保证两筒形件中心距不变

（2）料宽和步距的计算

在连续拉深排样设计时,带料（条料）的宽度（料宽）、步距大小和带料（条料）上有无工艺切口及工艺切口的形式不同有关。其计算公式见表 2-14,表 2-15 所列为带料连续拉深的搭边及工艺切口有关数据推荐值。

表 2-14　带料连续拉深的料宽和步距计算公式

序号	拉深方法	图示	料宽	步距
1	整料连续拉深	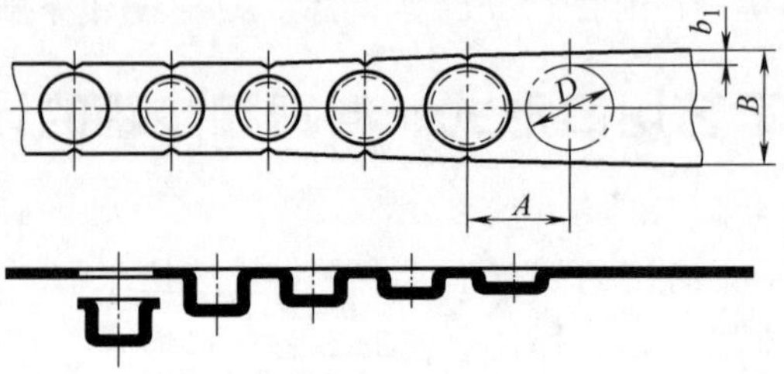	$B=D+2b_1$	$A=(0.8\sim1)$ D,一般不能小于包括修边余量的凸缘直径

序号	拉深方法	图示	料宽	步距
2	有一圈工艺切口的连续拉深	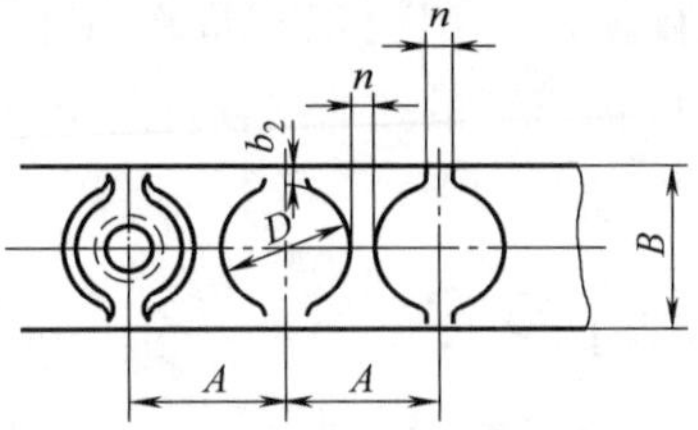	$B=D+2b_2$	$A=D+n$
3	有两圈工艺切口的连续拉深	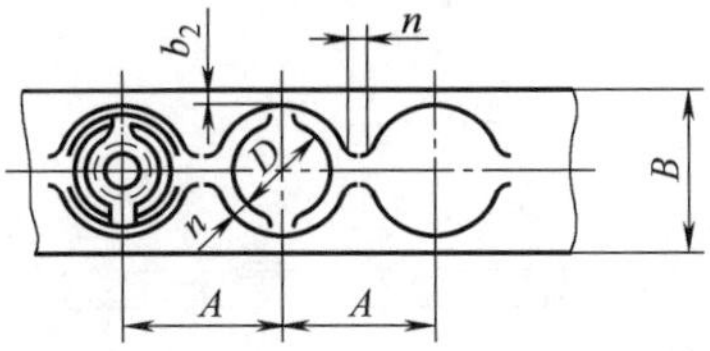	$B=D+2n+2b_2$	$A=D+3n$
4	带半双月形切口的连续拉深	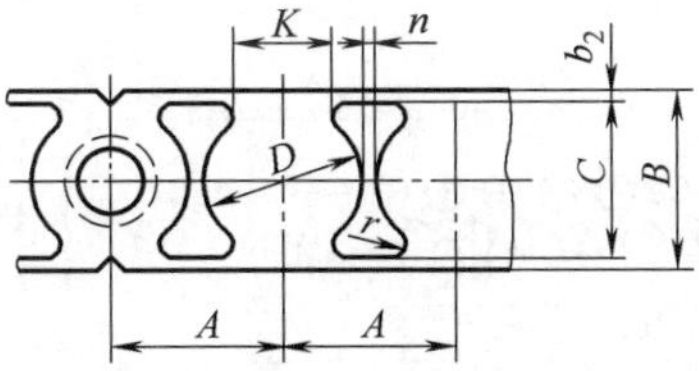	$B=C+2b_2$	$A=D+n$
5	带有特殊切口的连续拉深	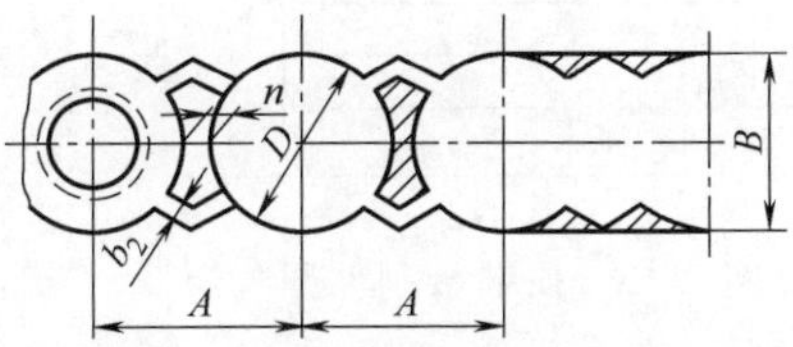	$B=D$	$A=D+n$

注：B 为连续拉深用带料宽度，mm；A 为带料的送进步距，mm；D 为包括修边余量在内的毛坯直径，mm。b_1，b_2 为侧搭边宽度，mm，见表 2-15；n 为相邻切口间搭边宽度或冲槽最小宽度，mm，见表 2-15；C 为工艺切槽宽度，mm，见表 2-15；K 为切口间宽度，mm，见表 2-15；r 为切槽圆角半径，mm，见表 2-15。

表 2-15　带料连续拉深的搭边及工艺切口有关数据推荐值　　　　单位：mm

参数符号	材料厚度		
	≤0.5	$>0.5\sim1.5$	>1.5
b_1	1.5	1.75	2
b_2	1.5	2	2.5
n	1.5	1.8~2.2	3
r	0.8	1	1.2
K	$K\approx(0.25\sim0.35)D$		
C	$C\approx(1.02\sim1.05)D$		

2.8　多工位级进模排样设计步骤

由于制件在带料（条料）上的排列方式是多种多样的，要逐一比较材料的利用率，手工计算是比较困难的。单凭经验，要对千变万化的无规则制件形状，一次确定其最佳排样方案更加困难。利用计算机中的 CAD 软件可实现优化排样。计算机优化排样与手工设计有相同之处，即计算机优化排样也是将制件的带料（条料）沿带料（条料）送进方向做各种倾角的布置，然后分别计算出各种倾角下制件实际占用面积与带料（条料）面积之比，从中找出最高的材料利用率，从而初步确定该倾角状态下的排样方案为最佳。为此，下面采用计算机中的 CAD 软件进行举例，介绍排样图设计的步骤。

2.8.1 冲裁、弯曲排样图设计步骤

如图 2-13 所示为安装板制件图，材料为 SPCC（标准商业冷轧钢卷），板料厚为 0.4mm，年产量为 300 多万件。

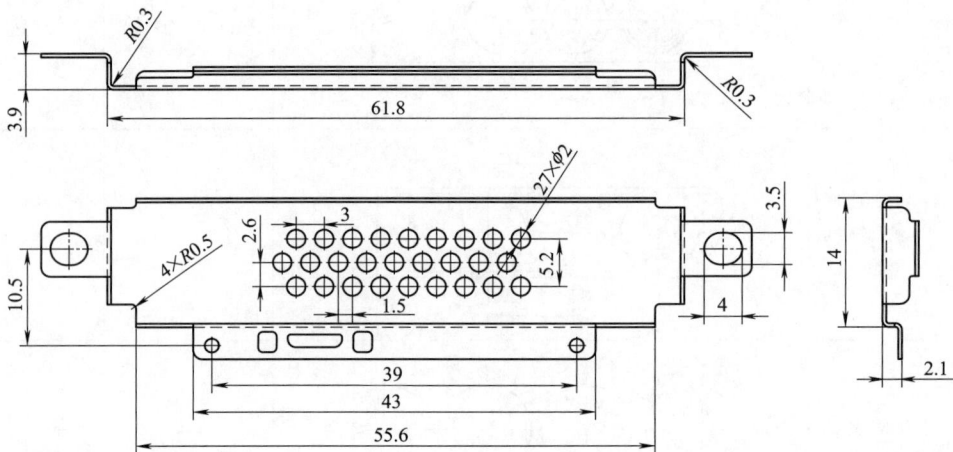

图 2-13　安装板制件图

（1）工艺分析

进入排样设计时，首先要对该制件进行工艺分析。从图 2-13 中可以看出，制件形状虽简单，但成形工艺复杂。制件中有 3 处 Z 形弯曲、1 处 90°弯曲、29 个圆孔、2 个长圆孔、3 个方孔和由直线、圆弧组成的轮廓外形，因而包含了冲孔、弯曲等工序。从图 2-13 中分析，四周弯曲件可以一次冲压成形，可能会造成 Z 形弯曲边缘拉长及弯曲件回弹现象，故在 Z 形弯曲的展开长度计算时要适当做调整（经验值：针对此制件按通常情况计算展开长度再单边减 0.2mm 即可）及在弯曲的后一步设计有整形工序来校正弯曲件的回弹。制件两耳上的长圆孔为安装孔，需待弯曲成形结束后再冲孔较为合理。

（2）绘制制件图样

根据客户提供的制件图样，用 CAD 软件重新绘制制件图，如客户提供的是 CAD 图文档，那么在 CAD 图文档上复制出制件图，直接在上面修改设计时所需的制件图。制件图绘制时，公差、部分转角处圆角优化处理及图样比例等都按照模具设计的要求来调整。

（3）绘制制件展开图

制件展开图是根据 CAD 调整后的制件图来计算的，按照理论计算公式及结合实际的经验进行计算修正。如图 2-13 所示，该制件 Z 形弯曲展开计算后，根据经验值单边再减 0.2mm。绘制出的制件展开图如图 2-14 所示，制件展开图可以不标注尺寸，供绘制排样图时使用。

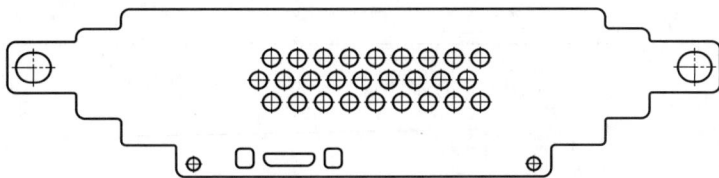

图 2-14　制件展开图

（4）排样方式的确定

从制件的结构结合冲压工艺进行分析，该制件采用等宽双侧载体来传递各工位之间的冲压工作较为合理。此处按制件展开图进行多个方案的设计，并选择最佳的排样方案。该制件采用两种方案进行比较：

方案 1：如图 2-15 所示，把制件展开图进行 45°斜排，求得材料利用率为 49.65%。

方案 2：如图 2-16 所示，把制件展开图进行纵排，求得材料利用率为 54.72%。

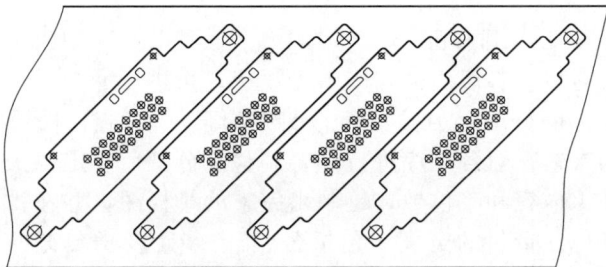

图 2-15　45°斜排

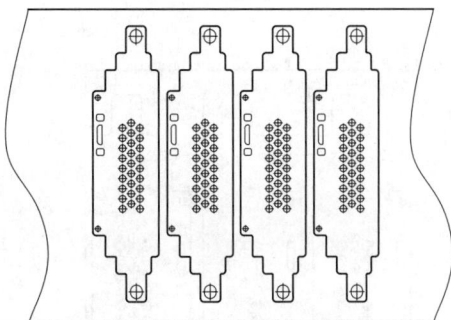

图 2-16　纵排

根据以上两个方案的比较，选择方案 2 较为合理。结合制件的弯曲结构及搭边方式，经计算，该制件的料宽为 93mm，步距为 22mm。

（5）绘制分段冲切废料的形状

确定该制件采用图 2-16 纵排排样后，在制件的排样图上设计出所需冲切废料的形状，如图 2-17 所示，从而确定每段冲切的形状和具体尺寸。该制件展开图各段间外形轮廓采用水滴状连接方式。如图 2-17 中的阴影部分为各段冲切废料的形状。各段间所需冲切的形状都一一绘制出后，再在载体上相对较大的位置处设置导正销孔。在边缘处设侧刃粗定位。

（6）校核形状

当绘制出所要冲切各段废料的形状后，再进行一一核对。其操作方式如下：

① 把图 2-17 阴影部分所需冲切废料的形状放入指定的图层中。

② 打开此图层，采用 CAD 中阵列图标命令进行排列，再把各段过接的部位删除后，留下如图 2-18 所示的形状。

③ 这时可以检查出所需要的冲切废料是否完整，也就是说有没有遗漏冲切的现象。从图 2-18 可以看出，该制件除了两头部的四处搭边外，其余都是完整的。

④ 把图 2-17 和图 2-18 复制出来进行重叠，检查制件形状是否发生改变、错位等问题。如图 2-17 和图 2-18 的形状完全能重叠起来，那么可以进入下一步绘制带料排样图。

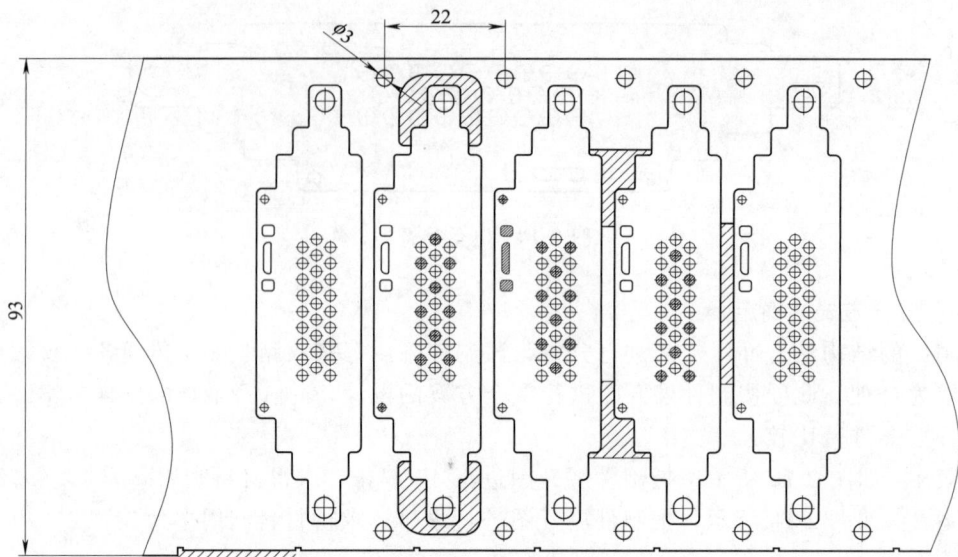

图 2-17　分段冲切废料布置示意图

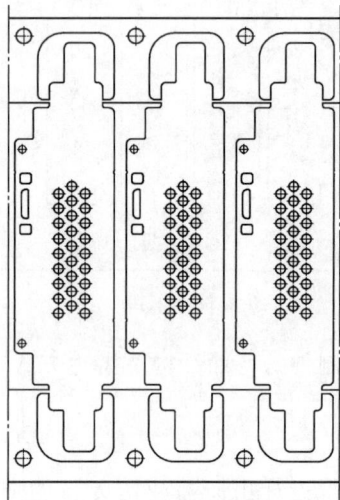

**图 2-18　所需要校核的分段
冲切废料形状示意图**

（7）绘制排样图

核对以上各段间冲切废料无误后，再进行冲裁、弯曲等工艺的分解，为确保凸、凹模的强度，结合冲裁、弯曲的工艺，对各工序进行综合调整。分解后确定各工位的加工内容和工位数，绘制出完整的排样图，并在排样图上标注带料的宽度（包括公差）、步距及送料方向等，如图 2-19 所示。具体各工位的加工内容如下。

工位①：冲切侧刃及导正销孔；工位②：冲孔（包括冲切另一处导正销孔）；工位③：冲孔；工位④：冲切两耳朵废料，冲孔；工位⑤：冲孔；工位⑥：冲切两边废料；工位⑦：空工位；工位⑧：冲切中部废料；工位⑨：弯曲；工位⑩：整形；工位⑪：冲切长圆孔；工位⑫：空工位；工位⑬：落料（制件与载体分离）。

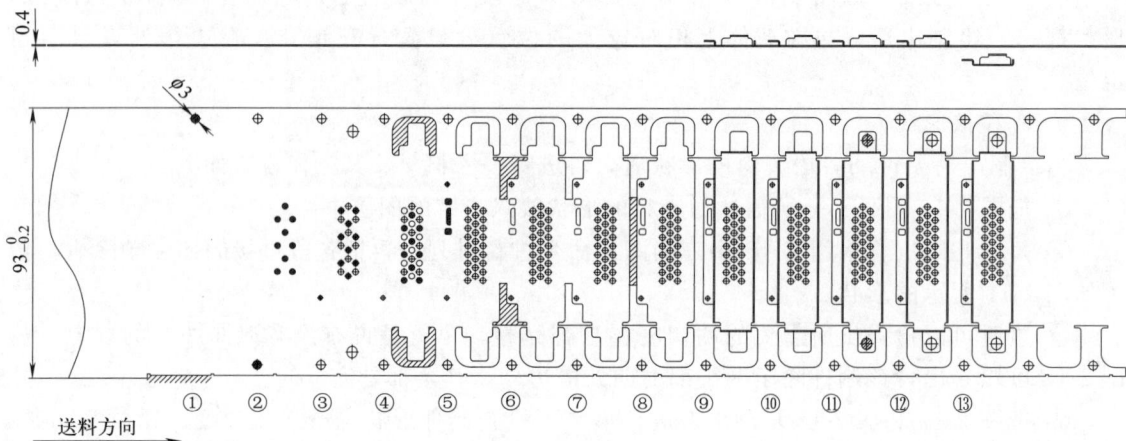

图 2-19　排样图

（8）最终校核

整体排样图设计完成后，再进行一次校核，主要校核的内容如下：

① 带料送料是否通畅；

② 各工位材料变形和冲切废料的合理性；

③ 导正销孔的安排是否合理；

④ 凸模是否有安装空间及凹模是否有足够的强度等。

针对以上几点主要内容核对后，确定该排样是合理的。只有这样一步一步地设计和校核后，才可进入下一步进行模具结构的设计，确保设计出的模具是合理的。

2.8.2 冲裁、拉深排样图设计步骤

如图 2-20 所示为窄凸缘筒形件，材料为 08F 钢，料厚为 0.5mm，年产量较大，经分析，采用带料连续拉深冲压较为合理。

具体拉深工艺计算步骤如下。

（1）毛坯直径计算

如图 2-20 所示，该制件为窄凸缘拉深件。依据表 1-27，当凸缘直径为 $\phi18.4mm$ 时，修边余量取 $\delta=2.0mm$，计算毛坯的凸缘直径 $d_凸=18.4+2\times2=22.4$（mm）。其毛坯尺寸按料厚中心线绘制出如图 2-21 所示。

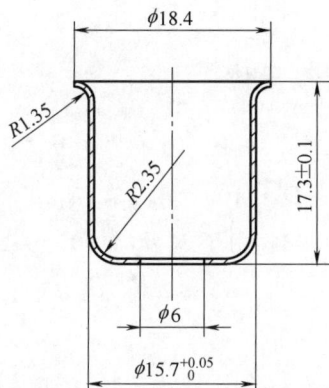

图 2-20 窄凸缘筒形件

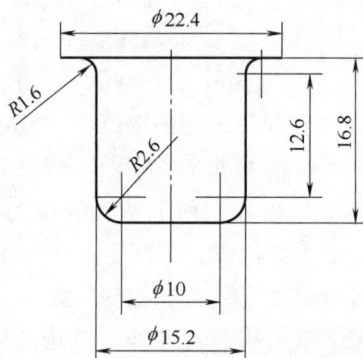

图 2-21 按料厚中心线绘出

该制件计算得到的毛坯相关尺寸可参考图 2-21 所示，代入表 1-30 中序号 6 公式计算毛坯尺寸 D：

$$D=\sqrt{d_1^2+6.28rd_1+8r^2+4d_2h+6.28r_1d_2+4.56r_1^2+d_4^2-d_3^2}$$

$$=\sqrt{10^2+6.28\times2.6\times10+8\times2.6^2+4\times15.2\times12.6+6.28\times1.6\times15.2+4.56\times1.6^2+22.4^2-18.4^2}$$

$$=\sqrt{1411}\approx37.56（mm）$$

调整后得拉深件的实际毛坯直径为 37.5mm。

（2）总拉深系数 $m_总$ 计算

$$m_总=\frac{d_2}{D}=\frac{15.2}{37.5}\approx0.4$$

由表 1-31 查得 $[m_总]=0.4$，所以 $m_总=0.4=[m_总]=0.4$，那么可以不进行中间退火工序，用连续拉深设计是能够成立的。

（3）确定拉深类型

已知

$$\frac{t}{D} \times 100 = \frac{0.5}{37.5} \times 100 = 1.33$$

$$\frac{d_{凸}}{d} = \frac{22.4}{15.2} = 1.47$$

$$\frac{h}{d} = \frac{16.8}{15.2} = 1.1$$

由 $\frac{h}{d}$ 的值查表 2-12，决定采用有工艺切口的连续拉深排样。

（4）选择工艺切口的类型

对于薄料的圆筒形件连续拉深。可选用表 2-13 序号 3 中有双圈工艺切口的类型。因该工艺切口类型在拉深过程中，带料不受拉深而变形，即带料在拉深过程中是平直的，送料更稳定。可以在带料的搭边上设置导正销孔精确定位。

（5）计算和确定工艺切口的相关尺寸（料宽和步距等）

工艺切口有关尺寸见表 2-14 序号 3。

料宽 B 由表 2-14 序号 3 中的公式计算：

$$B = D + 2n + 2b_2 = 37.5 + 2 \times 1.5 + 2 \times 1.5 = 43.5 \text{（mm）}$$

步距 A 由表 2-14 序号 3 中的公式计算：

$$A = D + 3n = 37.5 + 3 \times 1.5 = 42 \text{（mm）}$$

式中，$n = 1.5$mm，$b_2 = 1.5$mm，由表 2-15 查得。

（6）确定是否采用多次拉深

根据凸缘相对直径 $d_{凸}/d = 1.47$，毛坯相对厚度 $t/D \times 100 = 1.33$，$h/d = 1.1$，查表 1-38 得第一次拉深所能达到的最大相对高度 $h_1/d_1 = 0.63$，由于 $h/d(1.1) > 0.63$，因此需多次拉深才能达成。

（7）确定拉深次数和拉深系数

首次拉深系数查表 1-35，试选拉深系数 $m_1 = 0.53$。

从图 2-21 可以看出，该制件相对高度小，可直接查表 1-36 选 $m_2 = 0.76$。于是 $m_1 m_2 = 0.58 \times 0.76 = 0.44 > 0.4$（许用总拉深系数），说明第二次拉深后还是不能达到制件的要求。应再加一次拉深工序，查表 1-36 选 $m_3 = 0.79$。

在实际生产中，采用了三次连续拉深，其调整后的拉深系数分别为 $m_1 = 0.58$，$m_2 = 0.80$，$m_3 = 0.87$。即每次拉深采用较小的变形程度，同时也可以减少过渡工序的凸、凹模圆角半径，最后也无须加整形工序。在连续拉深模设计时要考虑增加 $1 \sim 2$ 个空工位，对拉深过程较为有利。

（8）拉深直径的计算

根据以上调整后的拉深系数求得各工序拉深直径如下。

首次拉深直径：

$$D_1 = m_1 D = 0.58 \times 37.5 = 21.75 \text{（mm）}$$

第二次拉深直径：

$$D_2 = m_2 D_1 = 0.8 \times 21.75 = 17.4 \text{（mm）（实际取 17.5mm）}$$

第三次拉深直径：

$$D_3 = m_3 D_2 = 0.87 \times 17.5 \approx 15.2 \text{ (mm)}$$

（9）凸、凹模圆角半径的计算

① 首次拉深凹模圆角半径可按式（1-13）计算：

$$r_{d1} = 0.8\sqrt{(D-d)t} = 0.8\sqrt{(37.5-21.75) \times 0.5} \approx 2.2 \text{ (mm)}$$

以后各次拉深凹模圆角半径按式（1-14）$r_{dn} = (0.6 \sim 0.9)r_{d(n-1)}$ 计算得：

$$r_{d2} \approx 1.6\text{mm}, r_{d3} \approx 1.0\text{mm}$$

② 凸模圆角半径按式（1-15）$r_p = (0.6 \sim 1)r_d$ 计算，得 r_{p1} 已经小于制件底部的内圆角半径，那么 r_{p1}、r_{p2}、r_{p3} 的值均取 2.35mm。

（10）各次拉深高度的计算

1）首次拉深高度计算

对于有工艺切口的带料连续拉深，首次拉深时，拉入凹模的材料比所需的多 4%～6%（工序次数多时取上值，反之，工序次数少时取下值）。确定实际拉深假想毛坯直径和首次拉深的实际高度。

首次拉深假想毛坯直径按式（1-20）计算：

$$D_1 = \sqrt{(1+x)D^2} = \sqrt{(1+0.04) \times 37.5^2} \approx 38.2 \text{ (mm)}$$

式中，x 值取 4%。

首次拉深高度按式（1-21）计算：

$$
\begin{aligned}
H_1 &= \frac{0.25}{D_1}(D_1^2 - d_凸^2) + 0.43(r_{p1} + r_{d1}) + \frac{0.14}{D_1}(r_{p1}^2 - r_{d1}^2) \\
&= \frac{0.25}{21.75} \times (38.2^2 - 22.4^2) + 0.43 \times (2.35 + 2.2) + \frac{0.14}{21.75}(2.35^2 - 2.2^2) \approx 13 \text{ (mm)}
\end{aligned}
$$

2）第二次拉深高度计算

第二次拉深假想毛坯直径按式（1-23）计算：

$$D_2 = \sqrt{(1+x_1)D^2} = \sqrt{(1+0.02) \times 37.5^2} \approx 37.9 \text{ (mm)}$$

首次拉深进入凹模的面积增量 x，在第二次拉深中部分材料返回到凸缘上，式中 x_1 值取 2%。

第二次拉深高度按式（1-22）计算：

$$
\begin{aligned}
H_2 &= \frac{0.25}{D_2}(D_2^2 - d_凸^2) + 0.43(r_{p2} + r_{d2}) + \frac{0.14}{D_2}(r_{p2}^2 - r_{d2}^2) \\
&= \frac{0.25}{17.5} \times (37.9^2 - 22.4^2) + 0.43 \times (2.35 + 1.6) + \frac{0.14}{17.5}(2.35^2 - 1.6^2) \\
&\approx 15.3 \text{ (mm)}
\end{aligned}
$$

3）第三次拉深高度计算

第三次拉深高度等于制件的高度，那么 $H_3 = 16.8\text{mm}$。

（11）校核首次拉深的相对高度

查表 1-38，当 $\dfrac{t}{D} \times 100 = \dfrac{0.5}{37.5} \times 100 = 1.33$，$\dfrac{d_凸}{d} = \dfrac{22.4}{15.2} = 1.47$ 时，最大相对高度 $\dfrac{h_1}{d_1} = 0.50 \sim 0.63$，而此时相对高度 $\dfrac{H_1}{D_1} = \dfrac{13}{21.75} = 0.598 < 0.63$，故上述计算是合理的。

（12）绘制出连续拉深的排样图

根据以上的毛坯直径、拉深系数、拉深直径及各工序拉深高度等计算，绘制出如图 2-22 所示的连续拉深排样图。具体工位安排如下。

工位①：冲切导正销孔，冲切内圈切口；工位②：空工位；工位③：冲切外圈切口；工位④：空工位；工位⑤：首次拉深；工位⑥：空工位；工位⑦：第二次拉深；工位⑧：第三次拉深；工位⑨：冲底孔；工位⑩：落料。

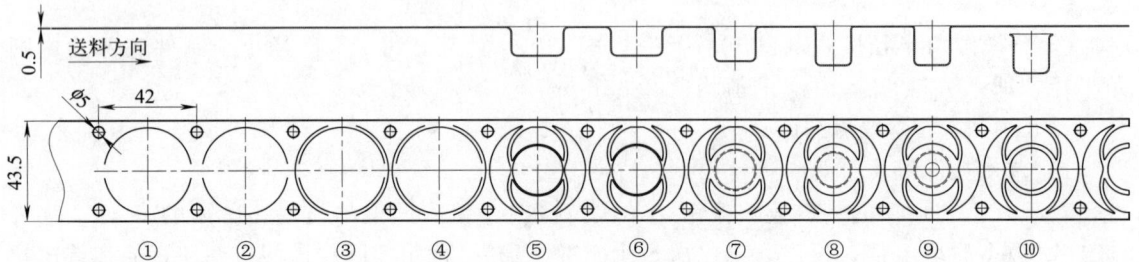

图 2-22 连续拉深带料排样图

第 **3** 章

多工位级进模结构件及监测装置设计

3.1　模架、模座、导向装置

3.1.1　模架

模架由上模座、下模座和导柱、导套等组成。根据上下模座的材料不同，将模架分为铸铁模架和钢板模架两大类；依照模架中导向装置的不同，又将模架分为滑动导向模架（GB/T 2851—2008）和滚动导向模架（GB/T 2852—2008）。

每类模架中又可由导柱的安装位置及导柱数量的不同，分为对角导柱模架、后侧导柱模架、中间导柱模架和四导柱模架等。

如图 3-1 所示为多工位级进模常用的一种四导柱模架，上、下模座由钢板制造而成。

模架是模具的主体结构，一副完整的模具，模架是不可以缺少的。模架又是连接模具所有零件的重要部件，模具的所有零件通常用内六角螺钉和圆柱销固定在它的上面，模架承受冲压过程中的全部载荷。模具的上、下模之间相对位置通过模架的导向装置稳定，保持其精度，并引导凸模正确运动，保证冲压过程中凸、凹模之间相对位置合理，间隙均匀。

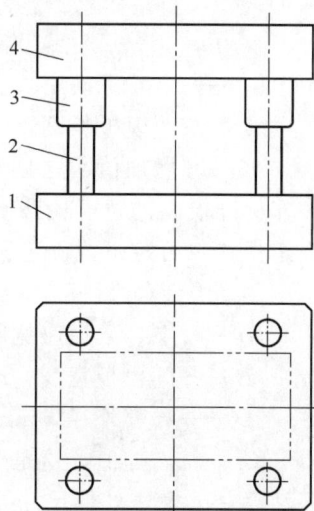

图 3-1　模架的组成
1—下模座；2—导柱；
3—导套；4—上模座

3.1.2　上、下模座

（1）上、下模座的功能

上模座和下模座分别为一副模架上不同位置的两个零件，如图 3-2 所示，其共同作用是：上、下模座都是直接或间接地将模具的所有零件安装在其上面，构成一副完整的模具。与上模座固定在一起的模具零件，称为上模部分，由于它常通过模柄或螺栓和压板与压力机滑块固定在一起，随压力机滑块上下运动实现冲压动作，所以这部分又称为活动部分；而与下模座固定在一起的模具零件，称为下模部分，它常通过螺栓和压板与压力机工作台固定在

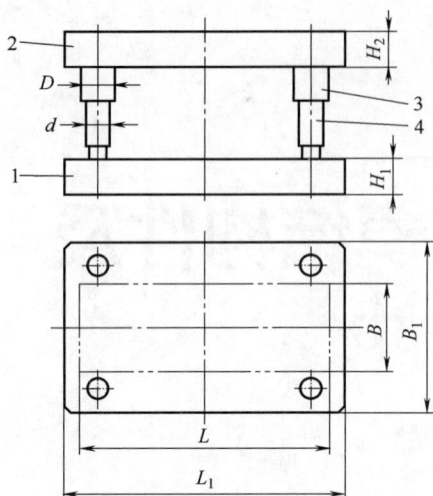

图 3-2 非标准模座外形尺寸确定示例
1—下模座；2—上模座；3—导套；4—导柱

一起，所以又称为模具的固定部分。上、下模座是整个模具的基础，它要承受和传递压力，因此，对于上、下模座的强度和刚度必须十分重视。每一副模架的上模座与下模座强度和刚度必须满足使用要求，不能在工作中引起变形，否则会影响到冲压件的精度和降低模具使用寿命。大一些的模具下模座强度和刚度更不可忽视。

在设计小型多工位级进模时，一般应尽量选用标准模架（GB/T 2852—2008、JB/T 7182.1～7182.4—1995），因为标准模架的形式和规格决定了上、下模座的标准形式和规格（GB/T 2855.1～2855.2—2008、GB/T 2856.1～2856.2—2008、JB/T 7186.2～7186.4—1995），并且在强度和刚度方面，选用标准模架一般性能都有保证，比较安全。

（2）非标准模座的设计

对于较大的多工位级进模，没有标准模架选择时，应当采用非标准模座，需自行设计，模座的材料可采用 Q235 或 45 钢或铸铁等制造，导向装置的导柱、导套仍应选用标准件。

非标准模座外形常取矩形状（见图 3-2）。长度取和凹模长相等或比凹模稍长，可按下式确定：

$$L_1 = L + K \tag{3-1}$$

式中　L_1——上、下模座长度，mm；

　　　L——凹模板长度，mm；

　　　K——增加值，这是个经验值，取 $K = 10 \sim 50$ mm。

非标准模座的宽度比凹模的宽度要大，因为在模座上要安装导向装置，还要留有压板压紧固定位置。可按下式确定：

$$B_1 = B + 2D + K_1 \tag{3-2}$$

式中　B_1——上、下模座宽度，mm；

　　　B——凹模板宽度，mm；

　　　D——导套外径，mm；

　　　K_1——增加值，这是个经验值，取 $K_1 > 40$ mm。

注意：下模座外形尺寸同压力机台面孔边至少留 40mm 以上。

下模座的厚度可按下式确定。

普通冲模

$$H_1 \geqslant (1.5 \sim 2) H_{凹} \tag{3-3}$$

精密冲模

$$H_1 \geqslant (2.5 \sim 3.5) H_{凹} \tag{3-4}$$

式中　H_1——下模座厚度，mm；

　　　$H_{凹}$——凹模厚度，mm。

上模座和下模座的外形一般保持一样的大小，在厚度方面，上模座厚度 H_2 可略小于下模座厚度 H_1，即 $H_2 \leqslant H_1$，可取 $H_2 = H_1 - (5 \sim 10)$ mm。

（3）下模座的强度计算

在多工位级进模设计时，一般不计算下模座的强度，只是在个别特殊情况下，需要验算其危险断面的弯曲应力。

为了简化计算，作如下假设：

① 凹模不承受载荷，载荷完全传到下模座上。

② 当下模座上有特殊形状的漏料孔时，按其外切圆或外切矩形孔计算。

③ 下模座的中心尽量与压力机台面上的漏料孔中心重合。

下模座强度计算见表 3-1。现分别计算 A—A 剖面、D—D 剖面和 E—E 剖面的情况。

表 3-1 下模座强度计算

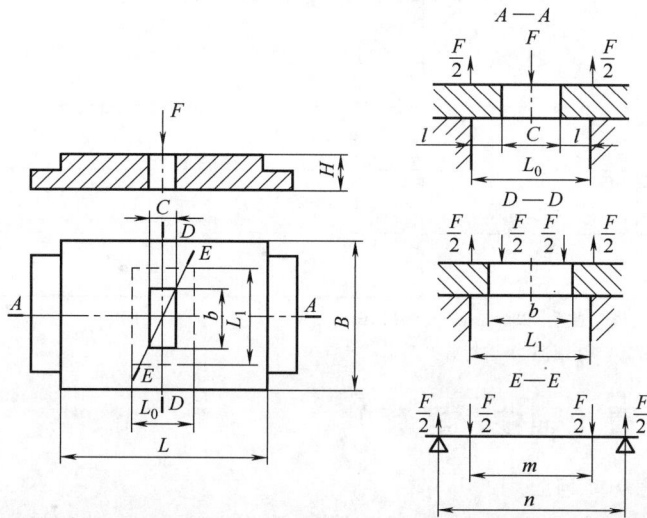

序号	名称	计算公式		说明
		最大弯曲应力	模座厚度	
1	A—A 剖面	$\sigma_{弯} = \dfrac{M_{max}}{W} = \dfrac{Fl/2}{(L-C)H^2/b} = \dfrac{3Fl}{(L-C)H^2}$	$H \geqslant \sqrt{\dfrac{3Fl}{(L-C)[\sigma_{弯}]}}$	式中，$\sigma_{弯}$ 为最大弯曲应力，MPa；H 为下模座的厚度，mm；M_{max} 为最大弯矩，N·mm；W 为剖面系数，mm；F 为载荷，即冲压力，N；C,b 为下模座漏料孔尺寸，mm；L_0,L_1 为压力机台面（或垫板）漏料孔尺寸，mm；B,L 为下模座的宽度和长度，mm；l 为悬臂长，mm，见图中 A—A 剖面；m 为下模座漏料孔沿 E—E 剖面的对角距离尺寸，mm；n 为压力机台面漏料孔沿 E—E 剖面的对角距离尺寸，mm；R 为压力机台面漏料孔的半径，mm；r 为下模座漏料孔半径，mm；$[\sigma_{弯}]$ 为下模座材料的许用弯曲应力，MPa，见表 3-2
2	D—D 剖面	$\sigma_{弯} = \dfrac{M_{max}}{W} = \dfrac{3FL_1/16}{(B-b)H^2/6} = \dfrac{9FL_1}{8(B-b)H^2}$	$H \geqslant \sqrt{\dfrac{9FL_1}{8(B-b)[\sigma_{弯}]}}$	
3	E—E 剖面（对于矩形漏料孔）	$\sigma_{弯} = \dfrac{M_{max}}{W} = \dfrac{\dfrac{F}{4}(n-m)}{\dfrac{(n-m)}{6}H^2} = \dfrac{3F}{2H^2}$	$H \geqslant \sqrt{\dfrac{3F}{2[\sigma_{弯}]}}$	
4	E—E 剖面（对于圆形漏料孔）	$\sigma_{弯} = \dfrac{M_{max}}{W} = \dfrac{0.64(R-r)F/2}{(R-r)H^2/3} = \dfrac{3 \times 0.32F}{H^2}$	$H \geqslant \sqrt{\dfrac{0.96F}{[\sigma_{弯}]}}$	

表 3-2 常用材料的许用弯曲应力   单位：MPa

材料名称及牌号	许用应力			
	拉深	压缩	弯曲	剪切
Q195、Q235、25	108～147	118～157	127～157	98～137
Q275、40、50	127～157	137～167	167～177	118～147
铸钢 ZG270-500、ZG310-570	—	108～147	118～147	88～118
铸铁 HT200、HT250	—	88～137	34～44	25～34
T7A 硬度 54～58HRC	—	539～785	353～490	—
T8A、T10A Cr12MoV、GCr15 硬度 52～60HRC	245	981～1569[①]	294～490	—
Q275 硬度 52～60HRC	—	294～392	196～275	—
20（表面渗碳） 硬度 86～92HS	—	245～294		
65Mn 硬度 43～48HRC	—		490～785	

① 对小直径有导向的凸模，此值可取 2000～3000MPa。

注：淬火后随着硬度提高，许用应力可大幅提高。

3.1.3 导向装置（导柱、导套）

（1）导向装置的功能与应用

模具中导向装置主要用在模架上和冲模的三大板件（凸模固定板、卸料板、凹模）之间。

模架的上、下模座间安装了主要由导柱、导套等零件所组成的导向副，有了它，上、下模开始闭合或压料板接触板料（或制件）前先充分结合，做到上、下模相对运动时，对应位置始终沿着一个正确的方向运动，从而达到精密冲压的目的。同时还可以节省模具的调整时间，提高模具使用寿命。

三大板件之间装有主要以小导柱、小导套组成的导向装置，又称为复式导向，进一步提高了上、下模的对中，保证凸、凹模之间相对位置的正确性，使冲模从结构上大大提升了制造精度。因此，当要求模具使用寿命长、冲件精度高的冲模，结构中的导向装置不可缺少。

导向装置还可用套筒和导向块等。套筒式导向十分精确，导柱和套筒有很大的接触面，磨损较慢，使用时间长，但结构较复杂，且工作空间小，操作不便，只有在冲制钟表等精密小零件时才使用。而对于一些中型或大型冲模，尤其是弯曲、拉深、整形等有较大侧向力的模具，往往采用导向块导向。

（2）模架的导向装置

常见的模架导向装置有滑动导向和滚动导向两类，具体使用时有下列几种。

1）滑动导向

如图 3-3（a）所示，滑动导向是利用圆柱形导柱、导套在一定精度范围内的滑动配合，使上、下模座保证沿着正确方向运动。由于导柱、导套间的配合常分为一级精度（H6/h5

相当于 IT5～IT6 级）和二级精度（H7/h6 相当于 IT7～IT8 级）两种，都是动配合，存在一定的配合间隙，其值比较小，最小时为 0.005mm，所以这种导向装置能保持较高的导向精度。但在选用时，应根据模具的冲裁间隙来选择其导向精度等级。其原则是：导柱、导套之间的间隙应小于冲裁凸模与凹模之间的间隙。

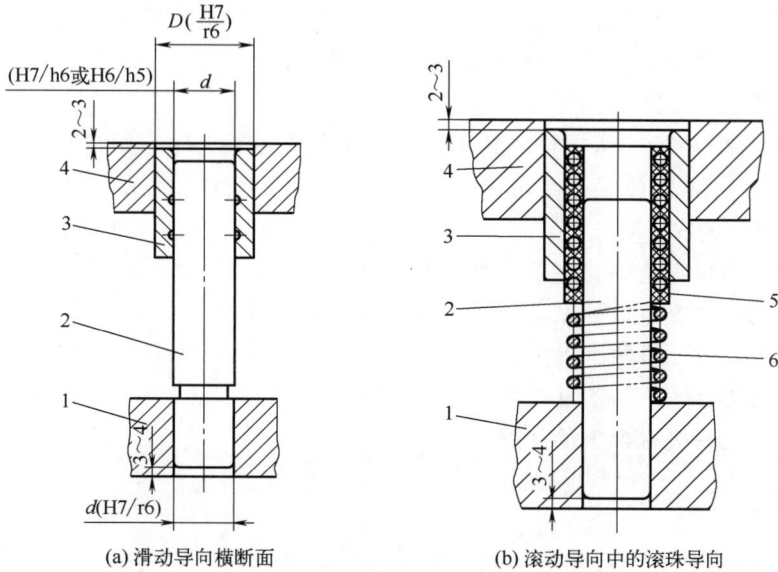

(a) 滑动导向横断面　　　　　(b) 滚动导向中的滚珠导向

图 3-3　模架导向装置的组成

1—下模座；2—导柱；3—导套；4—上模座；5—保持圈；6—弹簧

2）滚动导向

如图 3-3（b）所示，滚动导向的上、下模座间除导柱、导套外，还在导柱、导套之间多了一层滚珠（即钢球）和安装滚珠的保持圈，习惯上称为滚珠导向。滚珠导向是滚动导向的一种。

滚珠导向与滑动导向的主要区别是导向原理不同，滚珠导向装置是一种无间隙的导向结构。滚珠导向是通过钢球在导柱、导套间 0.01～0.02mm 过盈量，在冲压力的作用下，上模沿导柱上下做纯滚动运动；而滑动导向则是导柱、导套间有间隙地上下滑动运动。

3）滚柱导向

对于特别精密、高频（冲压频率达 1000 次/min）、高寿命的模具，为了获得稳定持久高精密的导向，可采用一种新型的滚动导向结构——滚柱导向，又称滚针导向，其断面如图 3-4 所示。滚柱的外形由三段圆弧组成；中间的一段圆弧 r 与导柱外圆相符合；两端的圆弧 R 与导套的内圆相吻合，这样滚柱导向结构的滚柱与导柱、导套为线接触，上下运动时为一个面。由于面接触的关系，能承受比滚珠导向大的偏心载荷，也提高了导向精度和模架的刚性，高速冲压中平稳而可靠，使用寿命比

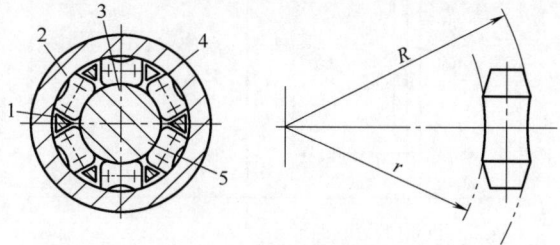

图 3-4　滚柱导向断面

1—保持圈；2—外接触部分；3—内接触部分；4—导套；5—导柱

钢球滚动导向长。滚柱与导柱、导套间的过盈量比滚珠导向要小，一般取 0.003～0.006mm 就足够了，但此结构制造较复杂。

3.2 凸、凹模设计

在设计多工位级进模时，凸、凹模一般凭经验确定或按经验公式计算的结构尺寸。在强度足够的情况下，一般无须进行强度的计算，只是在某些特殊情况下（例如：载荷大、强度差时），才需要对零件的强度或承载能力（许用载荷）进行计算或核算。

（1）凸、凹模的功能

凸、凹模是模具中的工作零件，它不仅直接担负着冲压工作，而且是在模具上直接决定制件形状、尺寸大小和精度最为关键的零件，并且都是配对使用，缺一不可。

（2）凸、凹模的设计原则

① 凸、凹模必须有足够的强度、刚度和硬度；

② 凸、凹模结构要简单可靠，制造、测量和安装方便；

③ 凸、凹模应设计得便于拆装、更换方便、固定可靠；

④ 凸、凹模要有统一的基准；

⑤ 凸、凹模之间应有合理的间隙。

3.2.1 凸模设计

冲裁凸模的强度核算公式见表 3-3。

表 3-3 核算凸模强度的公式

圆形凸模			异形凸模		
核算项目及条件		计算公式	核算项目及条件		计算公式
压应力	凸模直径或宽度大于制件料厚	$\sigma_K = \dfrac{2\tau}{1-0.5\dfrac{t}{d}} \leqslant [\sigma]$	压应力	凸模直径或宽度大于制件料厚	$\sigma_K = \dfrac{Lt\tau}{F_K} \leqslant [\sigma]$
	凸模直径或宽度小于或等于制件料厚	$\sigma = 4\left(\dfrac{t}{d}\right)\tau \leqslant [\sigma]$		凸模直径或宽度小于或等于制件料厚	$\sigma = \dfrac{Lt\tau}{F_J} \leqslant [\sigma]$
最大允许长度	无导向凸模（圆形）	$l_{max} = \dfrac{\pi}{16}\sqrt{\dfrac{Ed^3}{t\tau}}$	最大允许长度	无导向凸模（异形）	$l_{max} = \dfrac{\pi}{2}\sqrt{\dfrac{EJ}{F}}$
	卸料板导向凸模（圆形）	$l_{max} = \dfrac{\pi}{8}\sqrt{\dfrac{Ed^3}{t\tau}}$		卸料板导向凸模（异形）	$l_{max} = \pi\sqrt{\dfrac{EJ}{F}}$

圆形凸模		异形凸模	
核算项目及条件	计算公式	核算项目及条件	计算公式
最大允许长度 带导向保护套的凸模（圆形） 	$l_{max}=\dfrac{\pi}{8}\sqrt{\dfrac{2Ed^3}{t\tau}}$	最大允许长度 带导向保护套的凸模（异形） 	$l_{max}=\pi\sqrt{\dfrac{2EJ}{F}}$
带台肩的凸模（圆形） 	$l_{max}=C\sqrt{\dfrac{Ed_0^3}{t\tau}}$	带台肩的凸模（异形） 	$l_{max}=n\sqrt{\dfrac{EJ_0}{F}}$

注：t——制件材料厚度，mm；d——凸模或冲孔直径，mm；τ——制件材料抗剪强度，MPa；σ_K——凸模刃口接触应力，MPa；σ——凸模平均压应力，MPa；$[\sigma]$——凸模材料许用压应力，对于常用合金模具钢，可取 1800～2200MPa；l_{max}——凸模最大允许长度，mm；E——凸模材料弹性模量，对于钢材，可取 $E=210000$MPa；C——系数，见表 3-4；d_0——凸模小端直径，mm；L——制件轮廓周长，mm；F_K——接触面积，mm^2，取接触宽度为 $t/2$ 的面积；F_J——制件平面面积，mm^2；J——凸模断面最小惯性矩，mm^4；F——冲裁力，N；J_0——凸模大端断面最小惯性矩，mm^4；n——系数，见表 3-5。

表 3-4　系数 C

$\dfrac{l_0^{①}}{l_{max}}$	$d_0/d^{①}$							
	1.1	1.2	1.3	1.5	1.8	2	2.5	3
0.1	0.176	0.157	0.142	0.117	0.0897	0.0775	0.0561	0.0424
0.2	0.184	0.167	0.152	0.128	0.0995	0.0863	0.0629	0.0477
0.3	0.187	0.176	0.164	0.14	0.112	0.0974	0.0715	0.0544
0.4	0.193	0.186	0.177	0.157	0.127	0.112	0.0827	0.0632
0.5	0.197	0.196	0.191	0.175	0.148	0.131	0.0983	0.0755
0.6	0.201	0.204	0.204	0.196	0.175	0.157	0.121	0.0937
0.7	0.204	0.210	0.215	0.218	0.210	0.195	0.156	0.123
0.8	0.205	0.214	0.221	0.233	0.239	0.242	0.216	0.179
0.9	0.206	0.215	0.224	0.239	0.261	0.273	0.296	0.297

① 符号代表的尺寸见表 3-3 带台肩的凸模（圆形）。

表 3-5　系数 n

$\dfrac{l_0^{①}}{l_{max}}$	$\dfrac{J_0-J^{②}}{J}$							
	0.5	1	2	5	10	20	50	100
0.1	1.327	1.169	0.972	0.700	0.521	0.379	0.244	0.173
0.2	1.371	1.233	1.045	0.769	0.579	0.423	0.274	0.195
0.3	1.419	1.301	1.130	0.854	0.651	0.480	0.312	0.222
0.4	1.463	1.371	1.224	0.958	0.741	0.554	0.362	0.259

$\dfrac{l_0^{①}}{l_{max}}$	$\dfrac{J_0-J^{②}}{J}$							
	0.5	1	2	5	10	20	50	100
0.5	1.502	1.438	1.325	1.085	0.864	0.653	0.431	0.310
0.6	1.533	1.495	1.423	1.237	1.026	0.796	0.534	0.385
0.7	1.554	1.535	1.502	1.396	1.237	1.009	0.699	0.509
0.8	1.566	1.562	1.550	1.516	1.451	1.315	1.000	0.748
0.9	1.570	1.570	1.568	1.564	1.557	1.541	1.480	1.321

① 符号代表尺寸见表 3-3 带台肩的凸模（异形）。

② J_0 和 J 分别是凸模的大端和小端断面的最小惯性矩，具体见表 3-3 带台肩的凸模（异形）。

3.2.2 凹模设计

与凸模配合并直接对制件进行分离或成形的工作零件称为凹模。在冲压过程中，凹模和凸模一样，种类也很多，这里主要介绍冲裁凹模结构尺寸的计算。

（1）凹模强度计算

冲裁时，凹模下面的模座或垫板上的孔口要比凹模的孔口大，使凹模工作时受弯曲应力，若凹模厚度不够会产生弯曲变形，故需校核凹模的抗弯强度。一般只核算其受弯曲应力时最小厚度。计算公式见表 3-6。

表 3-6 凹模强度计算公式

项目	圆形凹模	矩形凹模（装在有方形洞的板上）	矩形凹模（装在有矩形洞的板上）
简图	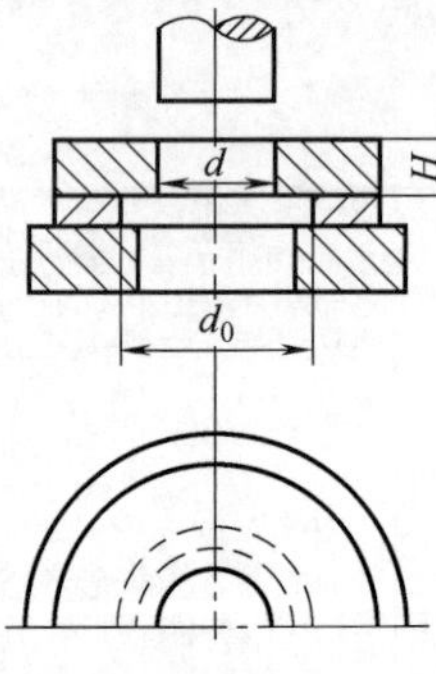	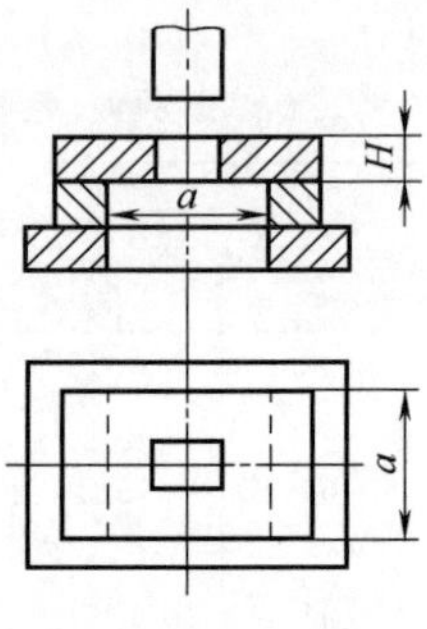	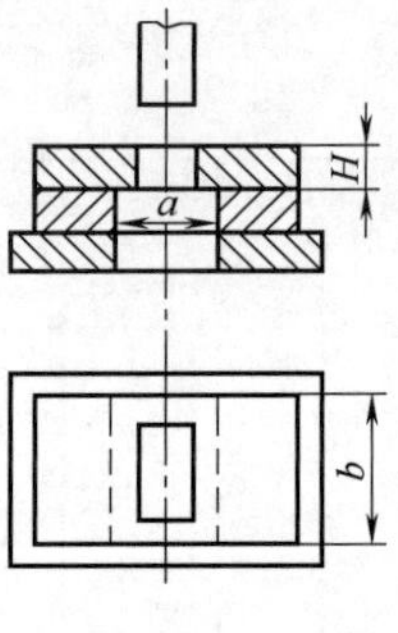
抗弯能力（弯曲应力）	$\sigma_{弯}=\dfrac{1.5F}{H^2}\left(1-\dfrac{2d}{3d_0}\right)\leqslant[\sigma_{弯}]$	$\sigma_{弯}=\dfrac{1.5F}{H^2}\leqslant[\sigma_{弯}]$	$\sigma_{弯}=\dfrac{3F}{H^2}\left(\dfrac{\frac{b}{a}}{1+\frac{b^2}{a^2}}\right)\leqslant[\sigma_{弯}]$
凹模板最小厚度	$H_{min}=\sqrt{\dfrac{1.5F}{[\sigma_{弯}]}\left(1-\dfrac{2d}{3d_0}\right)}$	$H_{min}=\sqrt{\dfrac{1.5F}{[\sigma_{弯}]}}$	$H_{min}=\sqrt{\dfrac{3F}{[\sigma_{弯}]}\left(\dfrac{\frac{b}{a}}{1+\frac{b^2}{a^2}}\right)}$

注：F——冲裁力，N；$[\sigma_{弯}]$——凹模材料的许用弯曲应力，MPa，淬火钢为未淬火钢的 1.5～3 倍，T10A、Cr12MoV、GCr15 等工具钢淬火硬度为 58～62HRC 时，$[\sigma_{弯}]=300\sim500$ MPa；H_{min}——凹模最小厚度；d，d_0——凹模刃口与支承口直径；a——垫板上矩形孔的宽度；b——垫板上矩形孔的长度。

（2）凹模壁厚计算

凹模壁厚是指凹模刃口与外缘的距离，如图 3-5 所示。

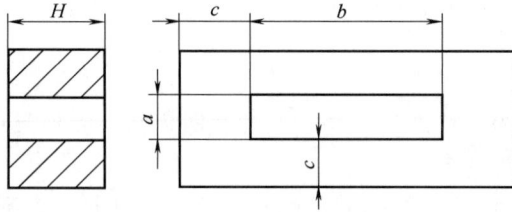

图 3-5　凹模壁厚

凹模壁厚及高度可按表 3-7 所列的数据选择。刃口与刃口之间的距离，其最小值和制件材料的强度与板料厚度有关，可参考表 3-8 所列的数据。

表 3-7　凹模壁厚 c 和凹模厚度 H　　　　　　　　　单位：mm

凹模最大刃口尺寸	材料厚度 t							
	$\leqslant 0.8$		$>0.8\sim 1.5$		$>1.5\sim 3$		$>3\sim 5$	
	凹模外形尺寸							
	c	H	c	H	c	H	c	H
<50 $50\sim 75$	26	20	30	22	34	25	40	28
$>75\sim 100$ $>100\sim 150$	32	22	36	25	40	28	46	32
$>150\sim 175$ $>175\sim 200$	38	25	42	28	46	32	52	36
>200	44	28	48	30	52	35	60	40

表 3-8　凹模刃口与刃口之间的最小壁厚　　　　　　　　单位：mm

材料名称	材料厚度 t		
	$\leqslant 0.5$	$0.6\sim 0.8$	$\geqslant 1$
铝、铜	$0.6\sim 0.8$	$0.8\sim 1.0$	$(1.0\sim 1.2)t$
黄铜、低碳钢	$0.8\sim 1.0$	$1.0\sim 1.2$	$(1.2\sim 1.5)t$
硅钢、磷铜、中碳钢	$1.2\sim 1.5$	$1.5\sim 2.0$	$(2.0\sim 2.5)t$

注：表中小的数值用于凸圆弧与凸圆弧之间，或凸圆弧与直线之间的最小距离，大的数值用于凸圆弧与凹圆弧之间，或平行直线之间的最小距离。

增大刃口之间的距离显然能提高凹模的强度和寿命。在多工位级进模上排样时，可以使制件上相距过近的孔在不同工位上冲出，从而扩大刃口之间的距离。

（3）凹模刃口高度计算

垂直于凹模平面的刃口，其高度 h 除了相关资料上推荐的数值外，建议：

制件料厚 $t\leqslant 3\mathrm{mm}$ 时，$h=4\mathrm{mm}$

制件料厚 $t>3\mathrm{mm}$ 时，$h=t$

当凹模需要更长寿命时，刃口高度 h 可以比上式得到的数值更大，但刃口应该带有斜度，以有利于制件或废料漏下。

带有斜度的刃口，刃磨后凹模尺寸扩大。扩大值可按下式计算：

$$\Delta l = 2h_1 \tan\alpha \tag{3-5}$$

式中　Δl——双面凹模尺寸扩大值，mm；

h_1——磨去的刃口高度，mm；

α——刃口每侧斜度，(°)。

（4）冲裁凹模的刃口结构形式

冲裁是最为广泛应用的一种冲压工序，而冲裁凹模在各类模具中最具有代表性，其刃口形式多样，常见的刃口形式见表3-9。

凹模刃口高度 h 和斜度 α、β 根据制件的料厚而定，其相关参数可参考表3-10。

表3-9　冲裁凹模刃口形式、特点与应用

序号	形式	简图	特点	应用
1			凹模厚度 H 的全部为有效刃口高度，刃壁无斜度，刃磨后刃口尺寸不会改变，制造方便	适用于冲下的制件或废料逆冲压方向推出的模具结构
2	直刃口		刃口无斜度，有一定高度 h。刃磨后刃口尺寸不变，但由于刃口后端漏料处扩大，因此凹模工作部分强度稍差。凹模内容易聚集废料或制件，增大了凹模壁的胀力和磨损	更多适用于制件或废料顺冲压方向落下的模具。冲裁件尺寸精度较高，此种刃口由于制造方便，应用比较广
3			刃口无斜度，有一定高度 h，刃磨后刃口尺寸不变，但刃口后端漏料部分设计成带有一定斜度，凹模工作部分强度较好	
4	斜刃口		刃口有一定斜度 α，制件或废料不会滞留在凹模里，所以刃口磨损小，$\alpha = 5' \sim 20'$。多次刃磨后，工作部分尺寸仅有微量变化，如 $\alpha = 15'$ 刃磨掉 0.1mm 时，间隙值单边增大 0.00044mm，故刃磨对刃口尺寸影响不大	适用于凹模较薄、冲件料厚也比较薄、制件精度要求不十分严格的情况，但也不是绝对如此，在多工位级进模中，为了使出件通畅，减小对凹模的胀力，也常常使用
5			除同序号4说明外，由于漏料孔用台阶孔过渡，因此凹模工作部分强度较差。α 一般为 $5' \sim 30'$，料薄取小值，料厚取大一些的值	适用于加工小孔（一般为 $\phi 3$mm 以下）及简单型孔或单面切割的复杂型孔
6			工作刃口和漏料部分均为斜度结构，$\beta > \alpha$，强度好，但制造困难	适用于料厚 $t > 0.5$mm 冲裁，$h \geqslant 5$mm

表 3-10 凹模刃口相关参数

制件材料厚度/mm	α	β	h
≤0.5	$10'\sim15'$		≥3
>0.5~1.0	$15'\sim20'$	2°	>4~7
>1.0~2.5	$20'\sim45'$		>6~10
>2.5~5.0	$45'\sim1°$	3°	>7~12

3.2.3 防止废料回跳或堵料

在多工位级进模冲压中，废料有时没有从凹模漏料孔往下落，而在凸模回升时，随着凸模往上带出模面，称跳屑或废料回跳等；有时废料堵在凹模漏料孔内，不能顺利地往下落，严重时会使凹模胀裂或使细小凸模折断，通常称为堵料或胀模或堵模。

3.2.3.1 废料回跳的原因及解决方法

（1）废料回跳的原因

① 废料受凸模真空吸附的作用。冲压时，冲切下的废料四周却与凸模紧密贴合，废料的上表面与凸模之间是真空负压，随着模具的开启而跳出模面。

② 电磁力的效应。模具零部件一般是通过研磨加工出来的，而磨床都是利用电磁平台的磁力装夹零部件，加工结束后，若没有对零部件的残余磁性进行消磁处理，磁力就会随着凸模吸附上升，发生废料回跳的现象。

③ 凸模活塞效应以及加速度的影响。当模具闭合时，模具内部卸料板和材料紧密地包在凸模周围，紧紧地压在凹模刃口上，形成一个相对真空负压，此时上模回升，凸模先从凹模中抽出，由于冲切下的废料受到下面一个大气压力与上面真空之间的压力差，而随着凸模一起上升，就像活塞在气缸里运动，称为活塞效应。

④ 凸模磨损的影响。模具在长时间使用后，凸模的有效刃口部分都会磨损。废料被切下后，毛刺会变大，毛刺会按照磨损后的凸模刃口形状形成根部很厚的大毛刺，在凹模的挤压作用下，会紧紧黏附包裹在凸模刃口部位，随着凸模一起上升而吸附跳出模面。

⑤ 冲裁间隙的影响。当冲裁间隙过大时，材料所受的拉伸作用增大，接近于胀形破裂，光亮带所占的比例减小，因材料弹性回复，废料尺寸向实体方向收缩，冲下的废料尺寸比凹模尺寸偏小，这样，废料对刃口的咬合力会变弱，废料容易从刃口中随凸模上升跳出。

⑥ 冲切下废料的形状简单。当冲切下的废料形状过于简单时，降低了咬合力，导致冲切下的废料容易跳出模面。

⑦ 凹模刃口的表面粗糙度的影响。凹模刃口的侧壁非常光滑，摩擦系数很小，冲切下的废料与刃口侧壁的摩擦力很小，导致废料容易回跳。

⑧ 制件材料力学性能的影响。制件材料的硬度高，则脆性大，被剪切的有效深度就小。材料基本上在被剪切不久就被拉裂，整个剪切面的大部分是断裂带，光亮带所占的比例很小，材料径向收缩大，因而咬合力弱，导致废料容易回跳。

⑨ 模具过量刃磨与刃口磨损的影响。凹模经常研磨刃口上表面，如果把刃口有效段已经完全磨掉，则造成冲裁间隙变大，引起跳屑。

⑩ 废料的变形弹出。对于一些非封闭切断的废料而言，由于缺少一个或几个凹模侧壁的相互咬合，所以易跳出模面。

⑪ 凸、凹模刃口锋利情况。锋利的刃口，尤其是新模的刃口，由于冲裁阻力小，冲下的废料很平整。当凸模上升时，容易粘在凸模端面上，造成废料回跳。

（2）防止废料回跳的解决对策

① 设计合理的冲裁间隙。对于不同的材料，选用不同的合理冲裁间隙。一般来说，单面冲裁间隙大于料厚的5%以上时，大部分的材料冲切下来的废料会小于凹模刃口的尺寸，这样咬合力会偏小，冲切下的废料容易跳出模面。当单面冲裁间隙小于料厚的3%以下时，冲切下的废料与凹模刃口的咬合力会很强。从防止废料回跳的角度来说，冲裁间隙越小越好，但间隙小，会加剧凸、凹模的磨损，影响模具的寿命。

② 冲切废料刃口的形状。在设计冲切废料刃口的形状时，尽量避免外形过于简单，应将形状复杂化，包括增加一些卡料槽。如图3-6所示为将侧刃形状变得复杂化，也就是说在侧刃凸、凹模上设有卡料槽，当侧刃废料被冲切后，在卡料槽的作用下废料被卡住，可以一定程度上解决废料回跳的难题。

③ 凸模完全切入凹模。为了有效切断废料与防止废料跳出，凸模必须完全切入凹模。根据理论经验，普通多工位级进模的切入量应为3～5mm，而高速多工位级进模由于提升了模具的运行速度，切入量可控制在1～2mm。凹模的刃口有效端长度应保证凸模完全切入凹模后，残留废料不超过3片，下面再设计成锥度或者台阶孔让位，利于废料下落，防止回跳，如图3-7所示。

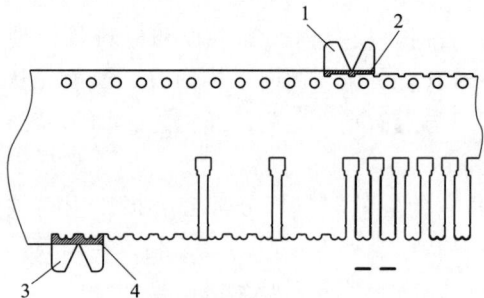

图 3-6　复杂形状侧刃示意图
1,3—侧刃凸模；2,4—废料

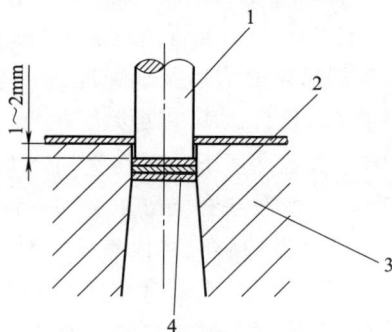

图 3-7　高速冲压凸模切入量与凹模刃口的有效端长度
1—凸模；2—制件；3—凹模；4—废料

④ 凸模内设有通气孔。如图3-8所示，在凸模中间加工通气孔。利用压缩空气把废料吹下，气孔的直径一般控制在 ϕ1mm 以下。但此种方法有其局限性，如果废料受力不均，易发生翻转反翘，导致叠加在一起，出现堵料。

⑤ 凸模前端设有小顶杆。如图3-9所示，在凸模上加装有小顶杆，顶杆的直径按凸模外形大小和制件料厚不同而定，通常顶杆的直径 $d=1～3$mm，顶杆伸出的高度 h 为料厚的3～5倍。当冲切外形废料较大时，可采用两个或两个以上的顶杆。

⑥ 增加凹模刃口侧壁的粗糙度。对于有些容易跳出废料的凹模，拆下凹模镶件在显微镜下仔细观察，如果发现刃口侧壁的表面粗糙度值非常小，应该考虑使用放电被覆机把侧壁面修整粗糙，使侧壁面被覆上一些金属颗粒，增大摩擦系数，提高对废料的咬合力。注意：被覆时应尽量让开凸模所切入的1mm深度，防止凸、凹模剪切时咬伤凸模。

⑦ 修整凸模的端面。很多的废料跳出模面，是因为吸附作用造成的。可以在凸模前端

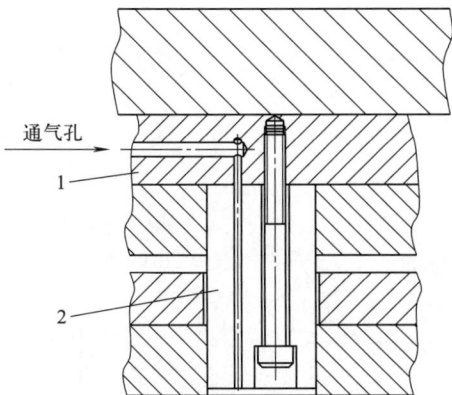

图 3-8 凸模内设有通气孔

1—固定板垫板；2—凸模

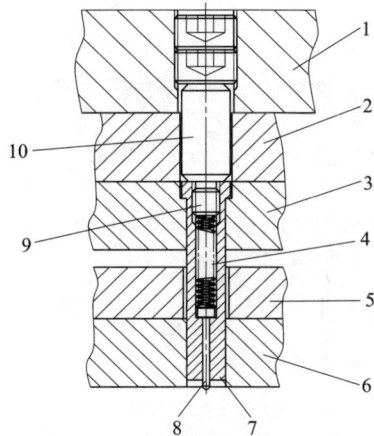

图 3-9 凸模内设有小顶杆

1—上模座；2—固定板垫板；3—固定板；4—弹簧；5—卸料板垫板；
6—卸料板；7—凸模；8—顶杆；9—螺塞；10—圆柱销

焊接一些小凸起物，或者直接将凸模的刃口进行倒角，以降低吸附产生的风险，如图 3-10 所示。图 3-10（a）所示为圆形小凸模，将其端面修磨成斜角或尖角；图 3-10（b）、（c）所示将凸模制作成斜刃，冲裁时使废料变形留在凹模内；图 3-10（d）所示为将凸模加工成凹坑，并在凹坑内加装弹簧片，利用弹簧片的作用力防止废料回跳。

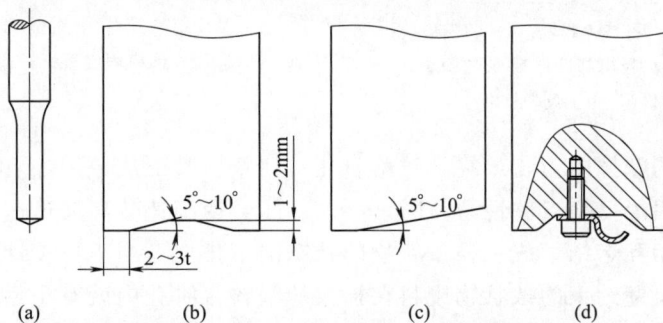

图 3-10 修整凸模的端面以防止废料跳出

⑧ 加装真空泵或吸尘器吸附废料。对于比较细小的凸模，因凸模细小，所以不能安装任何防止废料回跳的设施，且冲压速度高。可在模具的下方安装废料收集箱，在废料收集箱上加装真空泵或吸尘器，如图 3-11 所示。由于在真空泵或吸尘器的作用，废料下方会产生一个负压，可以抵消上方的负压，使废料易于从凹模中脱落，被真空泵或吸尘器吸附下来。此结构可参考米思米（中国）精密机械贸易有限公司标准规格选用。

⑨ 利用凹模防止废料回跳。用线切割加工将凹模工作孔侧壁斜拉 2～4 条浅槽，槽深通常在 0.05mm 左右，以增加废料与型孔之间的摩擦力，从而防止废料回跳，如图 3-12 所示。

3.2.3.2 废料堵塞的原因及解决方法

废料堵塞的原因主要是由凹模漏料孔引起的。应围绕凹模漏料孔的设计与相关件之间的结合关系采取措施进行防止。

（1）废料堵塞的原因

① 在高速冲压软材质、磁性吸附材质的制件时，冲孔凹模的漏料台阶孔尺寸越大，反

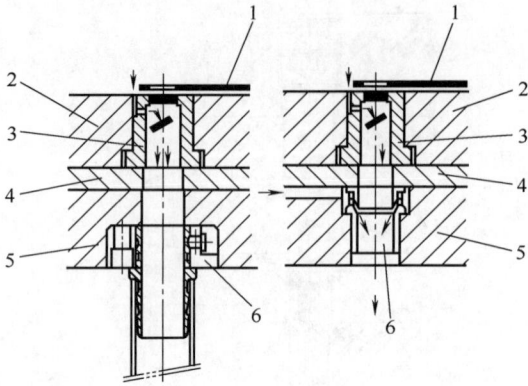

图 3-11 采用真空泵或吸尘器吸附废料

1—带料；2—凹模固定板；3—凹模；4—凹模垫板；

5—下模座；6—废料吸出部件；7—真空泵；

8—废料收集箱；9—吸尘器

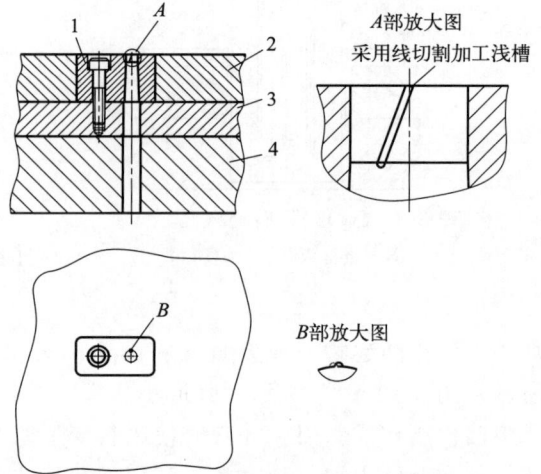

图 3-12 用线切割加工非标准凹模
工作孔侧壁的浅槽

1—凹模；2—凹模固定板；3—凹模垫板；4—下模座

而越容易诱发横向的摩擦阻力，最终导致落料孔被堵塞。其形成原因如下：

当冲压紫铜、铝等低熔点软性薄材时，高速冲压会使高速分离又迅速叠合在一起的冲孔废料在冲裁面发生相互熔结，成一根条状物的状态向下排出。当刃口设计成有透空漏料台阶孔时，脱离有效刃口壁约束的条状物废料在扩大的漏料台阶孔内就有了弯曲的空间，当条状废料的弯曲头部接触到扩大的漏料台阶孔一侧后，单侧摩擦阻力就会使条状废料产生横向扭曲变形，进一步导致条状废料在漏料台阶孔内的镦粗变形，直至填满整个漏料台阶孔。条状废料与漏料台阶孔孔壁之间摩擦阻力逐渐增大，可以大到折断冲头、胀碎凹模的程度。如图3-13 所示为软性废料堵塞原因的示意图。

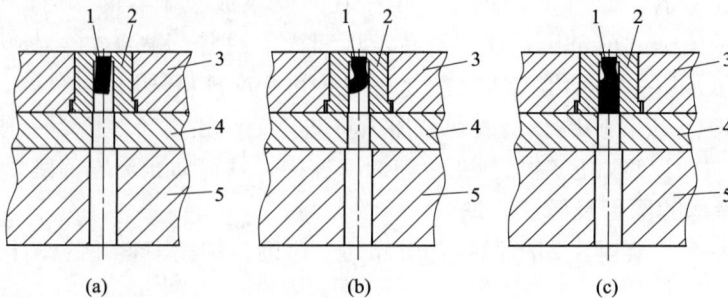

图 3-13 软性废料堵塞原因的示意图

1—废料；2—凹模；3—凹模固定板；4—凹模垫板；5—下模座

② 当冲压制件是磁性吸附材料时，凹模漏料台阶孔尺寸过大，也会使高速冲压下的冲孔废料受凹模刃磨后没有褪尽磁性的磁性吸附力影响，在扩大的漏料台阶孔中翻滚下落时被吸附到孔壁上，逐渐堆积起来形成在漏料台阶孔内交错重叠的现象，最后影响冲孔废料的正常下落，导致整个落料孔堵塞。如图 3-14 所示为磁性吸附材料造成落料孔堵塞原因的分解示意图：图 3-14（a）为冲切下的废料刚开始吸附在漏料台阶孔的孔壁上；图 3-14（b）为冲切下的废料局部堆积在漏料台阶孔的孔壁上，将要堵塞漏料台阶孔；图 3-14（c）为冲切下的废料完全堵在漏料台阶孔的孔壁上，经过图 3-14（a）、（b）所示的废料堆积后，当压力机再继续冲压就形成图 3-14（c）的堵塞现象。

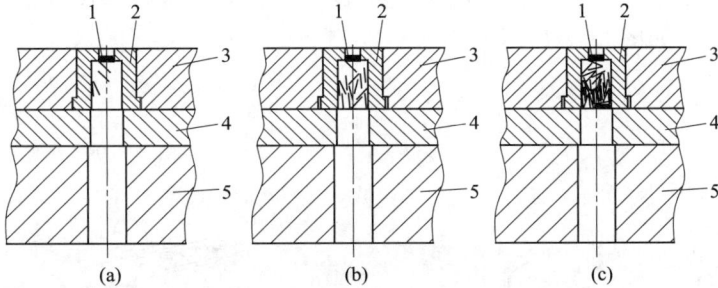

图 3-14 磁性吸附材料造成落料孔堵塞原因的分解示意图
1—废料；2—凹模；3—凹模固定板；4—凹模垫板；5—下模座

（2）防止凹模废料堵塞的方法

① 合理设计漏料孔。对于薄料的小孔冲裁（直径小于 1.5mm），废料堵塞是经常发生的，因为废料质量轻，又同润滑油黏在一起，容易把漏料孔堵塞。在不影响刃口重磨的前提下，应尽量减少凹模刃口高度 H，一般 H 取 $1\sim1.5$mm，对于精密制件，在刃口部加工成 $\theta=3'\sim10'$ 的锥角，漏料孔壁锥角 $\theta_1=1°\sim2°$，D 比漏料孔锥角大端大 $1.5\sim2.0$mm，D_1 比 D 大 $2\sim3$mm，而且各孔中心要同轴，孔壁不能错位，如图 3-15 所示。

在侧冲孔时，必须有足够的漏废料空间，冲切下的废料靠自重自由下落，如果横向空间受到限制，必须转换方向。图 3-16 所示是侧冲孔常用的几种漏料方式：图 3-16（a）是利用废料方向转换后与凹模孔垂直的顶料销的锥度部分把废料顶出凹模；图 3-16（b）是由垂直方向和水平方向混合漏料；图 3-16（c）是把转换后的漏料孔制出锥度。

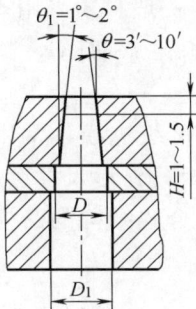

图 3-15 凹模漏料孔相关尺寸

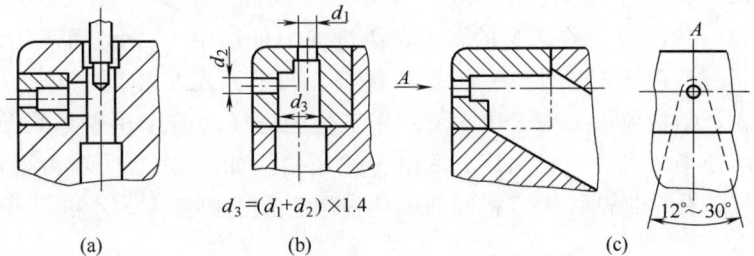

$d_3=(d_1+d_2)\times1.4$

图 3-16 侧冲孔漏料结构示意图

② 利用压缩空气、真空泵或吸尘器吸附废料。利用压缩空气、吸尘器或真空泵吸附废料，既能防止废料回跳，又可以防止废料堵塞。

③ 凹模刃口下的垫板、下模座的漏料孔加工精度。在设计凹模时，必须强调与凹模漏料孔配合的垫板、下模座漏料孔的加工，同样存在一个漏料台阶孔尺寸的精度控制问题。如漏料台阶孔尺寸太大，易造成落料孔堵塞。

3.3　固定板、垫板及卸料装置设计

3.3.1　固定板设计

在多工位级进模中固定板可分为凸模固定板（简称固定板，如图 3-17 所示）和凹模固定板（也称下模板，如图 3-18 所示）。

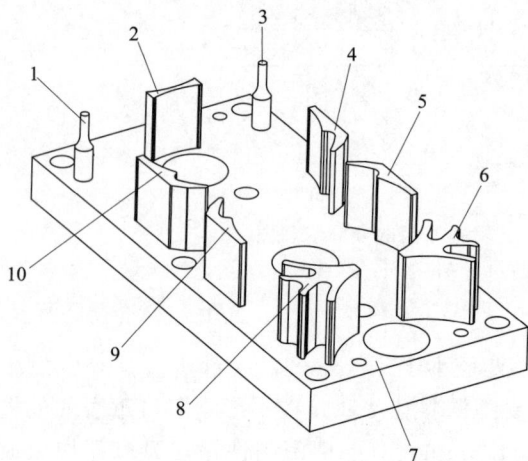

图 3-17　凸模固定板结构
1,3—圆形凸模；2,4～6,8～10—异形
凸模；7—凸模固定板

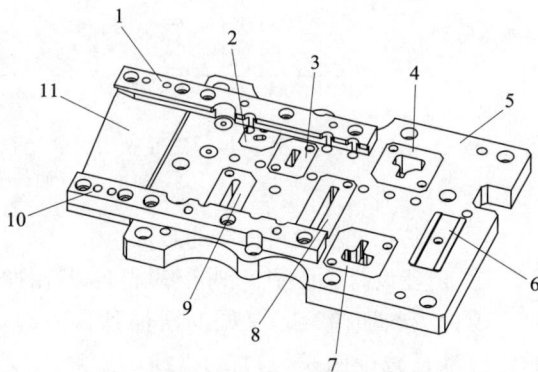

图 3-18　凹模固定板结构
1,10—外导料板同内导料板合为一体的结构形式；
2～4,7～9—凹模；5—凹模固定板；
6—成形凹模；11—承料板

凸模固定板除安装固定各凸模外，还要在相应位置安装导正销、斜楔、小导柱、弹压卸料零部件等。凹模固定板主要安装有凹模镶件、内导料板（或浮动导料销）、顶杆等零部件，因此对于多工位级进模中的固定板，刚度和强度方面要求更要高一些。一般材质采用 45 钢、40Cr、CrWMn 或 Cr12Mov 等微变形合金工具钢，热处理最低硬度 43～48HRC，高时取 55～58HRC。在大型的多工位级进模中可选用 45 钢，可不用淬火处理。

凸模固定板外形一般与卸料板、凹模固定板相同。对于小型多工位级进模，常用整体式，结构紧凑；对于中大型的多工位级进模，若采用整体式凸模固定板，外形尺寸会较大，不便于加工，可以采用分段组合式结构。如图 3-19 所示为采用分段组合式结构的凸模固定板，分别把凸模固定板和凸模垫板组合在上模座上。

3.3.2　垫板设计

在多工位级进模中，垫板可分为固定板垫板（也称凸模垫板，如表 1-1 中件号 4 所示）、卸料板垫板（如表 1-1 中件号 6 所示）和下模板垫板（也称凹模垫板，如表 1-1 中件号 9 所示）三类。固定板垫板承受凸模的作用力，保证弹簧有足够的压缩行程；卸料板垫板承受卸

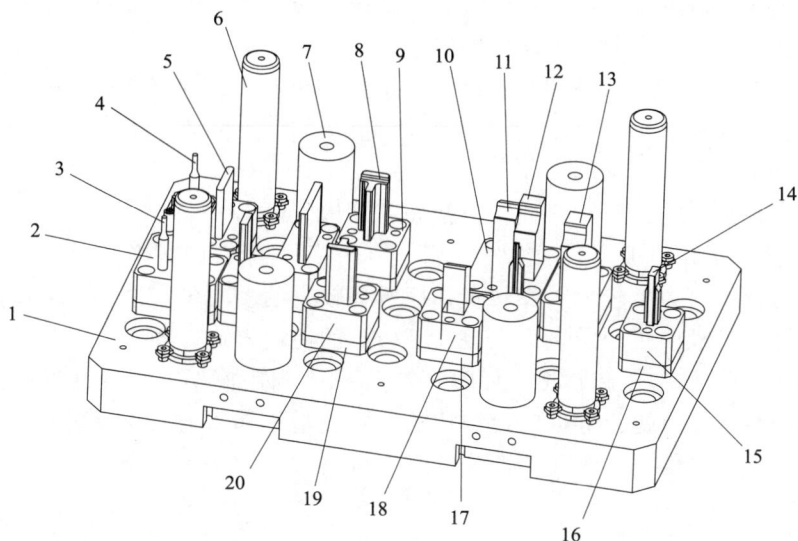

图 3-19 采用分段组合式结构的凸模固定板

1—上模座；2,9,10,15,18,20—凸模固定板；3,4—圆形凸模；5,8,14—异形凸模；
6—导柱；7—限位柱；11~13—成形凸模；16,17,19—凸模垫板

料组件和卸料板镶块的冲击载荷；下模板垫板承受凹模或凹模镶件的作用力。

在多工位级进模中是否要采用固定板垫板和下模板垫板，可以按下式计算：

$$p = \frac{1.3Lt\tau}{F} < [\sigma_压] \tag{3-6}$$

式中　p——凸模传来的压力；

　　　L——冲裁的周长；

　　　τ——材料的抗剪强度；

　　　F——凸模的大端与模座或垫板接触部分面积，mm^2；

　　　t——带料（条料）的厚度；

　　$[\sigma_压]$——模座材料的许用压力，N/mm^2。取值如下：

铸铁 HT25~47 　　$[\sigma_压] = 90~140MPa$

铸钢 ZG45 　　　　$[\sigma_压] = 110~150MPa$

如果计算出来材料压力 p 大于模座材料的许用压力 $[\sigma_压]$ 时，就要在凸模或凹模的后面加一块垫板，并进行淬火处理。通常在多工位级进模设计中为了安全可靠，一般都设置为带垫板的模具结构。垫板的厚度一般取 8~18mm。淬火硬度一般取 42~45HRC，生产批量较大时取 52~56HRC。对于分段式垫板，厚度尺寸要保持一致。

3.3.3　卸料装置设计

卸料装置是多工位级进模结构的一个很重要的组成部分，常用的卸料装置有固定卸料装置和弹压卸料装置两种形式。由于其结构不同，功能也不一样。固定卸料装置一般只起卸料作用。弹压卸料装置不仅起卸料作用，对不同的冲压工序还起不同的作用，比如：在冲裁工序中，还起冲压开始前压料作用，防止冲压过程中材料滑移或扭曲；在弯曲工序中，可起到压料作用，防止板料弯曲时流动，使弯曲高度不稳定，在部分弯曲工序结构中还起到局部成

形的作用；在连续拉深的多工位级进模中，起到压边圈作用。弹压卸料装置对各小凸模还起到导向和保护作用。下面主要对弹压卸料装置作介绍。

弹压卸料装置由卸料板通过卸料螺钉（或拉板）和弹性元件（弹簧、聚氨酯橡胶、氮气弹簧等）等安装在模具上组成。

（1）弹压卸料装置的结构形式

多工位级进模常用的弹压卸料装置包括如下结构。

① 氮气弹簧弹压卸料板。如图 3-20 所示，采用氮气弹簧代替弹簧弹压，一般用于年产量较大、卸料力（压料力）较大、卸料板弹压行程较长的多工位级进模，采用氮气弹簧结构可以使模具在冲压过程中更稳定，大大提高了模具的使用寿命，同时也增加了模具的成本。

② 三板式镶拼结构弹压卸料板。如图 3-21 所示，利用模架上的导柱，在卸料板基体上装有导套，对卸料板基体进行导向。此结构的卸料板基体基本上与模座的大小相同，使模具结构变大很多，但导向性好，常用于高速的多工位级进模冲压。

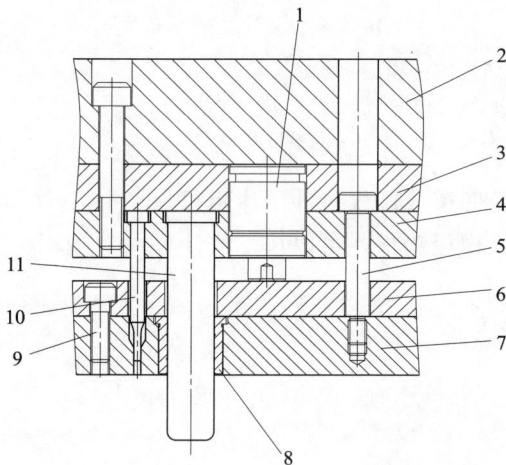

图 3-20　氮气弹簧弹压卸料板结构示意图

1—氮气弹簧；2—上模座；3—固定板垫板；
4—固定板；5—卸料螺钉；6—卸料板垫板；
7—卸料板；8—小导套；9—螺钉；
10—凸模；11—小导柱

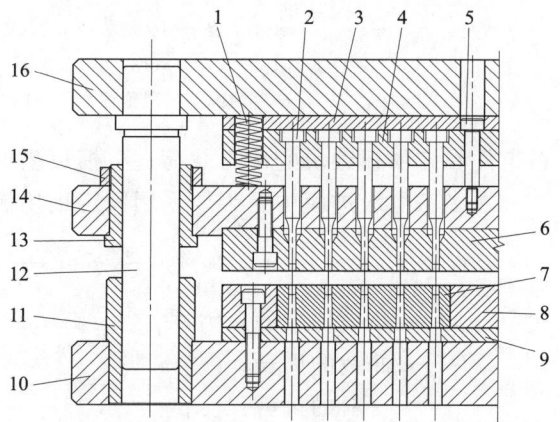

图 3-21　三板式镶拼结构弹压卸料板示意图

1—弹簧；2—凸模；3—固定板垫板；4—固定板；
5—卸料螺钉；6—卸料板；7—凹模；8—凹模固定板；
9—凹模垫板；10—下模座；11—下模座导柱；
12—导柱；13—卸料板导套；14—卸料
板基体；15—螺母；16—上模座

采用三板式镶拼结构弹压卸料板，卸料板可制作成局部的小件镶拼在卸料板基体上，从而保证型孔精度、孔距精度、配合间隙、型孔表面粗糙度，也便于热处理。

（2）弹压卸料装置的导向形式

在多工位级进模中，有较多的冲裁小凸模时，为使小凸模更好地得到保护和导向，并保证卸料板与凸模固定板、凹模之间的型孔与凸模相对位置的一致性，同时提高模具的精度，在凸模固定板、卸料板及凹模（或凹模固定板）之间设置辅助导向装置，也就是设置小导柱、小导套导向。

如图 3-22 所示为常用的滑动小导柱、小导套导向结构形式。图 3-22（a）小导柱固定在固定板 3 上，分别在卸料板 6、下模板 8 上安装小导套。图 3-22（b）小导柱固定在卸料板 6 上，分别在固定板 3、下模板 8 上安装小导套。

如图 3-23 所示为滚珠小导柱、小导套导向结构，该结构一般用于较精密高速的多工位

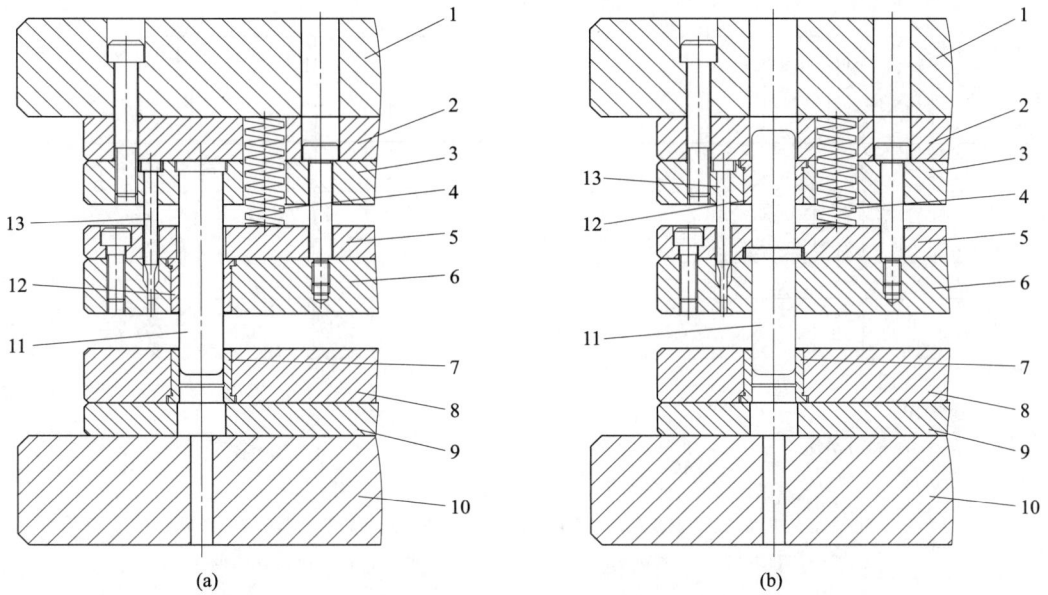

图 3-22　滑动小导柱、小导套导向结构

1—上模座；2—固定板垫板；3—固定板；4—弹簧；5—卸料板垫板；6—卸料板；7,12—小导套；
8—下模板；9—下模板垫板；10—下模座；11—小导柱；13—凸模

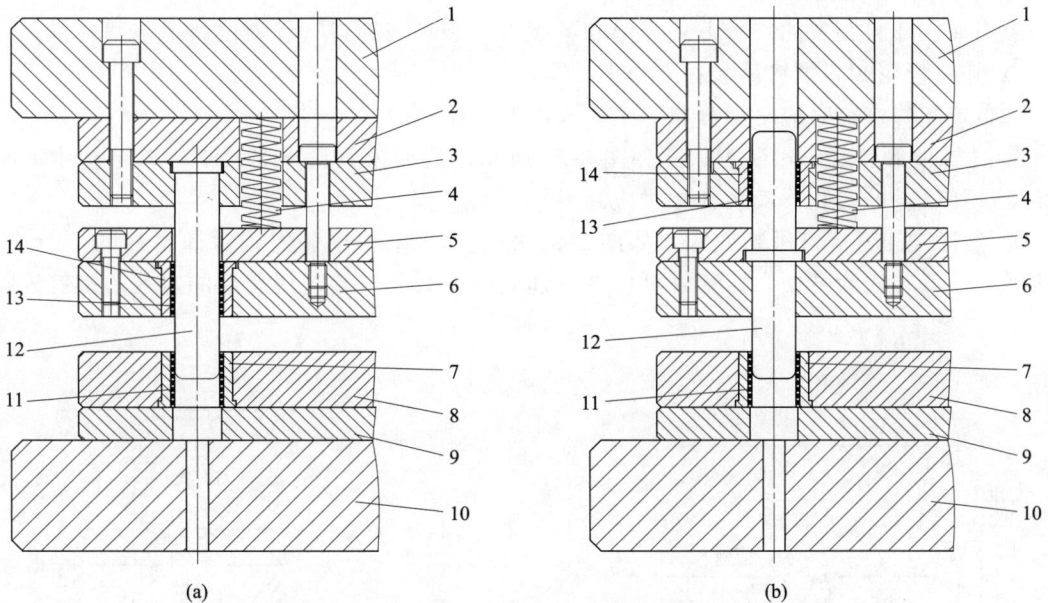

图 3-23　滚珠小导柱、小导套导向结构

1—上模座；2—固定板垫板；3—固定板；4—弹簧；5—卸料板垫板；6—卸料板；7,14—小导套；
8—下模板；9—下模板垫板；10—下模座；11,13—滚珠保持圈；12—小导柱

级进模冲压。图 3-23（a）安装方式同图 3-22（a）；图 3-23（b）安装方式同图 3-22（b）。

　　如图 3-24 所示为安装在卸料板上对固定板导向的小导柱、小导套结构。小导柱 9 固定在卸料板 6 上，它对固定板导向。下模部分不用依靠此小导柱导向，上模部分同下模部分是靠外导柱导向（图中未画出）。图 3-24（a）所示为滑动式小导柱、小导套结导向结构形式；

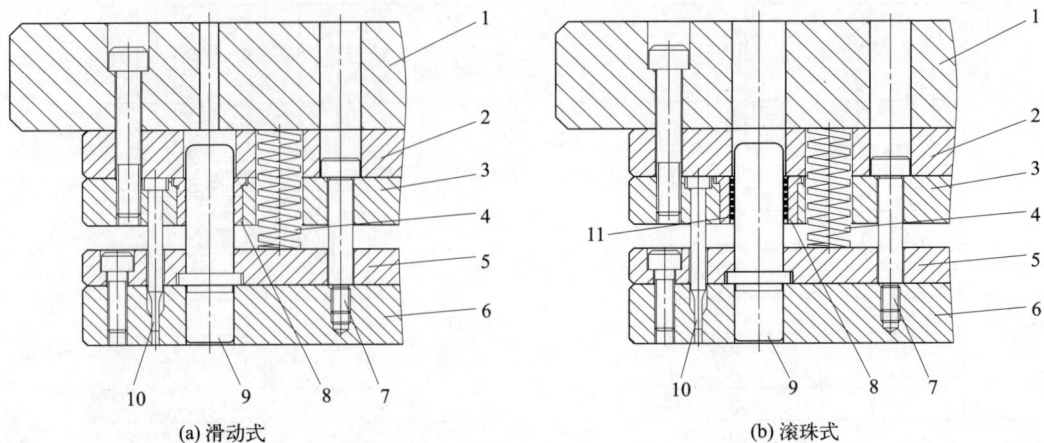

(a) 滑动式   (b) 滚珠式

图 3-24 与固定板导向的小导柱、小导套结构

1—上模座；2—固定板垫板；3—固定板；4—弹簧；5—卸料板垫板；6—卸料板；
7—卸料螺钉；8—小导套；9—小导柱；10—凸模；11—滚珠保持圈

图 3-24（b）所示为滚珠式小导柱、小导套导向结构形式。

卸料板的导向装置除了以上的介绍外，还可以将上模座、卸料板基体及下模座组成一体，利用模座上的导柱、导套导向，此结构无须小导柱、小导套，如图 3-21 所示。

（3）弹压卸料装置的安装形式

常用弹压卸料装置的安装方式有用卸料螺钉吊装和用卸料行程限位块吊装两种。

1）卸料板用卸料螺钉吊装在上模上

在布置卸料螺钉时应对称分布，工作长度要严格一致。

① 外螺纹卸料螺钉吊装方式，如图 3-25 所示。为使模具设计更紧凑，该结构中卸料螺钉 2 穿过弹簧 5 的内孔，安装在相对应卸料板 6 的螺纹孔上。

② 套管式卸料螺钉吊装方式，如图 3-26 所示。该结构安装方式对卸料板的平行度好，卸料平稳，安装较为方便，而套管可放在一起同时研磨。安装时用普通的内六角螺钉连接即

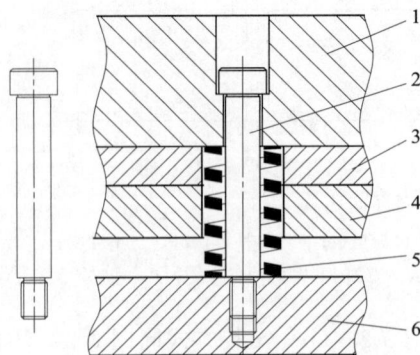

图 3-25 外螺纹卸料螺钉结构

1—上模座；2—卸料螺钉；3—固定板垫板；
4—固定板；5—弹簧；6—卸料板

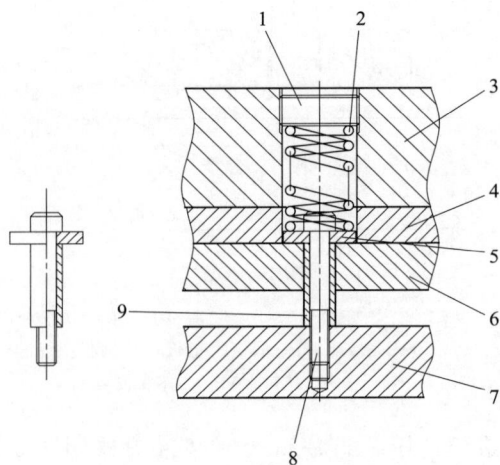

图 3-26 套管式卸料螺钉结构

1—螺塞；2—弹簧；3—上模座；4—固定板垫板；5—垫圈；
6—固定板；7—卸料板；8—卸料螺钉；9—套管

可。对于小型的多工位级进模，卸料力及卸料行程不大时，可把弹簧直接安装在卸料螺钉的组件后面弹压，在其他的位置上无须再设计弹簧弹压，从而提高模板的强度，使模具设计更紧凑、精巧。该结构适用于中小型精密的多工位级进模冲压。

③ 两头内螺纹卸料螺钉吊装方式，如图 3-27 所示。该结构的主要功能与图 3-26 结构基本相同，其不同点在于，将图 3-26 所示直通形的套管改进为圆柱形并在两头攻有内螺纹孔，从而增加了卸料螺钉的刚度。内螺纹孔的一头与垫圈 10 固定，而另一头与卸料板 7 连接固定。该结构拆装、维修、调整都较为方便。

④ 单头内螺纹卸料螺钉吊装方式，如图 3-28 所示。该结构固定方式为在外螺纹卸料螺钉的基础上改进，其特点是螺钉的长度可以通过研磨控制。

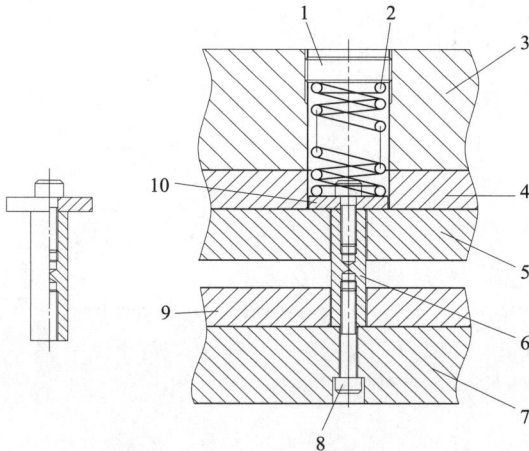

图 3-27 两头内螺纹卸料螺钉结构

1—螺塞；2—弹簧；3—上模座；4—固定板垫板；

5—固定板；6—卸料螺钉；7—卸料板；

8—卸料螺钉；9—卸料板垫板；10—垫圈

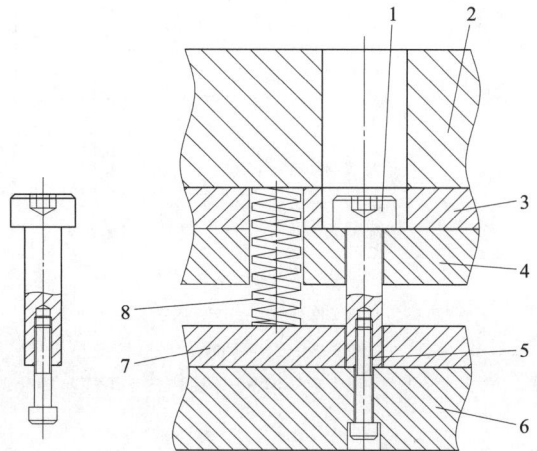

图 3-28 单头内螺纹卸料螺钉结构

1—卸料螺钉；2—上模座；3—固定板垫板；

4—固定板；5—螺钉；6—卸料板；

7—卸料板垫板；8—弹簧

2）卸料板用卸料行程限位块吊装在上模上

卸料行程限位块吊装通常用于中大型的多工位级进模中，特别在汽车零部件的大型多工位级进模中比较常见。因为大型的多工位级进模卸料力、压料力都比较大，通常用氮气弹簧代替弹簧，而卸料行程限位块结构能承受较大的卸料力，拆装、维修都较为方便。当维修凸模时，也可以直接在压力机上拆卸，无须卸下整副模具。

常用卸料行程限位块吊装在上模上的结构如图 3-29、图 3-30 所示。

图 3-29 所示为分体式结构。在安装前，首先把凸模、固定板、弹簧等全部安装固定好，然后把卸料行程限位块 19 固定在上模座 6 上（卸料行程限位块 19 固定后，以后维修调整时也无须拆卸），再安装卸料板基体 8，接着把盖板 18 固定在卸料行程限位块 19 上即可。如需在压力机上拆装凸模时，把压力机运行到下死点位置（也就是说模具处于闭合状态），卸下螺钉 17 即可取出卸料板基体 8，然后再拆装凸模即可。

图 3-30 所示为整体式结构。此结构安装方式与图 3-29 所示分体式类似，但拆卸比图 3-29 所示分体式方便。它拆卸时，把侧面的螺钉 18 拧出即可。使用时，比分体式要更安全些。

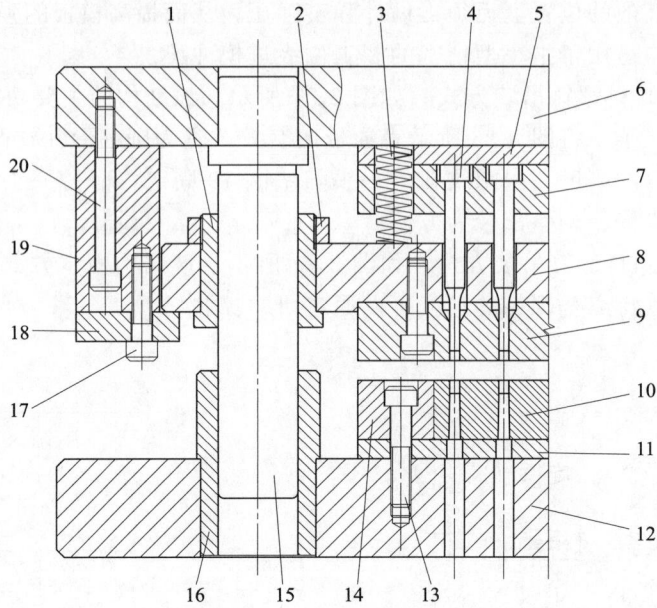

图 3-29　分体式卸料行程限位块结构

1—卸料板导套；2—螺母；3—弹簧；4—凸模；5—固定板垫板；6—上模座；7—固定板；8—卸料板基体；
9—卸料板；10—凹模；11—凹模垫板；12—下模座；13,17,20—螺钉；14—凹模固定板；
15—导柱；16—下模座导套；18—盖板；19—卸料行程限位块

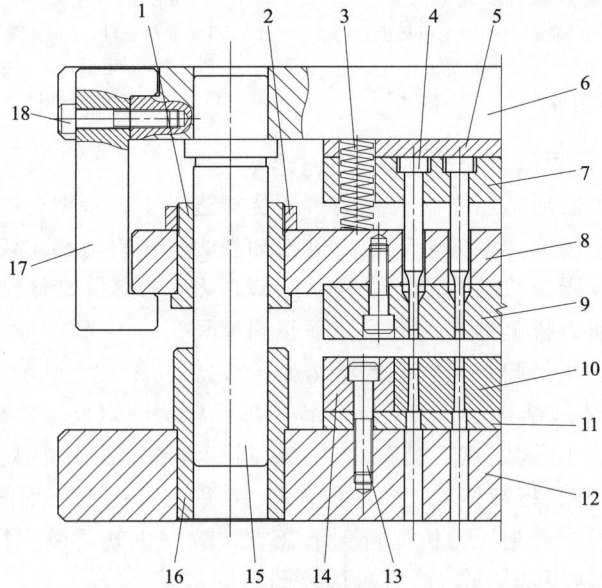

图 3-30　整体式卸料行程限位块结构

1—卸料板导套；2—螺母；3—弹簧；4—凸模；5—固定板垫板；6—上模座；7—固定板；8—卸料板基体；
9—卸料板；10—凹模；11—凹模垫板；12—下模座；13,18—螺钉；14—凹模固定板；
15—导柱；16—下模座导套；17—卸料行程限位块

3.4 侧刃定距、切舌定距及导正销定距设计

在多工位级进模中，由于制件的加工工序布置在多个工位上冲压完成，因此为保证前后工位冲切中，各工序件能准确地连接，必须保证每个工位上都能准确地定位。带料（条料）送进的定距方式可采用自动送料定距、侧刃定距、切舌定距和导正销定距等；料宽方向以侧压装置为基准送进。

3.4.1 侧刃定距及侧刃挡块

（1）侧刃定距

1）侧刃定距的工作原理

侧刃定距是在带料（条料）的一侧或两侧的边缘上，利用侧刃凸模（简称侧刃）冲切出沿边的窄边料。

如图 3-31 所示，在带料的一侧上冲切侧刃，冲切侧刃后的窄边料［图 3-31（b）中的 $A \times b$ 部分］长度 A 等于工位间的步距，b 是在带料（条料）沿边缘上冲切侧刃后废料的宽度。被冲切后的带料（条料）宽度由 B 变成 B_1，也就是 $B_1 = B - b$。

侧刃的工作原理从图 3-31 可以看出，首先在工位①冲出导正销孔及侧刃，然后在工位②进行导正销定位及侧刃挡料，利用工位①已冲切的侧刃缺口端面 F 部位被内导料板 5 的头部 G 端面挡住来阻止送料，从而起到挡料、定距、定位作用。

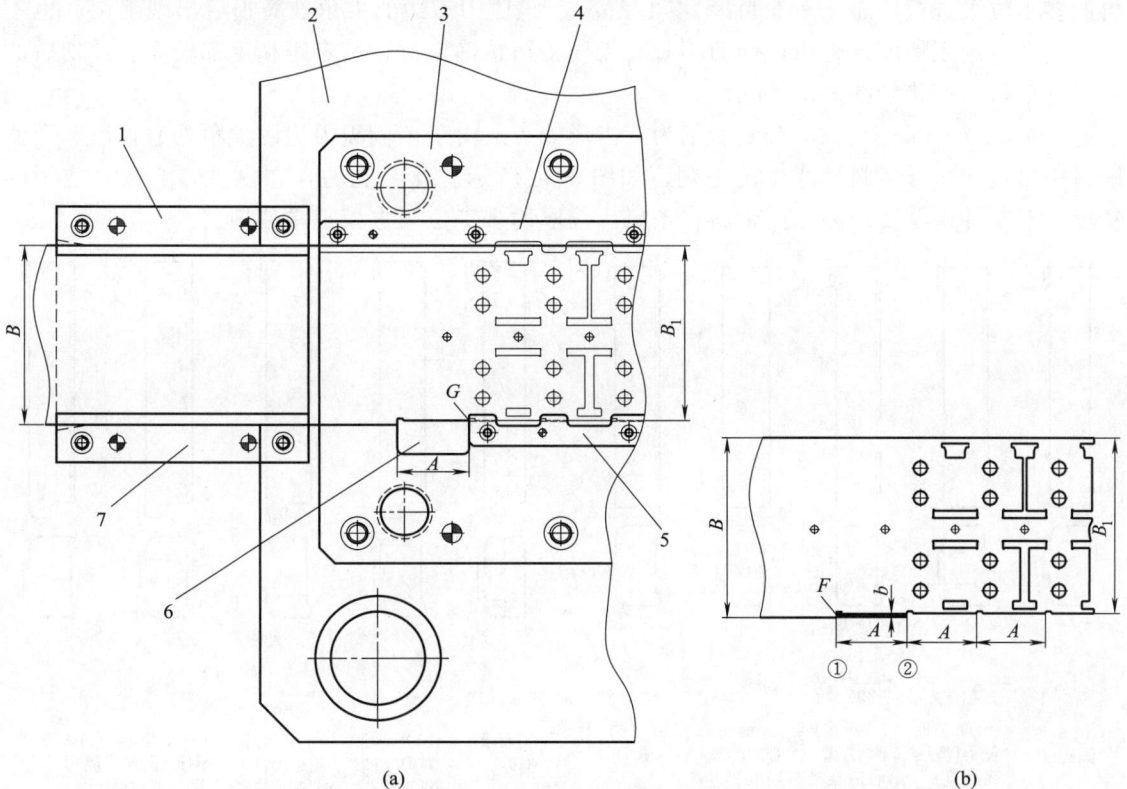

（a）　　　　　　　　　　（b）

图 3-31　侧刃定距平面示意图

1,7—外导料板；2—下模座；3—下模板；4—内导料板；5—内导料板（带侧刃挡块）；6—侧刃

2）侧刃定距的应用

侧刃定距既适用于手动送料，也可以在自动送料中应用，而且侧刃定距结构简单，在实际生产中应用也较为广泛。

（2）侧刃的形式

侧刃的形式较多，使用效果也不同。它既可以按形状来区分，也可以按进入凹模孔的状态来区分。

1）按形状来区分

如图3-32（a）与图3-33（a）所示为矩形侧刃，其结构简单，制造方便，但侧刃两个直角的转角处磨损后易出现一定微小的圆角，使冲切出的带料（条料）边缘上易产生毛刺，如图3-34所示，毛刺留在带料（条料）的侧面会影响送料精度，还可能刺伤工人的手指。这两种侧刃形式在多工位级进模中很少采用。

如图3-32（b）~图3-32（e）与图3-33（b）~图3-33（e）所示为齿形侧刃。齿形侧刃可分为单齿形侧刃和双齿形侧刃两种。图3-32（b）~（d）与图3-33（b）~（d）所示为单齿形侧刃，图3-32（e）与图3-33（e）所示为双齿形侧刃，其形状都比较复杂。与矩形侧刃相比，单齿形侧刃多了一个小缺口，双齿形侧刃多了两个小缺口，两者定距精度较高。

图3-32（b）与图3-33（b）所示为齿形带斜度的单齿形侧刃，比较适用于有导正销定位的多工位级进模冲压，但侧刃比步距要适当加长。根据制件的料厚、导正销孔大小的不同，其侧刃的加长值也不同，推荐值见表3-11。

图3-32（d）与图3-33（d）所示为齿形局部要过切的单齿形侧刃，该侧刃比较适合薄料的多工位级进模冲压，一般料厚$t \leqslant 1.2\text{mm}$。该侧刃刃边的尖角处磨损后出现毛刺，也不会影响送料定距精度。采用该侧刃不管有无导正销精确定位，其定距精度都较高。冲切后的带料（条料）形状如图3-35所示。

图3-32（e）与图3-33（e）所示为双齿形侧刃。由于该侧刃刃边的尖角处磨损后，会使缺口中出现带料（条料）产生的毛刺，如图3-36所示。此毛刺的存在也不影响送料定距的精度。对制件精度要求高，而带料（条料）较厚的多工位级进模也常使用。

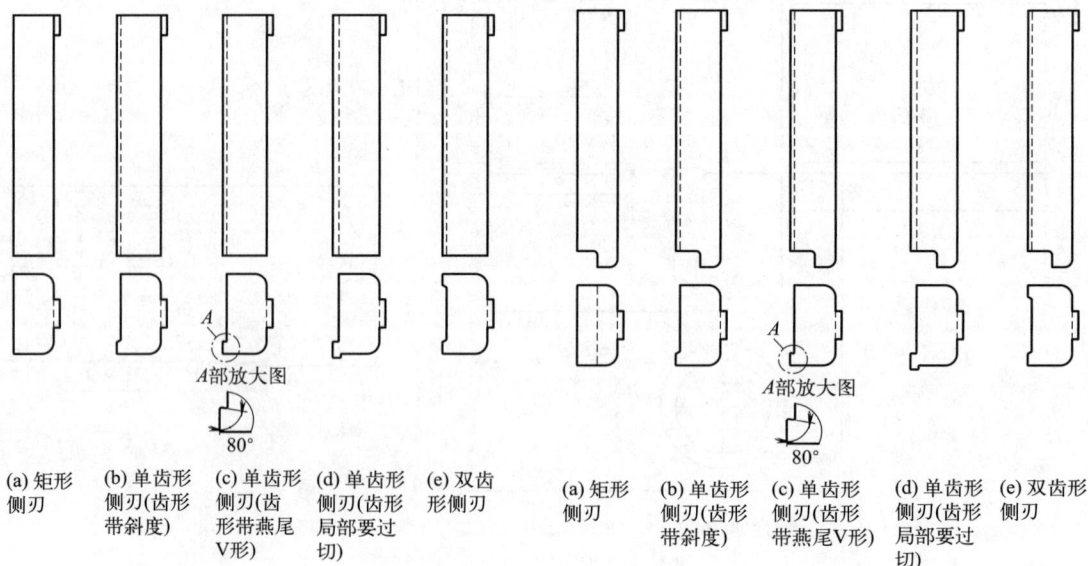

(a) 矩形侧刃　(b) 单齿形侧刃(齿形带斜度)　(c) 单齿形侧刃(齿形带燕尾V形)　(d) 单齿形侧刃(齿形局部要过切)　(e) 双齿形侧刃

图 3-32　无导向侧刃

(a) 矩形侧刃　(b) 单齿形侧刃(齿形带斜度)　(c) 单齿形侧刃(齿形带燕尾V形)　(d) 单齿形侧刃(齿形局部要过切)　(e) 双齿形侧刃

图 3-33　有导向侧刃

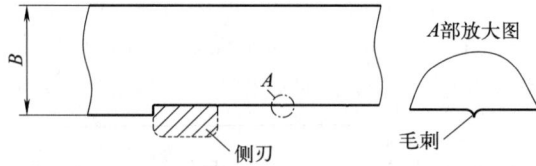

图 3-34 矩形侧刃磨损后出现毛刺示意图

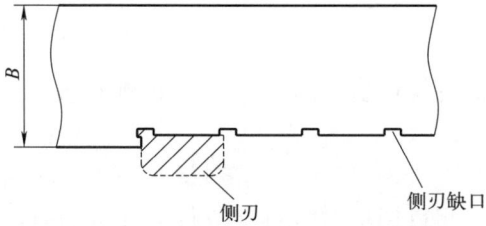

图 3-35 局部要过切的单齿形侧刃冲切后的带料（条料）形状示意图

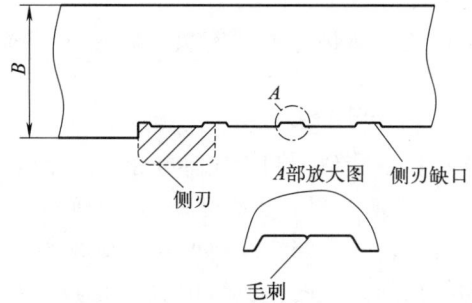

图 3-36 双齿形侧刃磨损后缺口中出现毛刺示意图

表 3-11 有导正销定位侧刃刃口长度与送进步距加长的值　　　　　　　单位：mm

导正销直径 d(h6)	制件料厚 t			
	≤0.3	>0.3~0.5	>0.5~1.0	>1.0~1.5
≤3	0.05	0.05	0.08	0.10
3~6	0.08	0.10	0.12	0.15
6~8	0.10	0.15	0.20	0.20
8~10	0.12	0.15	0.20	0.22
10~12	0.13	0.15	0.22	0.25
12~14	0.14	0.20	0.22	0.25
14~18	0.14	0.20	0.25	0.28
18~22	0.15	0.20	0.25	0.28
22~26	0.15	0.22	0.28	0.30
26~30	0.16	0.22	0.28	0.40

如图 3-37 所示为尖角侧刃结构示意图，该侧刃只在带料（条料）的边缘上冲切出一个缺口，在下一工位中挡块进入此缺口进行定位。该结构无须增加带料（条料）的宽度，采用该结构可以提高材料利用率，但操作不如前面的结构方便。它的优点是当带料（条料）送进时不能回退，当侧刃挡块 1 紧贴带料（条料）5 边缘的缺口时定位才可靠。

2）按进入凹模孔的状态来区分

侧刃按进入凹模孔的状态可分为无导向侧刃

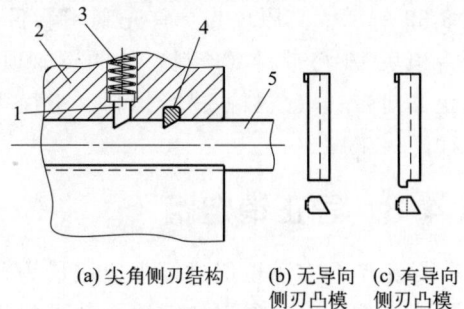

(a) 尖角侧刃结构　　(b) 无导向　(c) 有导向
　　　　　　　　　　侧刃凸模　侧刃凸模

图 3-37 尖角侧刃结构示意图

1—侧刃挡块；2—内导料板；3—弹簧；
4—侧刃；5—带料（条料）

和有导向侧刃两种。

如图 3-32 所示为无导向侧刃,它的刃口为平面,制造和刃磨方便,一般适合于料厚 $t \leqslant$ 1.2mm 的薄料多工位级进模冲压。冲厚料时,因为是单边受力,有较大的侧向力,会出现"啃模"现象。

如图 3-33 所示为有导向侧刃,有导向侧刃多出了一段导向部分的台阶。冲压时,侧刃的导向部分先进入凹模内进行导向,接着再冲切侧刃,从而克服了冲裁时所产生的侧向力。

侧刃除以上介绍的结构外,也可以与冲切外形废料为一体使用,称为成形侧刃,其形状与制件结构及排样方式有关,在多工位级进模中通常用于无废料、少废料的带料(条料)排样。

(3)侧刃挡块

在后一工位上利用已冲切的侧刃缺口把带料(条料)挡住的装置,称为侧刃挡块,如图 3-38 所示。侧刃挡块设置在冲切侧刃的后一工位上。

常用的侧刃挡块结构形式如图 3-38 所示。图 3-38(a)所示为内导料板与侧刃挡块为一体的结构形式;图 3-38(b)所示为采用"L"形的侧刃挡块对带料(条料)进行挡料,该挡料结构略微复杂,但定位可靠;图 3-38(c)所示为镶拼在内导料板上的侧刃挡块。

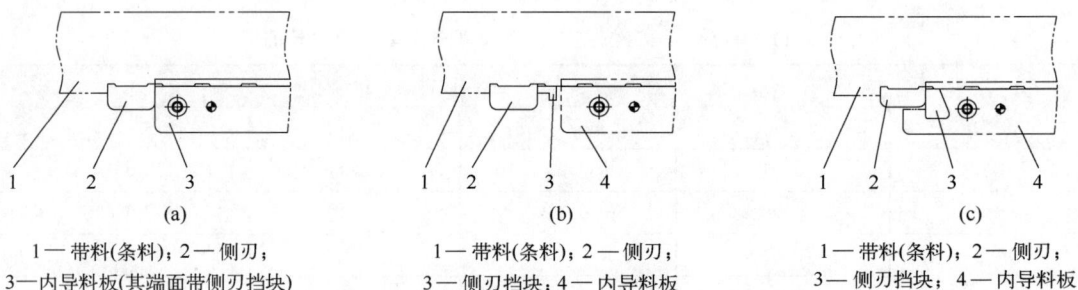

(a)　　　　　　　　　　(b)　　　　　　　　　　(c)

1—带料(条料);2—侧刃;　　1—带料(条料);2—侧刃;　　1—带料(条料);2—侧刃;
3—内导料板(其端面带侧刃挡块)　3—侧刃挡块;4—内导料板　　3—侧刃挡块;4—内导料板

图 3-38　侧刃挡块结构

3.4.2　切舌定距

切舌定距一般用于中大型或价格比较昂贵的带料(条料)挡料,它一般在带料(条料)的搭边、工艺废料或设计废料等有足够的空间时使用。

切舌结构功能类似于侧刃,它可以代替边缘的侧刃,从而大大提高材料利用率,如图 3-39 所示。其原理为:首先利用切舌凸模 4 对带料(条料)进行切舌。上模上行,利用切舌顶块 13 将带料(条料)从凹模内顶出。这时带料(条料)开始送往下一工位,用切舌挡块 8 对带料(条料)进行挡料。上模再次下行时,利用卸料板 6 把切舌部位进行压平,再送往下一工序。

3.4.3　导正销定距

导正销是多工位级进模中应用最为普遍的定距方式。通常采用导正销与侧刃或自动送料机构混合使用,一般以侧刃或自动送料机构为粗定位,导正销为精定位。

(1)导正销在排样图上的设计及应用

在带料(条料)排样图设计时,确定导正销孔的位置应遵循以下原则:

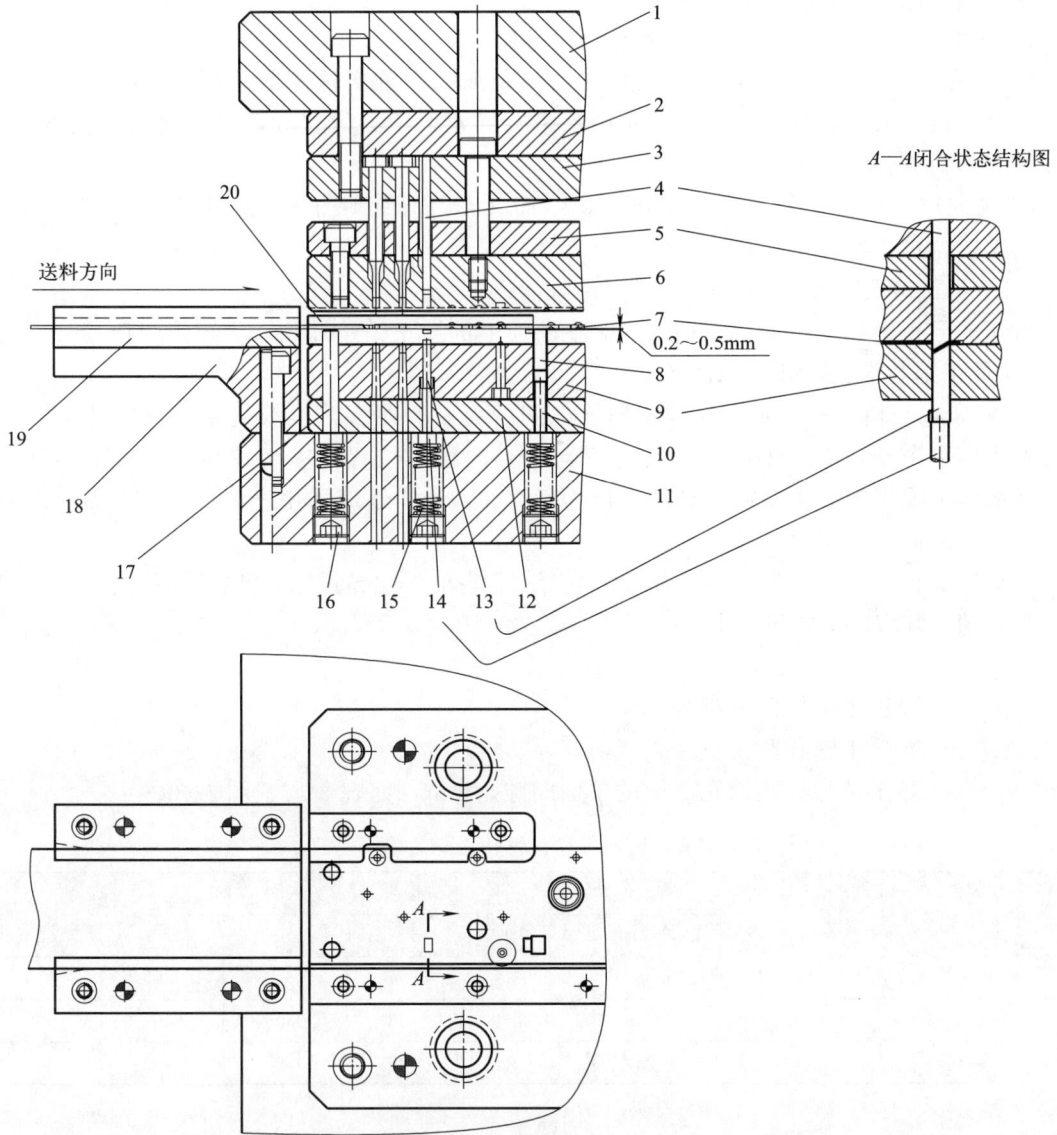

图 3-39 切舌结构示意图

1—上模座；2—固定板垫板；3—固定板；4—切舌凸模；5—卸料板垫板；6—卸料板；7—带料（条料）；
8—切舌挡块；9—下模板；10,14—顶杆；11—下模座；12—下模板垫板；13—切舌顶块；15—弹簧；
16—螺塞；17—圆形顶料杆；18—承料板；19—外导料板；20—内导料板

① 在带料（条料）排样图上的第一工位就应先冲出导正销孔，紧接第二工位要设置导正销定位。以后每隔 2～3 个工位的相应位置等间隔地设置导正销定位，并在容易窜动的工位优先设置导正销。

② 导正销孔的位置应设置在带料（条料）不参与变形的平面上，否则将起不到精确定位作用。

③ 对较厚的材料或精度不高的制件，可选择利用制件上的孔作为导正销孔，但在冲压过程中，该孔经过导正销导正后，精度会降低，甚至会变形。对精度要求高的制件孔径，应先冲出预冲孔，然后利用导正销在预冲孔上导正，再在最后的工位或倒数第二工位上精修孔

径，从而达到满足制件要求的精度。

④ 在重要的成形位置前后要设置导正销定位。

⑤ 圆筒形件连续拉深时，若有内外圈切口，那么在首次拉深前（包括首次拉深）要设置导正销定位，其余拉深时可利用拉深凸模进行导正，不必设置导正销。最后一次落料时，利用圆筒形拉深件内孔径作导正定位。

⑥ 在成形工位上必须设置导正销定位，而又与其他工序干涉时，可增加一个空工位，将导正销定位设置在空工位上。

（2）导正销直径与导正销孔

常用的导正销分为凸模导正销（安装在凸模上的导正销）和独立导正销两种。

1）导正销与导正销孔之间的关系

① 安装在凸模上的导正销与导正销孔之间的关系。在多工位级进模中，如果制件在冲压过程中容易窜动，而同轴度或制件外形与中心的相对位置要求又较高时，只用带料（条料）在载体上设置的导正销或侧刃的定位是不够的，通常还应采用安装在凸模上的导正销来保证孔与外形的相对位置尺寸。

因此安装在凸模上的导正销工作部分直径 d_1 略小于冲导正销孔凸模直径 d。

导正销直径 d_1 可按下式计算：

$$d_1 = d - 2c \tag{3-7}$$

式中　　d_1——导正销工作部分直径；

　　　　d——冲导正销孔凸模直径；

　　　　c——导正销与导正销孔之间的单面间隙，mm，见表 3-12、图 3-40。

表 3-12　导正销与导正销孔之间的单面间隙 c　　　　单位：mm

带料（条料）厚度 t	冲导正销孔凸模直径 d						
	1.5~6	>6~10	>10~16	>16~24	>24~32	>32~42	>42~60
≤1.5	0.02	0.03	0.03	0.04	0.045	0.05	0.06
>1.5~3	0.025	0.035	0.04	0.05	0.06	0.07	0.08
>3~5	0.03	0.04	0.05	0.06	0.08	0.09	0.1

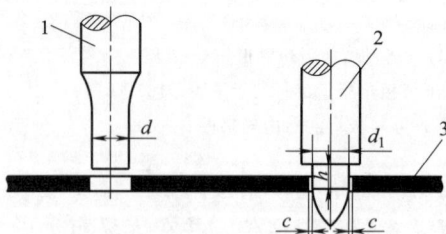

图 3-40　安装在凸模上的导正销与制件上的导正销孔结构

1—冲导正销孔凸模；2—安装在凸模上的导正销；3—带料（条料）上的制件

② 独立导正销与导正销孔之间的关系。在带料（条料）上的载体、工艺废料或结构废料上设置的导正销称独立导正销（简称导正销）。导正销插入带料（条料）上时，既要保证带料（条料）的定位精度，又要保证导正销能顺利地插入导正销孔。若导正销与导正销孔的配合间隙过大，则定位精度低；反之，配合间隙过小，会导致带料（条料）上的导正销孔变形，而且使导正销磨损加剧，从而影响定位精度。

导正销孔是由冲导正销孔凸模冲出来的，所以导正销与导正销孔间的关系实际上反映的是导正销直径 d_1 与冲导正销孔凸模直径 d 之间的关系。根据制件精度和带料（条料）厚度的不同，

常见的导正销直径 d_1 与冲导正销孔凸模直径 d 之间的间隙有如下规定。

当带料（条料）的厚度 $t>0.5\text{mm}$，且对工位步距精度无严格要求时

$$d_1 = d - t \times 0.035 \tag{3-8}$$

当带料（条料）的厚度 $t<0.5\text{mm}$，且对工位步距精度要求较高时

$$d_1 = d - t \times 0.025 \tag{3-9}$$

当带料（条料）的厚度 $t \geqslant 0.7\text{mm}$，且对工位步距精度要求较高时

$$d_1 = d - t \times 0.020 \tag{3-10}$$

式中　d——导正销直径；

　　　d_1——冲导正销孔凸模直径；

　　　t——带料（条料）厚度。

2）导正销工作部分长度的确定

① 安装在凸模上的导正销工作部分长度的确定。如图 3-40 所示，安装在凸模上的导正销工作部分长度 h 值可参考表 3-13 所列。

表 3-13　导正销工作部分长度 h 值　　　　　　　　单位：mm

带料（条料）厚度 t	带料（条料）上导正销孔的孔径		
	1.5～10	>10～25	>25～50
≤1.5	1	1.2	1.5
>1.5～3	0.6t	0.8t	t
>3～5	0.5t	0.6t	0.8t

② 独立导正销工作部分长度的确定。独立导正销工作部分长度 h 也就是导正销工作部分直径伸出卸料板底平面的有效定位长度，h 和带料（条料）的厚度 t 及材料的软硬有关，材料越硬，导正销孔的剪切面越小，因此 h 值可适当减小，一般取 $h=(0.8\sim1.5)t$，见表 3-14 序号 1、2。

如果导正销工作部分长度 $h=(1.5\sim2.5)t$，内导料板凸肩又不带导正销卸料装置，或采用不带导正销避让孔的浮动导料销。上模上升时，会引起带料（条料）的窜动，使其卡在导正销上，使带料（条料）难以卸料或带料（条料）上的导正销孔受拉变形，从而影响送料或导正定位精度。因此要在导正销的边缘安装小顶杆，以保证带料（条料）能顺利地从导正销上卸料，见表 3-14 序号 3、4。

表 3-14　导正销固定方式

序号	导正销固定方式	简图
1	固定在卸料板上的导正销结构	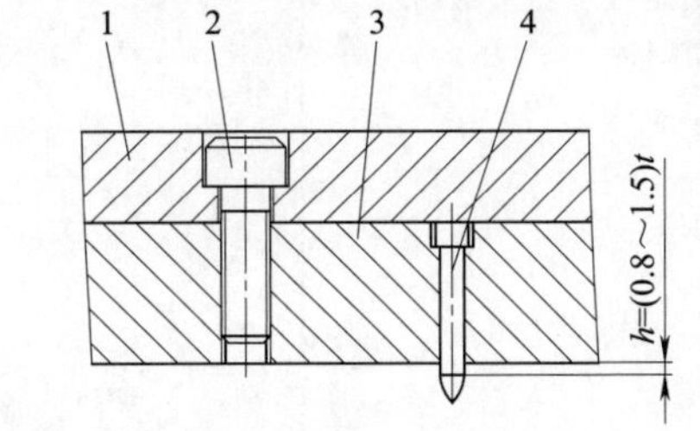 1—卸料板垫板；2—螺钉；3—卸料板；4—导正销

序号	导正销固定方式	简图
2	固定在固定板上的导正销结构	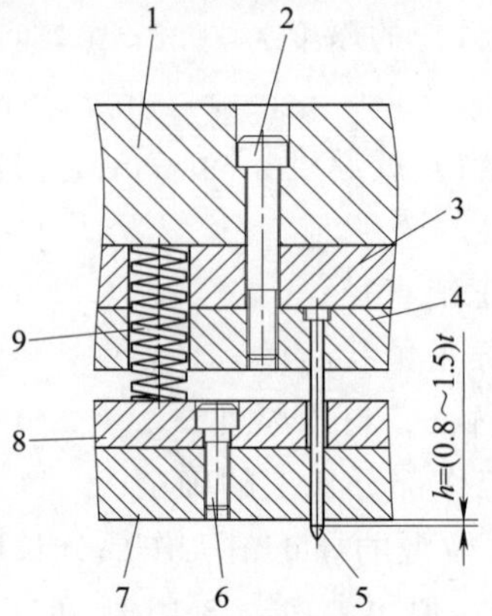 1—上模座;2,6—螺钉;3—固定板垫板;4—固定板; 5—导正销;7—卸料板;8—卸料板垫板;9—弹簧
3	固定在卸料板上而边缘带有顶杆的导正销结构	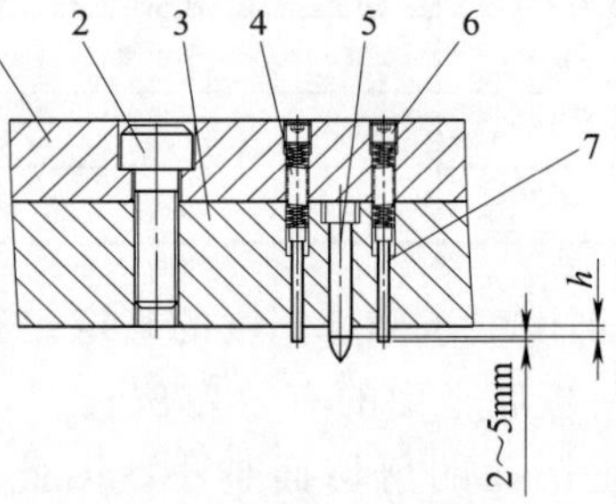 1—卸料板垫板;2—螺钉;3—卸料板;4—弹簧; 5—导正销;6—螺塞;7—顶杆
4	固定在固定板上而边缘带有顶杆的导正销结构	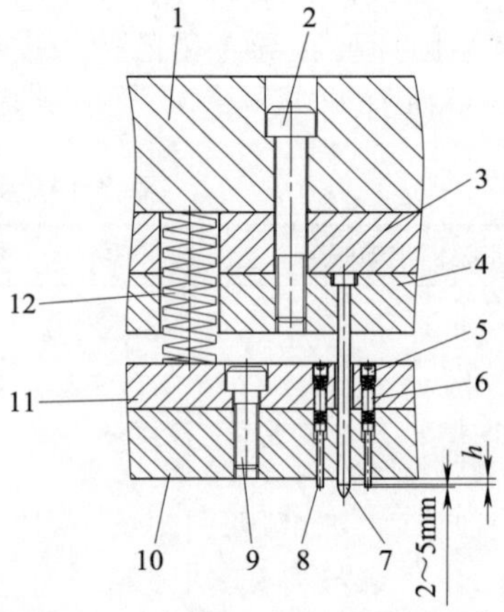 1—上模座;2,9—螺钉;3—固定板垫板;4—固定板;5—螺塞;6,12—弹簧; 7—导正销;8—顶杆;10—卸料板;11—卸料板垫板

3）导正销孔直径的确定

导正销孔的直径与导正销校正能力有关。导正销孔直径过小，会导致导正销易弯曲变形，导正精度差；反之，导正销孔直径过大，则会降低材料利用率和载体的强度。

一般当带料（条料）板厚在 0.5mm 以下时，导正销孔的直径应大于或等于 1.5mm；当带料（条料）板厚在 0.5mm 及以上时，导正销孔的直径大于 $\phi 2mm$ 及以上。导正销孔直径的确定见表 3-15。

表 3-15　导正销孔直径的确定　　　　　　　　　　　　　　　　　　单位：mm

带料（条料）厚度 t	导正销孔直径 d	带料（条料）厚度 t	导正销孔直径 d
<0.5	1.5～2.0	>1.5～3.0	4.0～10.0
0.5～1.5	2.0～4.0	>3.0	10.0～15.0

（3）导正销孔直径与导正销避让孔直径之间的关系

导正销在工作时，首先要经过带料（条料），还要伸出较长的一段长度，对应凹模或套式顶料杆或异形浮动导料销等的导正销避让孔需加工成通孔。导正销避让孔直径 d_s 与导正销孔直径 d 之间要保证足够的间隙，如图 3-41 所示。

当带料（条料）的厚度 $t \leqslant 1mm$ 时，一般取 $c = (0.05 \sim 0.1)t$，即

$$d_s = d + 2 \times (0.05 \sim 0.1)t \tag{3-11}$$

当带料（条料）的厚度 $t > 1mm$ 时，一般取 $c = (0.2 \sim 1)t$，即

$$d_s = d + 2 \times (0.2 \sim 1)t \tag{3-12}$$

（4）导正销与凸模之间的位置关系

导正销是要伸出卸料板底平面一定长度的，而凸模是缩进卸料板底平面的，这样可以保证带料（条料）在冲裁、成形之前，已被导正销完全定位，如图 3-42 所示。

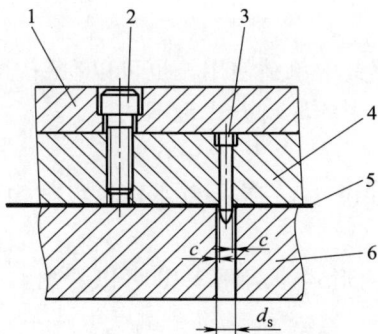

图 3-41　导正销孔与凹模避让孔之间的间隙

1—卸料板垫板；2—螺钉；3—导正销；
4—卸料板；5—带料；6—凹模板

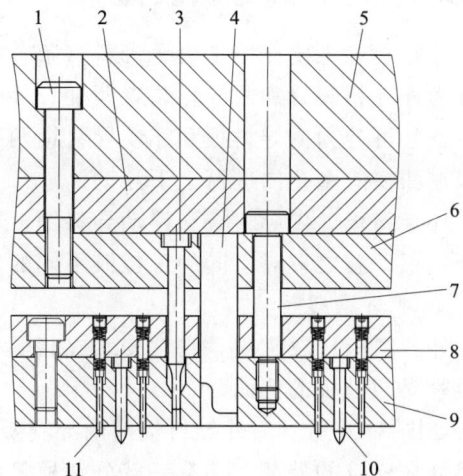

图 3-42　导正销与凸模之间的位置关系

1—螺钉；2—固定板垫板；3—冲孔凸模；
4—弯曲凸模；5—上模座；6—固定板；7—卸料螺钉；8—卸料板垫板；9—卸料板；
10—导正销；11—顶杆

（5）导正销头部的形状

导正销头部的形状可分为弧形和锥形两大类。

如图 3-43 所示，其导正销头部的形状为弧形，能保证良好的导正精度，对于导正销孔，无论直径大还是小都适用，所以应用较为广泛。图 3-43（a）一般用于大直径的导正销；图 3-43（b）一般用于中小直径的导正销；图 3-43（c）一般用于中大直径的导正销。

如图 3-44 所示，其导正销头部的形状为锥形，在锥度与工作直径相交处和锥尖部分应有圆弧过渡，一般 $r = r_1 = 0.25d$。图 3-44（a）一般用于中大直径的导正销；图 3-44（b）一般用于中小直径的导正销。

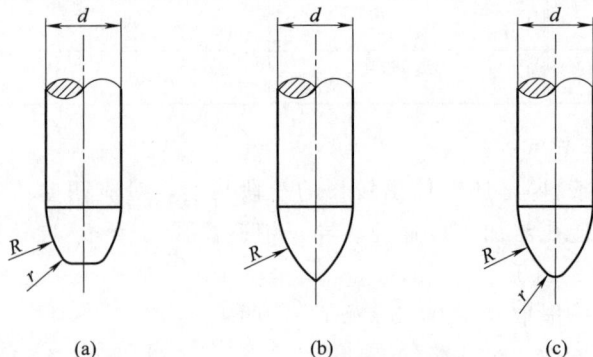

图 3-43　弧形导正销头部形状　　　　图 3-44　锥形导正销头部形状

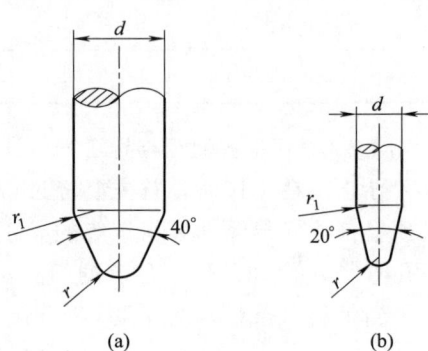

3.5　导料、浮料装置设计

3.5.1　内、外导料装置

导料装置主要作用是引导带料（条料）沿着一定的方向送进。导料装置的种类很多，主要分为外导料装置和内导料装置两种。外导料装置通常外导料板与承料板固定在一起。内导料装置又可分为内导料板和浮动导料销两种。通常内导料板与凹模板固定在一起，而浮动导料销在凹模的型孔内进行上下浮动。

外导料板、内导料板和浮动导料销，可以在一副模具中单独使用，也可以在一副模具中混合使用。总之，对不同的工位或不同的成形方式，使用的导料方式也不同。

（1）外导料板

外导料板比较常用，它常安装在模具的入口处。如图 3-45 所示为外导料板结构，外导料板紧靠凹模板的侧面。

如图 3-46 所示为外导料板与内导料板为一体的结构形式。从图 3-46 可以看出，导料板一部分在模具的外部，还有一部分在模具的内部。

（2）内导料板

内导料板是多工位级进模中最为常用的带料（条料）送进导向结构之一，它一般安装在凹模上平面的两侧，其导向面与凹模中心线相平行。内导料板种类很多，一般常用的有平直式、台肩固定式和浮动式三种结构形式。

① 平直式。如图 3-47 所示为平直式内导料板，一般是固定在下模板（凹模）的两侧，

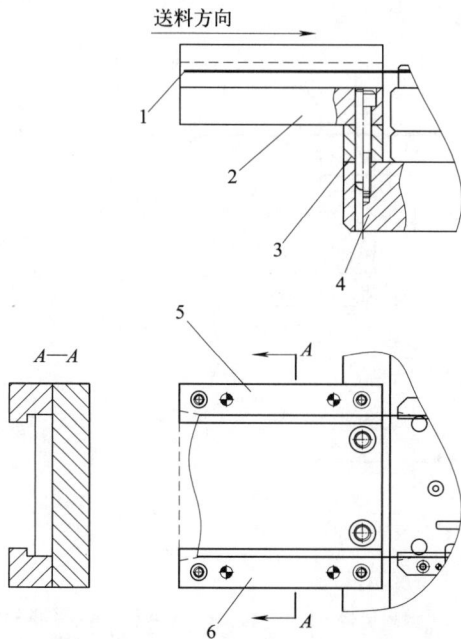

图 3-45 外导料板结构形式 (一)

1—带料 (条料)；2—承料板；3—承料板垫块；

4—下模座；5,6—外导料板

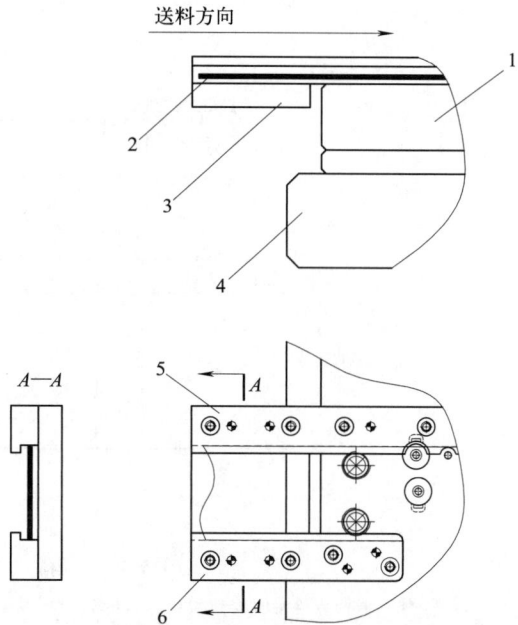

图 3-46 外导料板结构形式 (二)

1—凹模板；2—带料；3—承料板；4—下模座；

5,6—内、外导料板为一体

多用于手工低速送料。

② 台肩固定式。如图 3-48 所示为台肩固定式内导料板，同样是固定在下模板（凹模）的两侧。它多用于带弯曲、成形立体冲压的高速、自动送料的中小型多工位级进模。在凸台的阻挡下，带料（条料）不会被顶出而脱离台肩固定式内导料板，因此可以保证带料（条料）在连续冲压中能顺畅送进。

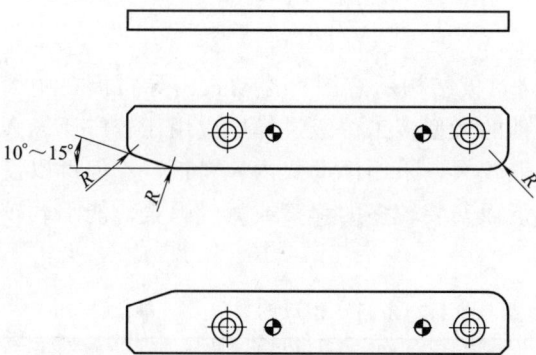

图 3-47 平直式内导料板

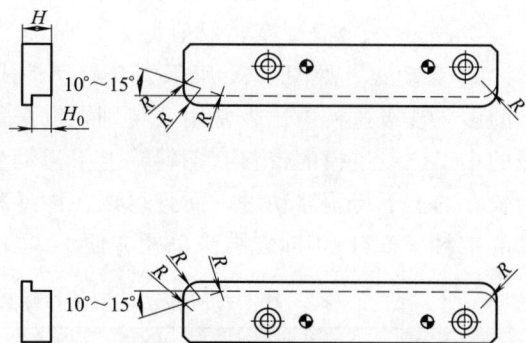

图 3-48 台肩固定式内导料板

台肩固定式内导料板的高度 H 由带料（条料）的板厚 t 或制件［带料（条料）上工序件］的成形高度 H_d 来决定，但在带料（条料）浮顶的状态下，上下都要留一定的间隙。其合理的位置状态和相互关系如图 3-49 所示。图 3-49 中相应的尺寸见表 3-16。

台肩固定式内导料板工作部分的高度 H_o 为

$$H_o = H_d + H_a + H_b \tag{3-13}$$

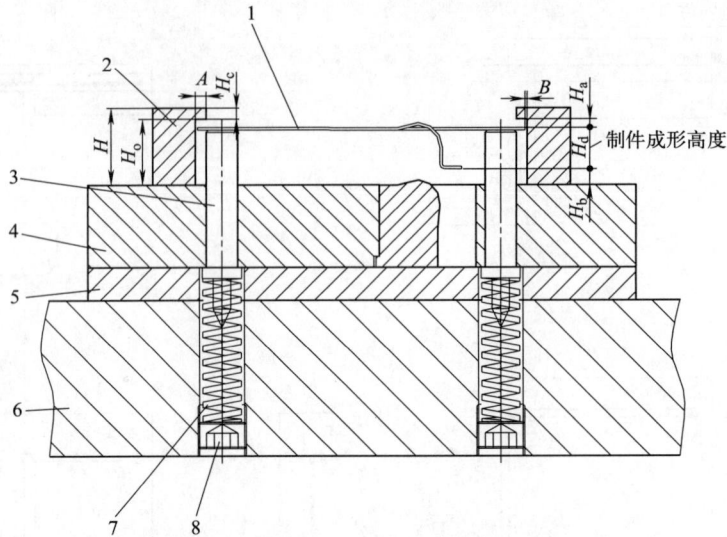

图 3-49 带料（条料）浮顶高度示意图

1—带料（条料）；2—内导料板；3—浮料销；4—下模板；5—下模板垫板；6—下模座；7—弹簧；8—螺塞

台肩固定式内导料板的高度 H 为

$$H = H_o + H_c \tag{3-14}$$

式中　　H_d——制件或带料（条料）上工序件的成形高度；

　　　　H_a——带料（条料）与内导料板上台肩下平面的空隙，其取值为：当带料（条料）宽度 < 350 mm 时，H_a 取 $(0.5 \sim 1.5)t$；当带料（条料）宽度为 $350 \sim 1000$ mm 时，H_a 取 $(2 \sim 2.5)t$；当带料（条料）宽度 > 1000 mm 时，H_a 取 $(2.5 \sim 3.5)t$；

　　　　H_b——制件或带料（条料）上工序件的成形高度最低部分与下模板（凹模）上平面之间的间隙，取值见表 3-16；

　　　　H_c——台肩高度，取值见表 3-16。

③ 浮动式。如图 3-50 所示为台肩浮动式内导料板结构示意图。浮动式内导料板在中大型的多工位级进模中比较常用，特别在汽车零部件的大型多工位级进模中应用比较广泛。大型的多工位级进模的带料（条料）上下浮动量一般较大，采用浮动式内导料板，不但可以设置较大的上下行程浮动量，而且可以在内导料板下面安装较多的弹簧或氮气弹簧，能承载较重的带料（条料），拆装维修也较方便。

表 3-16　台肩固定式内导料板相关数据与带料（条料）相应的数值　　单位：mm

带料（条料）宽度	各参数取值			
	A	B	H_b	H_c
$\leqslant 25$	$1.5 \sim 2.5$	$0.05 \sim 0.1$	$1.0 \sim 2.5$	$1.5 \sim 2.0$
$> 25 \sim 75$	$2.5 \sim 3.0$	$0.1 \sim 0.2$	$2.5 \sim 3.0$	$2.0 \sim 3.0$
$> 75 \sim 125$	$3.0 \sim 4.0$		$3.0 \sim 4.0$	$3.0 \sim 3.5$
$> 125 \sim 175$	$4.0 \sim 4.5$	$0.2 \sim 0.3$	$4.0 \sim 5.0$	$3.5 \sim 4.5$
$> 175 \sim 250$	$4.5 \sim 5.0$		$5.0 \sim 6.0$	$4.5 \sim 5.0$

带料(条料)宽度	各参数取值			
	A	B	H_b	H_c
>250~350	5.0~6.0	0.3~0.4	6.0~8.0	5.0~5.5
>350~500	6.0~7.0		8.0~10.0	5.5~6.5
>500~750	7.0~8.0	0.4~0.5	10.0~12.0	6.5~7.0
>750~1000	8.0~9.0		12.0~16.0	8.0~9.0
>1000	10~12	0.5~0.7	16.0~18.0	9.0~10

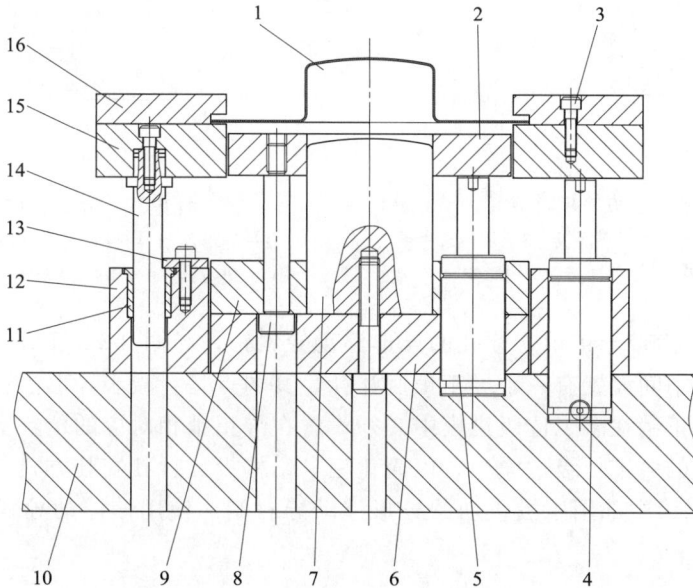

图 3-50　台肩浮动式内导料板结构示意图

1—带料（条料）中的工序件；2—卸料板；3—螺钉；4,5—氮气弹簧；6—固定板垫板；
7—拉深凸模；8—卸料螺钉；9—固定板；10—下模座；11—小导套；12—固定座；
13—压板；14—小导柱；15—承料板；16—台肩浮动式内导料板

（3）浮动导料销

浮动导料销又称导向顶杆，它分为圆形浮动导料销和异形浮动导料销两种。

1）圆形浮动导料销

如图 3-51 所示为圆形浮动导料销，它对带料（条料）的导向属于点接触的间断性导向，其特点是导向性好、摩擦阻力小，适用于高速冲压生产，但对带料（条料）的宽度尺寸和带料（条料）两侧的平直度有严格要求，以保证带料的导向精度，导向槽的深度应与带料的宽度尺寸公差相对应。

2）异形浮动导料销

异形浮动导料销对带料（条料）的导向属于间断线接触的间断性导向，异形浮动导料销导向时，接触面比圆形浮动导料销的接触面多，但比整条内导料板的导向接触面要小得多。它也适用于高速冲压生产，对带料（条料）的宽度尺寸和带料（条料）两侧的平直度等要求与圆形浮动导料销相同。

如图 3-52 所示为普通的异形浮动导料销。其功能及安装方式与图 3-51 圆形浮动导料销相同。

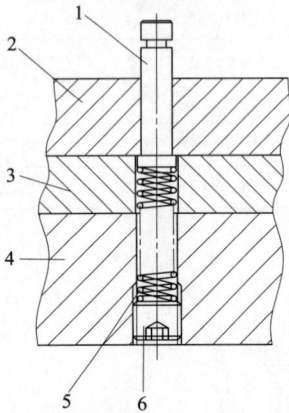

图 3-51 圆形浮动导料销结构

1—圆形浮动导料销；2—下模板；3—下模板
垫板；4—下模座；5—弹簧；6—螺塞

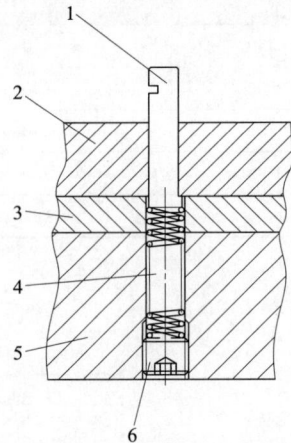

图 3-52 异形浮动导料销

1—异形浮动导料销；2—下模板；3—下模板
垫板；4—弹簧；5—下模座；6—螺塞

如图 3-53 所示为带导正销避让孔的异形浮动导料销，与图 3-52 所示导料销相比不同的是异形浮动导料销中间设置有一个导正销避让孔，其弱点是会减小异形浮动导料销的强度。

该异形浮动导正销在多工位级进模中必须设置在导正销相对应的位置上，大多用于薄料小型精密高速冲压的多工位级进模中，以简化模具结构设计。其安装方式与图 3-52 相同。

如图 3-54 所示为中部用压板止动的异形浮动导料销。使用该浮动导料销在拆装、维修时都较为方便。

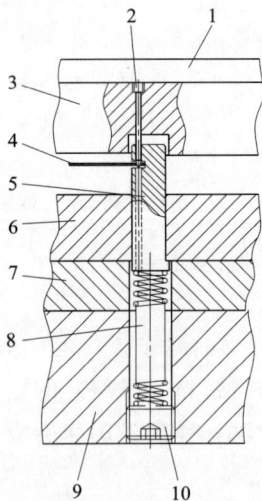

图 3-53 带导正销避让孔的异形浮动导料销

1—卸料板垫板；2—导正销；3—卸料板；
4—带料（条料）；5—带导正销避让孔的异形
浮动导料销；6—下模板；7—下模板垫板；
8—弹簧；9—下模座；10—螺塞

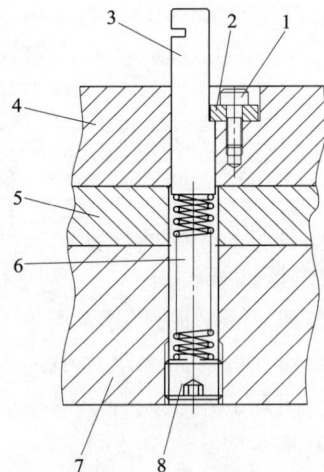

图 3-54 中部用压板止动的异形浮动导料销

1—螺钉；2—压板；3—异形浮动导料销；
4—下模板；5—下模板垫板；6—弹簧；
7—下模座；8—螺塞

3）浮动导料销的相关尺寸计算

浮动导料销头部有关尺寸与卸料板上对应沉孔深度要相适应，具体见图 3-55。其中，图 3-55（a）为正常工作位置及相关代号；图 3-55（b）表示卸料板沉孔过浅，将带料（条料）的边缘向下弯曲或切断；图 3-55（c）表示卸料板沉孔过深，导致带料（条料）的边缘向上弯曲变形。

图 3-55 所示浮动导料销的相关尺寸可按以下经验公式计算得到。

① 浮动导料销的槽宽：

$$h = t + (0.5 \sim 1.5)\text{mm} \tag{3-15}$$

② 浮动导料销的槽深：

$$(D-d)/2 = (3 \sim 8)t \tag{3-16}$$

③ 浮动导料销的头部高度：

$$C = 0.5D \tag{3-17}$$

④ 卸料板沉孔深度：

$$B = C + (0.5 \sim 0.8)\text{mm} \tag{3-18}$$

⑤ 浮动导料销的滑动量：

$$K = 制件最大的高度 + H_b \tag{3-19}$$

式中，H_b 可以从表 3-16 查得。

⑥ 浮动导料销的 d 和 D 可根据带料（条料）的宽度、厚度和模具结构来确定。

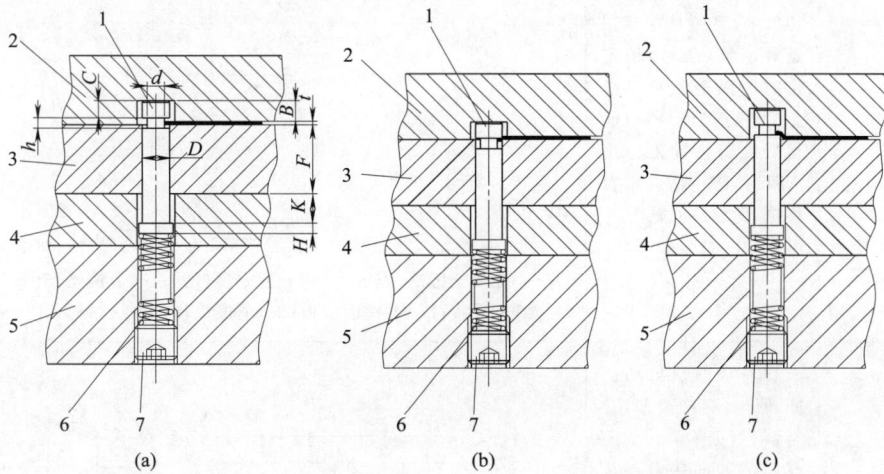

图 3-55 浮动导料销的头部与卸料板沉孔深度之间的关系

B—卸料板沉孔（指避让浮动导料销头部）深度；C—浮动导料销头部的高度；K—浮动导料销的滑动量；F—下模板厚度；H—浮动导料销尾部台肩；h—浮动导料销的槽宽；
1—浮动导料销；2—卸料板；3—下模板；4—下模板垫板；5—下模座；6—弹簧；7—螺塞

3.5.2 浮料、顶料装置

浮顶装置（浮料、顶料装置）是将带料（条料）浮离凹模平面一定的高度，确保带料（条料）能顺畅地送进的装置。常用的浮顶装置有圆形顶料杆、套式顶料杆和顶料块三种，见表 3-17。

表 3-17　浮料、顶料装置的特点及应用

序号	名称	特点及应用	图示
1	圆形顶料杆（也叫托料杆或浮料销或顶料销）	常用的圆形顶料杆端部有球面、局部球面和平面三种。右图（a）所示为细小直径的端部球面圆形顶料杆，它与带料（条料）下平面成点接触，一般用于小型制件或高速的多工位级进模冲压；右图（b）所示为局部球面圆形顶料杆，右图（c）所示为平端面圆形顶料杆，它在多工位级进模中应用较为广泛，可设置在多工位级进模中的任一位置上	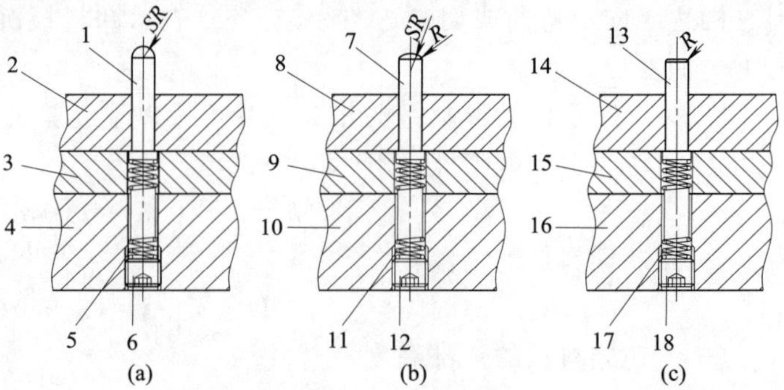 1—端部球面圆形顶料杆；2,8,14—下模板；3,9,15—下模垫板；4,10,16—下模座；5,11,17—弹簧；6,12,18—螺塞；7—局部球面圆形顶料杆；13—平端面圆形顶料杆
2	套式顶料杆	套式顶料杆一般设置在导正销相对应的位置上，目的是在导正销对带料（条料）精定位时辅助避让和对导正销进行保护，同时能很好地防止导正销进入带料，防止造成带料移位、变形的问题	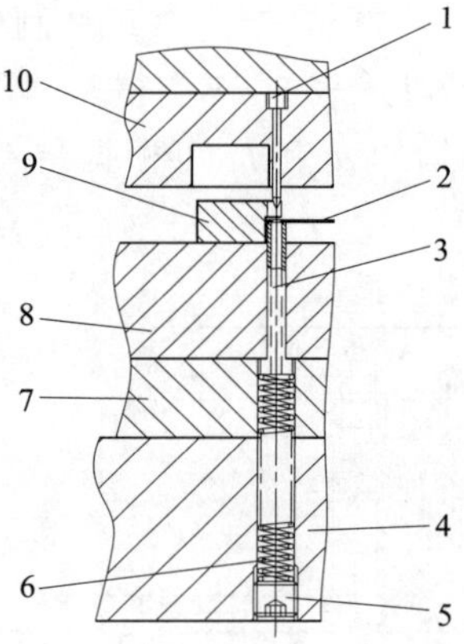 1—导正销；2—带料；3—套式顶料杆；4—下模座；5—螺塞；6—弹簧；7—下模板垫板；8—下模板；9—内导料板；10—卸料板
3	顶料块（也叫托料块）	顶料块的顶出功能同圆形顶料杆类似，它与带料（条料）下平面成局部的面接触。从右图可以看出，顶料块头部带有斜角，便于带料（条料）送进，其角度一般为 15°～30°。右图（a）所示为用卸料螺钉固定的顶料块结构，可以设置多个弹簧，因此顶料力也较大；右图（b）所示为台肩式顶料块，一般用于顶料力较小的小型多工位级进模	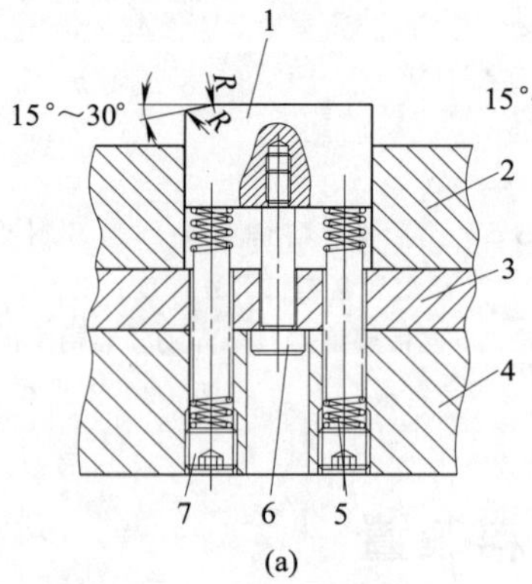 （a）1—顶料块；2—下模板；3—下模板垫板；4—下模座；5—弹簧；6—卸料螺钉；7—螺塞 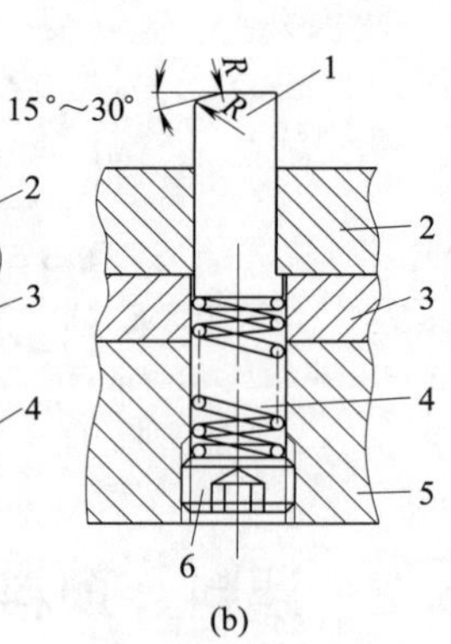 （b）1—顶料块；2—下模板；3—下模板垫板；4—弹簧；5—下模座；6—螺塞

3.6 微调机构设计

在多工位级进模中，对于弯曲、压印、拉深成形等制件工艺要求高的，可以设置微调装置调整相关尺寸；对于弯曲工位间隙的大小，有时也需要用微调机构来调整。因此微调装置在多工位级进模中是重要的机构之一。

对于板料厚度误差变化大导致制件的弯曲角度存在误差的制件，可通过图 3-56 所示的方式来快速调节弯曲凸模的位置，从而保证弯曲成形件的相关尺寸。

图 3-57 所示为拉深凸模的微调机构。调整过程如下：首先松动固定在斜楔连接块 7 上的锁紧螺钉 14，用内六角扳手调整调节螺钉 5，利用调节螺钉 5 的左右旋转带动斜楔连接块 7 及调整斜楔 8 的内外移动，再带动凸模 10 的伸出或缩进。当凸模调整完毕后，再拧紧锁紧螺钉 14 固定斜楔连接块 7 即可。该结构的微调凸模固定块 11 在弹簧 13 的弹力下，始终紧贴调整斜楔 8，保证凸模 10 在冲压下不会上下松动。

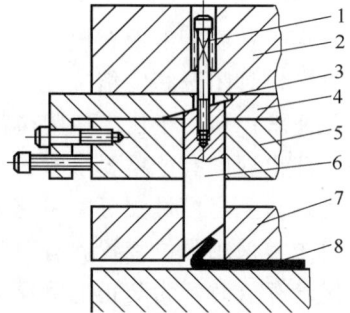

图 3-56 通过旋转调节螺钉
推动斜楔微调机构

1—卸料螺钉；2—上模座；3—调整斜楔；4—垫板；5—固定板；6—弯曲凸模；7—卸料板；8—制件

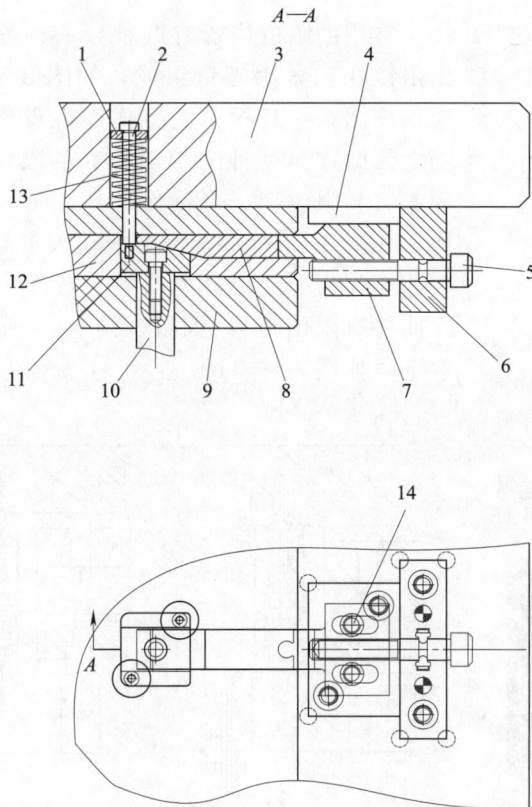

图 3-57 拉深凸模的微调机构

1—垫圈；2—卸料螺钉；3—上模座；4—垫板；5—调节螺钉；6—调节挡块；7—斜楔连接块；8—调整斜楔；9—凸模固定板；10—凸模；11—微调凸模固定块；12—凸模固定板垫板；13—弹簧；14—锁紧螺钉

3.7 限位装置

3.7.1 限位装置的功能与应用

用于控制上下模合模后相对精确位置的结构称为限位装置。限位装置在模具中，一般情况下，模具闭合高度精度要求不高时，可以不设置，因为压力机的装模高度可以通过调节满足要求；但由于压力机闭合高度存在一定误差，可能会造成凸模进入凹模太深（即对凸模进入凹模深度有严格要求时），或者压料装置压料过度。为了控制上下模工作状态下的闭合高度，防止合模过头可能引起的模具损坏，或使精密立体成形（如镦压）超差，在多工位级进模中常采用限位装置。有时为了限定某活动件的行程，也使用限位装置；或一些较大模具在保管存放时，为防止上下模刃口接触，也采用限位装置。限位装置在模具中起到限位、安全保护的双重作用。

如在压力机或模具结构的限制下，需加上垫块或下垫脚，那么限位装置的位置应设置在上垫脚或下垫脚相对应的模座位置上。否则，在长时间的冲压下模具限位装置固定位置的模座处会产生变形现象。

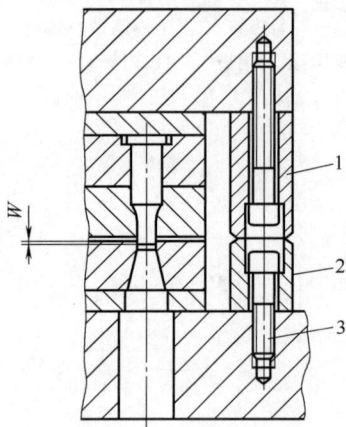

图 3-58 普通限位装置

1—上限位柱；2—下限位柱；3—紧固螺钉；W—允许凸模进入凹模深度

3.7.2 限位装置的种类与特点

常用的限位装置有两种：一种是普通限位装置，主要由限位柱和紧固螺钉组成，如图 3-58 所示。它结构简单，应用广泛，一旦模具的工作零件刃磨变短，限位柱要相应随之修磨；另一种为带限位套的限位装置，由限位柱、紧固螺钉和限位套（也称保护垫、垫片、模具存放柱等）组成，如图 3-59 所示，常用于较大型精密模具。后者在保管存放期间为了让模具的凸模、凹模分离开，在限位柱 2、3 之间垫有限位套 1，如图 3-59（c）所示；工作时将限位套 1 取下，如图 3-59（b）所示。

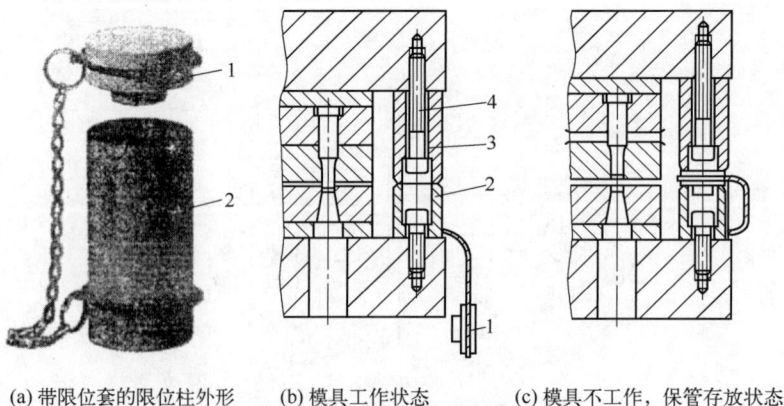

(a) 带限位套的限位柱外形　(b) 模具工作状态　(c) 模具不工作，保管存放状态

图 3-59 带限位套的限位装置

1—限位套；2,3—限位柱；4—紧固螺钉

3.8 监测装置设计

多工位级进模在高速压力机上工作时，不但要有自动送料装置，还必须在整个冲压生产过程中有防止失误的监测装置。因为模具在工作过程中，只要有一次失误，如误进给、凸模折断、叠片、废料堵塞等，均能使模具损坏，甚至造成设备或人身事故。

监测装置既可设置在模具内，也可以设置在模具外。当模具出现非正常工作情况时，设置的各种监测装置（传感器）能迅速地把信号反馈给压力机的制动机构，立即使压力机停止运动，起到安全保护作用。

传感器的传感方式有接触式与非接触式两种。前者是以机械方式将测量的物理量转换为电信号；后者经过电磁感应、光电效应等方式传导电信号。电信号又可分两类：第一类通过单独一个保护装置的信号就可判别有无故障；第二类必须与冲压循环的特定位置相联系，才可判别有无故障。冲压工作循环的特定位置或时间也用信号表示，以便于联系判断。

常用的传感器监测有接触传感器监测、光电传感器监测、气动传感器监测、放射性同位素监测等。

3.8.1 接触传感器监测

接触传感器监测的工作原理是利用检测杆或被绝缘的探针与被检测的材料接触，并与微动开关、压力机的控制电路组成回路。在接触点的接触—断开动作下，也使电路闭合—断开来控制压力机的工作，如图 3-60 所示。条料送进，当条料被侧刃切除部分端面与检测杆 2 接触时，推动检测杆 2 与停止销 1 接触，微动开关 5 闭合，压力机工作。当送料步距失误（步距小）时，条料不能推动检测杆 2 使微动开关 5 闭合，微动开关仍处于断开状态，这时，微动开关便把断开信号反馈给压力机的控制电路。由于压力机的电磁离合器与微动开关是同步的，所以压力机滑块停止运动。这种形式适用于材料厚度 $t >$ 0.3mm、压力机的冲压频率为 150～200 次/min 的情况。

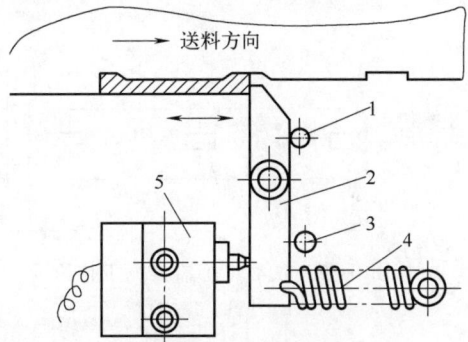

图 3-60 侧刃切除监测
1,3—停止销；2—检测杆；4—拉簧；5—微动开关

3.8.2 光电传感器监测

光电传感器监测原理如图 3-61 所示。当不透明制件在检测区遮住光线时，光信号就转成电信号，电信号经放大后与压力机控制电路联锁，使压力机的滑块停止或不能启动。根据投光器和受光器安装位置不同，光电传感器监测常分为透过型、反射镜反射型和直接反射型 3 种。透过型如图 3-61（a）所示，投光器和受光器安装在同一轴线上，通过产生的光量差来判断在投光器和受光器之间有无被测制件，这种形式光束重合准确，检测可靠。反射镜反射型如图 3-61（b）所示，它是利用反射镜和被检测制件的反射光量的强弱来检测，优点是配线容易，安装方便，但检测距离比透过型短，对表面有光泽的制件检测困难。直接反射型如图 3-61（c）所示，与反射镜反射型的相同之处是它们的投光器和受光器均是一个整体，

但直接反射型光束是由制件直接反射给受光器的，它受被测制件距离变化和反射率变化的影响。

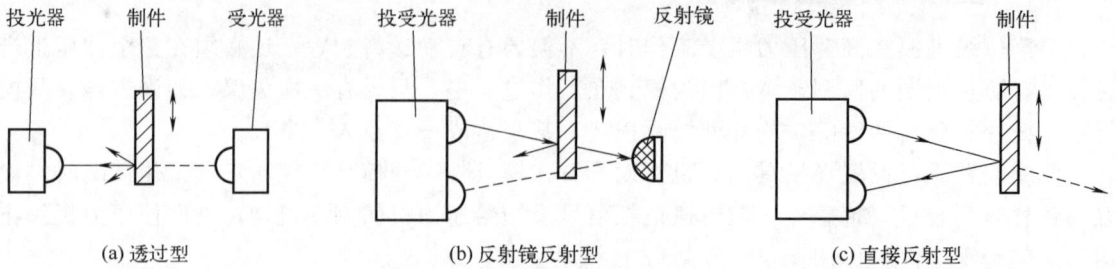

(a) 透过型   (b) 反射镜反射型   (c) 直接反射型

图 3-61 光电传感器监测原理

光电式传感器具有很高的灵敏度和测量精度，但电气线路较复杂，调整较困难。由于光电信号较弱，容易受外界干扰，故对电源电压的稳定性要求较高。

3.8.3 气动传感器监测

气动传感器监测属于非接触式检测，其工作原理如图 3-62 所示。当经过滤清和稳压的压缩空气进入计量仪的气室 A 时，其压力为 p_1，压缩空气再经过小孔 1 进入气室 B，然后经过喷嘴 2，与制件形成气隙 Z。压缩空气经气隙 Z 排入大气，这时产生的节流效应与该间隙 Z 的大小有关。当有制件时，气隙 Z 小，气室 B 的压力 p_2 上升；无制件时，Z 增大，气室 B 的压力 p_2 下降。其实质是将压力变化转变成相应的电信号来实现对压力机的控制。

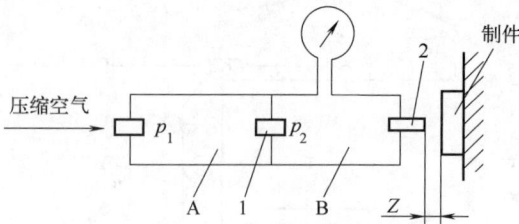

图 3-62 气动传感器监测工作原理
1—小孔；2—喷嘴

3.8.4 放射性同位素监测

利用放射性同位素监测装置对毛坯是否存在、毛坯厚度、毛坯有无叠片、压力机与附设机构是否同步等进行监测，如图 3-63 所示。

由于气动式传感器无测量触头，所以不会磨损，放大倍数高，故有较高的灵敏度和测量精度。

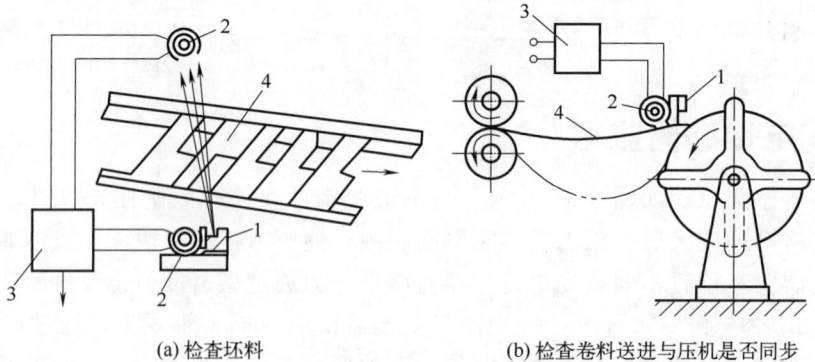

(a) 检查坯料   (b) 检查卷料送进与压机是否同步

图 3-63 利用放射性同位素监测
1—放射源；2—接收器；3—电子继电器；4—坯料

第4章

仿真技术在多工位级进模中的应用

板料成形的冲裁、拉深、翻边、胀形、弯曲等冲压加工基本工序及板料其他成形工序和组合变形工序属于弹塑性变形，涉及的力学原理比较复杂，采用解析法很难预测冲压件拉裂、起皱、回弹等缺陷，传统的模具设计改进主要依靠经验和个人才能。多工位级进模是多工序集成模具，其设计及加工调试比较复杂，而且周期长、成本高，所以运用仿真技术预测冲压件成形缺陷进而优化模具设计，对提高多工位级进模设计效率、降低成本具有重要意义。

4.1 板料成形 CAE 概述

4.1.1 板料成形 CAE 仿真技术的发展

长期以来，国内外学者对板料成形性能及成形过程中应力、应变分布的研究基本建立在实验或经验公式的基础上。复杂的板料成形工艺和模具设计，主要借助于定性的理论分析和大量的工艺实验，以及设计人员的经验和技巧，设计出来的模具往往无法满足产品的要求。反复地修模和试模，无疑要大大提高产品的成本，增加产品的制造周期。

随着计算机技术的飞速发展，人们开始采用计算机仿真技术指导模具的设计。通过对板料成形过程进行数值分析，了解板料成形时其内部的应力、应变分布规律，预测成形时可能出现的缺陷，给设计者进行工艺分析和模具设计提供科学的依据，从而提高模具的设计精度，缩短产品的生产周期。

有限元法（FEM）是目前广泛应用的数值分析方法之一，在板料成形过程仿真方面展现出广阔的应用前景。通过对板料成形进行大量的研究和实验，人们认识到板料作为一种连续介质，很适合用有限元法对其成形过程进行较精确的分析。与其他方法相比，有限元法具有明显的优点：

① 有限元法是一种较为精确的数值方法，可以通过划分网格实行离散化，计算出节点的速度、位移以及单元的应力、应变。通过建立成形过程的数学模型，在局部进行必要的简化，从整体上逼近复杂的成形过程。

② 有限元法能够考虑多种因素的影响，可以对各种影响建立相应的数学模型。能较好地处理诸如摩擦接触等复杂边界条件问题，这是其他方法无法比拟的。

③ 可以输出多方面的信息。不仅可以对板料成形过程进行分析，输出相应的应力应变，还可以计算出模具的受力情况，为优化设计成形工艺、模具结构提供大量的数据。

④ 有限元分析（FEA）作为计算机辅助分析（CAA）的一个重要手段，成为计算机辅助工程（CAE）的一个重要组成部分。有限元分析技术是目前普遍采用的工程数值分析方法，通过求解一般的数学物理方程，可以对产品进行成形过程仿真，从而避免了反复试模或修模，节省了大量的时间和人力物力。不仅可以进行静力、动力分析，还可以为结构的优化提供理论依据。

⑤ 易于实现 CAD/CAM/CAE（计算机辅助设计/制造/工程）一体化。CAD 系统的图形处理功能和数据库能给予成形仿真强有力的支持（如图 4-1 所示）。有限元的前处理为自动划分网格提供坯料和模具的几何形状描述，为板料、凸凹模材料提供力学性能参数的查询，以形成有限元分析求解所需的各种数据。有限元后处理中所具有的流场分析、等值线图、动态显示等功能，为模具设计、模具加工提供最直接的信息。通过数据传递的方式，将外形设计、工艺设计、结构设计及分析、模具制造过程集成起来，显著提高设计效率和质量。

板料成形仿真技术研究始于 20 世纪 60 年代。这些早期研究采用的不是有限元法，而是有限差分法，所分析的问题都是像圆板液压胀形、半球形冲头或平底冲头胀形和拉延成形这类简单问题。从数值仿真角度来说，这三个问题分别代表了仿真的不同难度：液压胀形不包含模具问题，只是通常的大变形塑性力学问题；对于冲头胀形必须考虑冲头和板料之间的接触和摩擦，并且接触区随着冲头的行程变化；对于拉延成形，还需考虑板料在凹模与压边圈之间的滑动。

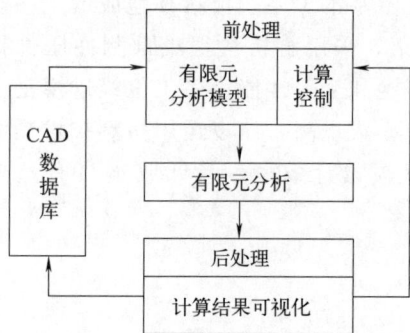

图 4-1 有限元分析与 CAD 数据库的关系

采用有限元法的板料成形数值仿真始于 20 世纪 70 年代，到 20 世纪 90 年代板料成形数值仿真的研究在世界范围内开始蓬勃展开，并进入快速发展阶段。在对板料成形过程进行有限元分析的初期，主要是采用刚塑性有限元法，但由于忽略了弹性变形，无法对卸载过程进行有效分析，其在板料成形分析中产生的误差较大，因此主要适用于体积成形的数值仿真研究。随着弹塑性理论的进一步发展，弹塑性有限元法在金属成形中得以应用，尤其在板料成形分析中应用广泛。在单元模型方面，主要采用膜单元、实体单元和壳单元。膜单元适用于胀形等以拉伸为主要变形方式的工艺，其特点是计算时间短、要求内存少，但是膜单元忽略了弯曲应力，所以不适用于以弯曲变形起主导作用的成形过程。实体单元考虑弯曲效应，而且单元表达式简单，但是为了能够比较准确地模拟板料回弹问题，需在板厚方向采用 6~8 层单元，导致单元数量大大增加，所以当模拟复杂汽车覆盖件成形时需要很长的计算时间和大量内存。壳单元既能考虑弯曲效应，又不像实体单元那样费时和消耗内存，所以壳单元被广泛应用于汽车覆盖件成形的弹塑性有限元分析中，但是当模拟回弹且弯曲比率 R/t（模具圆角半径/板材厚度）小于 5 时，应用非线性实体单元才能得出合理的结果。计算方法上，动态显式算法逐渐成为主流，该算法无收敛问题，单次求解迅速，并无须建立总刚度矩阵，因而大大节省存储空间，虽然时间步长比较小但是更适合动态接触工况，被一致认为是求解接触碰撞等强非线性问题的有效方法。

目前，由于能源紧缺与环保问题的突出，促使汽车向轻量化发展以降低燃料消耗和减少

CO_2 排放，所以超高强度钢和双相钢在汽车覆盖件的设计中应用得越来越普遍。例如，奥迪轿车覆盖件采用低合金高强度硼钢板，其抗拉强度高达 1600MPa。超高强度钢板的应用不但能减轻车身重量，还可以提高防撞性能。然而，由于它们有很高的屈服强度，冲压成形时需要很大的冲压力，而且会产生很大的回弹量，对模具的设计制造带来了很多的问题。此外，超高强度钢板的材料性能波动更大，也更加难以控制，容易产生破裂、起皱，因此，对数值仿真的预测精度提出了更高的要求，尤其是应力的计算精度要求更高。对新的钢种还没有实践经验可供借鉴，而且实际上能够描述这些新钢种复杂变形行为的材料模型并不多，所以新材料的出现要求发展与之相应的材料模型。Maeder 研究了各种本构模型对高强度及相变诱发塑性（transformation induced plasticity，TRIP）钢板成形性的预测精度，认为不存在通用的本构模型，对于不同的钢板和轧制方向，本构模型的预测精度各不相同，因此，新材料需要新建本构模型。

现阶段，接触算法、本构模型、单元技术以及回弹补偿等仍然是板料成形仿真技术的研究热点，将有限元仿真系统和神经网络、自动控制等结合起来形成大的分析系统是 CAE 仿真技术发展的趋势。

4.1.2　板料成形 CAE 仿真分析理论基础

板料成形是一种复杂的非线性力学过程，属于几何、材料、接触三重强非线性耦合问题。传统的解析方法只能求解规则形状和简单边界条件的问题，跟实际情况相比往往误差比较大，而且拉深、弯曲等典型工序属于非稳定流动，很难建立解析模型。有限元法基于变分原理和形函数（shape function）插值计算，具有坚实的理论基础，目前以有限元法为主的板料成形计算机仿真和分析技术已较为成熟。

建立板料成形过程的数学模型包括平衡微分方程（力的平衡）、变形连续方程（变形协调）、应力应变关系方程、屈服准则（塑性变形条件）、边界条件等大都是偏微分方程。偏微分方程数值分析方法可以分为两大类：一类是有限差分法，即直接求解基本方程和相应定解条件的近似解，其求解步骤为：首先将求解域划分为网格，然后在网格的节点上用差分方程近似微分方程。另一类是有限元法，即不是直接从问题的微分方程和相应的定解条件出发，而是从与其等效的积分形式出发，建立相应的变分原理方程，其解的收敛性有严格的理论基础。但是传统的变分原理求解方法是在整个求解域中定义形函数，实际应用中会遇到两方面的困难：一是在求解域比较复杂的情况下，选取满足边界条件的形函数，往往会产生难以克服的困难；二是为了提高近似解的精度，需要增加待定参数，即增加形函数的项数，这就增加了求解的繁杂性，而且由于形函数定义于全域，所以不可能根据问题的要求在求解域的不同部位对形函数提出不同精度的要求，往往由于局部精度的要求使整个问题的求解变得非常困难。有限元法不是在整个求解域上定义形函数，而是在各个单元上分片定义形函数，这样就克服了上述两方面的困难，是近代工程数值分析方法领域的重大突破，而且随着现代计算机运算能力的快速提升，有限元法成为对物理、力学以及其他广泛科学技术和工程领域实际问题进行分析和求解的有效工具，并得到愈来愈广泛的应用。

用于板料成形过程 CAE 仿真的有限元法可以分为弹塑性有限元、刚塑性有限元和黏塑性有限元。其中弹塑性有限元法在板料成形计算机仿真中应用最广；刚塑性有限元法可应用于板料胀形、深冲等成形过程，但由于不考虑弹性所以在板料成形中的应用有限；黏塑性有限元法主要用于热加工过程的仿真。

根据对时间积分方法的不同，板料成形有限元法可以分为：静力隐式、静力显式、动力显式。静力隐式和静力显式是非条件稳定的，在解决低速接触问题中更有优势，而在解决复杂模型时将会遇到较多难题。动力显式克服了隐式算法的缺点，不足之处在于解决像板料成形这样的条件稳定问题时必须尽量消除惯性力的影响。回弹是一个准静态问题，在板料成形中常常先用显式算法模拟成形阶段，然后用隐式算法模拟回弹。

板料跟模具之间的接触是动态、非线性的，要解决接触问题首先必须对模具进行描述，模具的一般表示方法有解析函数法、参数曲面法、网格法。解析函数法只能用来表示类似圆筒件等简单的模型；参数曲面法能较准确地表达模具曲面，但是算法复杂而且效率较低；网格法在一定程度上克服了解析函数法和参数曲面法的缺点，虽然精度稍低但应用较广。求解接触问题常用的算法包括拉格朗日乘子法和罚函数法。拉格朗日乘子法模拟出的结果更为准确，但是计算效率较差，而且对于变形大的单元容易造成收敛困难。罚函数法的罚函数控制方程的阶数和带宽都小于拉格朗日乘子法，但是其因子的取值对计算结果的精度影响很大。

接触问题还需要考虑接触面摩擦的处理方式。影响摩擦的参数有接触压力、滑动速度、板料和模具材料特性、表面粗糙度、润滑剂以及模具的几何特性等。用于有限元仿真的摩擦力模型主要有两种：

① 库伦准则。不考虑接触面上的黏合现象（即全滑动），认为摩擦符合库仑定律，公式如下：

$$F = \mu N \text{ 或 } \tau = \mu \sigma_N$$

式中　F——摩擦力；

μ——摩擦系数；

N——垂直于接触面正压力；

σ_N——接触面上的正应力；

τ——接触面上的摩擦切应力。

由于摩擦系数为常数（由实验确定），故库仑定律又称常摩擦系数定律。对于润滑效果较好的加工过程，此定律较适用。

② 固定摩擦。认为接触面间的摩擦力不随正压力大小而变。其单位摩擦力是常数，其表达式为

$$\tau = mK$$

式中，m 为摩擦因子；τ 为接触面上的摩擦切应力；K 为被加工金属的剪切屈服强度。

目前，在板料成形中精确模拟拉延筋（拉深筋）的影响还比较困难，通常的做法是将拉延筋复杂的几何形状抽象为一条能承受一定力的附着在模具表面的拉延筋线，即拉延筋模型。

4.1.3　常用 CAE 仿真分析软件介绍

CAE 仿真分析理论的发展和工业界对仿真技术的强烈需求持续推动仿真技术的应用。Numisheet、Numiform、IDDRG（国际拉深成形研究小组）等的国际学术交流展示了板料成形分析的最新研究进展，内容涉及新材料模型研究、单元技术、缺陷分析、接触摩擦处理、求解算法、有限元程序开发、程序前后处理等。在初始阶段，简单冲压件成形的数值仿真需要很长时间才能完成，而且结果往往令人不甚满意。目前板料成形的数值仿真技术已逐渐成熟，成为冲压模具设计过程中不可或缺的预测和评估手段。对板料成形仿真来讲，国内

外有许多比较成熟的商业化软件，AutoForm、Dynaform（LS-DYNA）、PAM-STAMP、KMAS、FASTAMP、Simufact Forming 等软件得到了较广泛的应用。这些软件有各自的优势，在界面操作、前处理、计算速度、计算精度、后处理、模面设计等方面各有特色。本书以 Simufact Forming 软件在多工位级进模仿真中的应用为例，详细介绍一些典型工件多工位成形的仿真步骤，其中一些思路及方法也可供使用其他仿真软件时参考。

（1）AutoForm

AutoForm 软件的前处理与后处理融合了一个有效开发环境所需的所有模块，其图形用户界面适合于板料成形过程，模面设计、网格自适应等功能比较强，所有技术工艺参数比较容易设置和调整，易于理解且符合工程实际。AutoForm 的求解速度比较快，有利于板料成形性快速评估和优化。

（2）Dynaform (LS-DYNA)

Dynaform 的求解器是 LS-DYNA，求解精度比较高，具备较强的处理板料和模具之间接触问题的能力。Dynaform 可以帮助模具设计人员显著地减少模具开发设计时间、试模周期和费用，是板料成形模具设计的理想 CAE 工具。LS-DYNA 有限元求解器是世界上最著名的通用动力显式分析程序，能够模拟真实世界的各种复杂问题，特别适合求解二维、三维非线性结构的高速碰撞、爆炸和金属成形等非线性动力冲击问题，同时可以求解传热、流体及流固耦合问题。在工程应用领域被广泛认可，与实验的无数次对比证实了其计算的可靠性。

（3）PAM-STAMP

PAM-STAMP 整合了所有板料成形过程的有限元计算机仿真求解方案，能够整合模具设计的可行性判断、快速模面生成与修改、板料冲压过程快速成形模拟、成形精确模拟、回弹预测、回弹自动补偿功能以及回弹后模具型面的输出等功能为一体。PAM-STAMP 求解器最初也是从 LS-DYNA 发展起来的，所以求解精度比较高。

（4）KMAS

KMAS 软件的核心模块是一步法（One-step），一步法的理论是基于塑性形变理论的全量法，即只建立塑性变形的应力和全量应变的关系而不考虑加载历史，所以求解速度非常快。一步法也叫一步逆成形方法，所谓的逆成形是指与实际冲压成形相反，不是从平板坯料到成形工件，而是根据成形工件的形状反推到相应的毛坯，得到其形状和大小，在计算时仅考虑两个状态，即变形终了的状态和初始状态，不需要考虑变形过程中的中间位置。

（5）FASTAMP

FASTAMP 拥有优秀的前后处理系统和有限元一步法、动力显式增量法和隐式增量法求解器。通过对产品零件的整体或局部的成形性分析，可以全面地评估零件成形过程中的潜在问题，并且有目的地进行工艺补充设计和工序安排，最大程度地辅助冲压工艺设计。

（6）Simufact Forming

Simufact Forming 是一个面向专业成形技术、容易使用的仿真工具，其有限元求解器是非线性分析能力很强的 MSC Marc，求解精度、可靠度都比较高。Simufact Forming 软件界面操作简单，易上手，拖放式的操作极大程度降低了软件学习难度。根据对象区（模具、设备、材料等）、工艺区（成形操作）及立体图/分析结果区划分，结构清晰。该软件迎合了工业用户的实际需要，并以实际应用为导向，操作快速易学。用户能够将注意力集中在有关成形工序的工程细节上，而不用在软件处理上耗费精力。

Simufact Forming 软件拥有加工设备数据库和材料数据库，数据库为开放式结构，用户可以对数据库进行修改和扩展。设备数据库中包含液压机、曲柄压力机、螺旋压力机、机械压力机、锻锤加工设备等的参数，用户也可自定义工模具的运动方式。软件提供多种材料的性能参数数据库，包括：钢材、铜、铝、钛合金和锆基合金等。用户可将描述弹性材料或刚塑性材料流动的选项与引入温度影响的选项组合成四种分析类型，即弹塑性、刚塑性、黏弹塑性和黏刚塑性，供用户自由选择。

本书采用 16.0 版本的 Simufact Forming 作为演示软件，其他版本在界面显示上可能会略有不同，但操作步骤或方法基本一致。

4.1.4 Simufact Forming 软件操作界面及功能

在介绍 Simufact Forming 软件具体操作界面及相关功能之前，可以先简单了解 Simufact Forming 采用的求解器，以便对整个仿真过程的求解精度和速度有个初步的印象。Simufact Forming 拥有全球领先的非线性有限元隐式求解器 MSC Marc 和有限体积显式求解器 MSC Dytran，具备快速、强大和高效的求解能力。

有限元求解方法提供二维和三维两种单元类型，二维是四边形单元，三维是四面体单元或六面体单元，其中六面体单元对应力、应变和变形损伤的仿真精度最高，所以如果需要提高仿真结果精度，六面体单元是首选。软件具有坯料初始网格自动划分功能，在材料成形过程中还能够根据单元变形扭曲程度自适应重新划分单元，优化单元质量以保证求解精度。有限元求解器是大多数成形仿真的标准求解器（图 4-2）。

有限体积求解方法源于计算流体力学仿真技术，非常适合于模拟材料的流动变形（大变形）。Simufact Forming 中的有限体积求解器是专为热锻成形仿真而设计的（图 4-3），不建议用于其他的成形仿真类型。热锻成形的特点符合有限体积求解器的要求：高温下材料容易流动，流动应力小；材料流动成形时间短，应变率高；材料的流动受到锻模型腔约束，仅有极少材料能自由运动。因此，有限体积求解器典型的应用是热闭式模锻和热挤出成形的仿真。它的优点是在仿真过程中可以显示局部材料流动小细节，例如材料折叠和飞边成形，因为其精细的表面网格不像同样精细的有限元网格那样大幅增加求解时间。

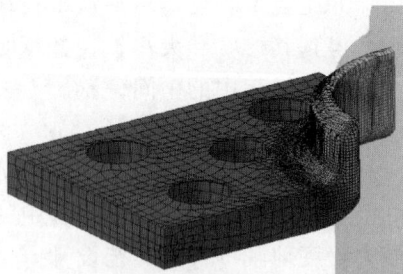

图 4-2 有限元求解器应用成形类型

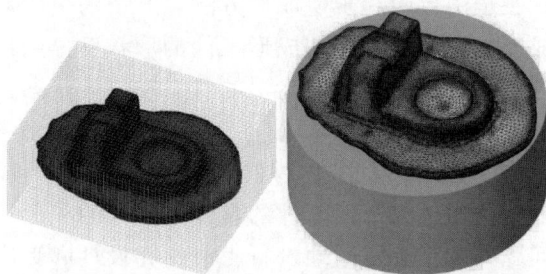

图 4-3 有限体积求解器应用成形类型

（1）应用模块及工艺类型

启动 Simufact Forming 软件，点击软件界面左上角"文件"菜单，选择"新建"，弹出创建一个新项目窗口（见图 4-4），修改或默认项目名称和路径（注意，名称和路径仅能包含字符 0～9、a～z、A～Z、.、_、-、（）、{ }、[ ]），然后点击"OK"按钮，弹出"选择应用模块"窗口（见图 4-5）。Simufact Forming 提供很多应用模块以适应不同成形工艺，每个应用模块都包含默认的参数设置以适应求解器、网格划分工具和不同成形过程类型（例如冲压、镦粗、挤压、加热等），这有助于用户不需要去调整更多的高级设置即可获得较高仿真精度。

图 4-4 设置项目名称和路径

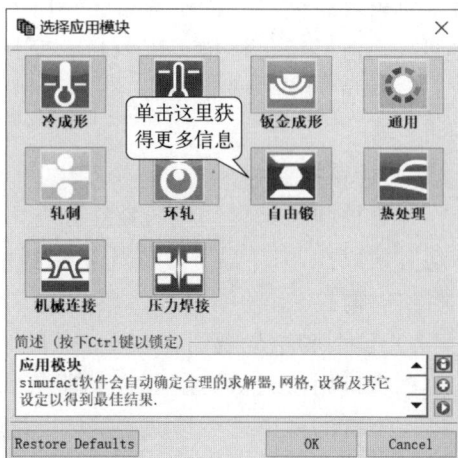

图 4-5 选择应用模块

（2）软件主界面

Simufact Forming 的图形用户界面（GUI）采用经典 Windows 软件布局，简单、高效、易上手，且随着版本的更新，软件在各项交互逻辑上有大量改进，极大方便了用户的使用。软件主界面包括菜单栏、工具栏、进程树窗口、对象目录窗口（备品区）、计算控制栏、模型和结果视图窗口，具体分布如图 4-6 所示。

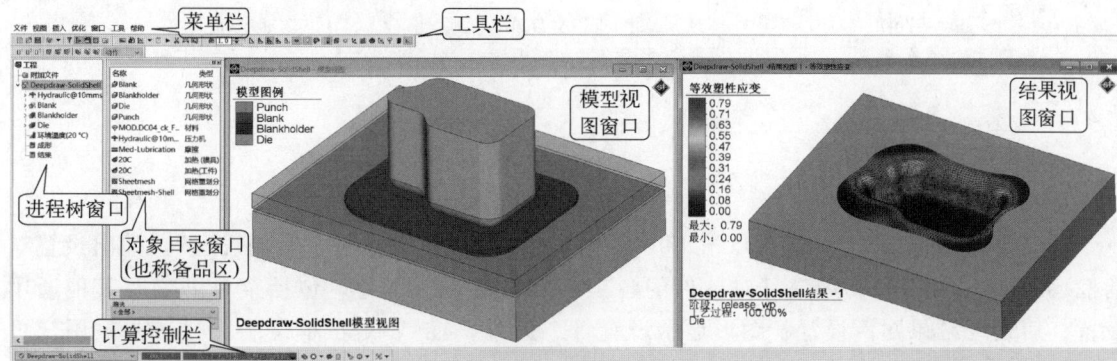

图 4-6 Simufact Forming 主界面

1）菜单栏

跟典型的 Windows 软件类似，Simufact Forming 软件界面的左上角为菜单栏，用户可在此进行项目新建、打开或保存、视图调整、软件设置、查看软件帮助文档等操作。

2）工具栏

Simufact Forming 软件将常用的工具及设置选项以图标的形式集成在工具栏中。通过点击工具栏上的各个图标，用户可以在软件操作过程中对项目、模型、视图等进行快速控制。

3）进程树窗口

进程树窗口用于显示该仿真项目中的所有工艺进程。在每一个完整的工艺进程树中，都包含五个基本项，分别为压力机、模具、工件（坯料）、环境温度、成形控制。Simufact Forming 的工艺仿真建模过程，即可理解为完善工艺进程树的过程。

4）对象目录窗口

对象目录窗口也称作备品区，用于存放仿真过程所使用的对象。具体包括五项基本备品类型（几何形状、材料、压力机、摩擦属性、加热属性）及八项特殊备品类型（热处理属性、网格重划分参数、模具类型、边界条件、电磁参数、初始条件、预先定义表、切割平面）。

5）计算控制栏

计算控制栏是工具栏的独立分支，因其特殊性，Simufact Forming 软件将模型的实时计算动态集成在 GUI 最下方的计算控制栏中。通过计算控制栏，用户可以对项目的计算过程进行实时监控。

6）模型和结果视图窗口

该窗口用于对仿真模型的实时查看及仿真后处理的显示。在该窗口中，用户可通过鼠标对需要查看的视图进行移动、旋转、缩放，还可对视图进行显示效果控制、显示剖切面、测量等一系列基于仿真模型或结果的处理。鼠标的操作控制如图 4-7 所示，键盘的快捷键及相应的功能可在帮助菜单里的"快捷键"中查到。

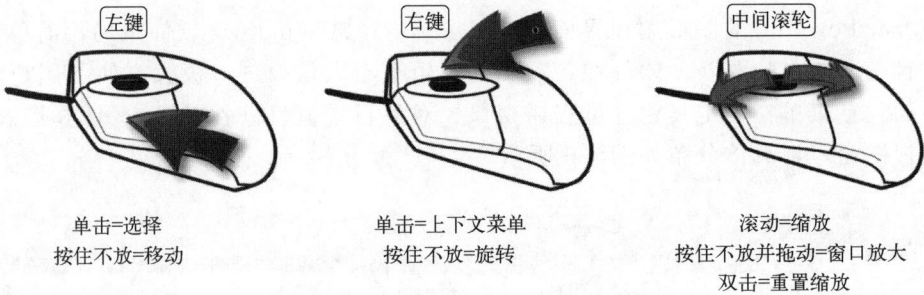

图 4-7　鼠标键对应的功能

（3）软件初始设置

在菜单栏中选择"工具"，点击下拉菜单中的"选项"并选择"全局设置"，弹出设置对话框（如图 4-8 所示）。用户可对软件的各项初始设置进行调整，包括菜单语言及其他通用设置、后处理结果图例设置、图形显示设置等。此外，在"单位/单位制"栏目中，用户可对软件中的各物理量的默认单位进行设置。

（4）帮助文档

Simufact Forming 软件内置了大量帮助文档、案例教程及仿真结果视频，能够帮助新用户对软件进行快速上手与学习。

1）Simufact Demos

Simufact Forming 软件将大量基础及高级教程的项目文件与教程文档整合在了"Simufact Demos"窗口中，用户可单击菜单栏上的"帮助"，选择"案例"，弹出"Simufact Demos 2019"窗口，如图 4-9 所示。在此窗口中，所有内置案例均已被放置在相匹配的工艺类型中。通过点击窗口左边的各种工艺类型，选定具体案例后，在案例的右侧会出现"打开当前案例项目文件""教程文档""仿真结果视频""存放目录"的按钮，特别是项目文件，可

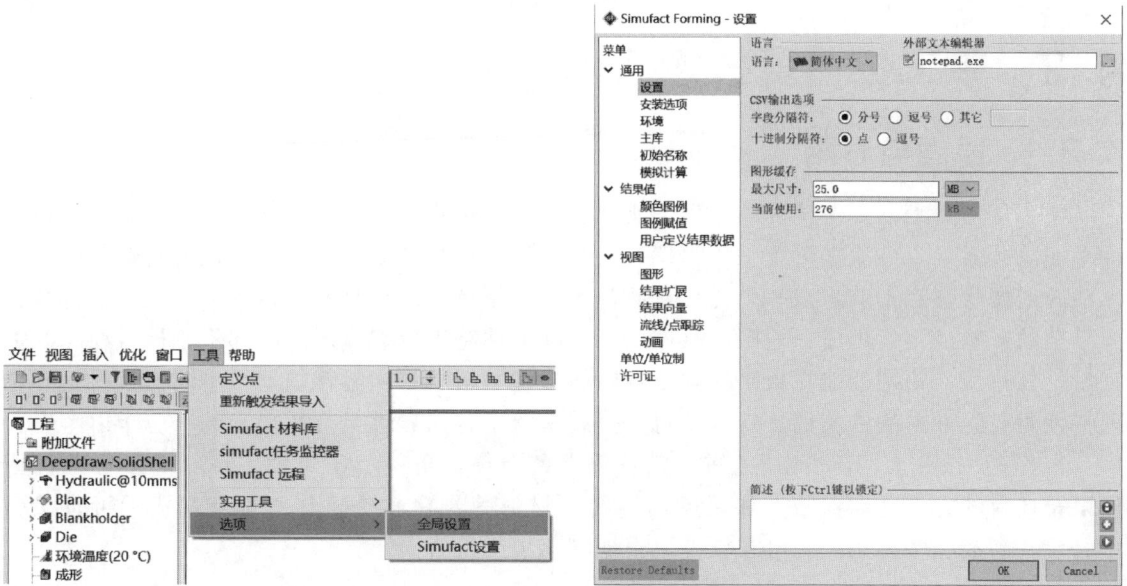

图 4-8 全局设置

作为相应成形工艺建模的参考或模板。

2）Simufact Infosheet

在 Simufact Forming 软件的对话框中，软件会自动在对话框下方的信息栏显示鼠标指向位置的相关信息。用户可将鼠标悬停在需要查看的按钮或者参数位置，对话框下方将自动显示该区域的简述信息，且长按 Ctrl 键可锁定简述信息，如图 4-10 所示。此外，在多数设置对话框的右下角或相关名称右侧，均有 Simufact Infosheet 查询按钮 （如图 4-5、图 4-10 所示），用户可单击此按钮查询当前对话框的详细功能解释。

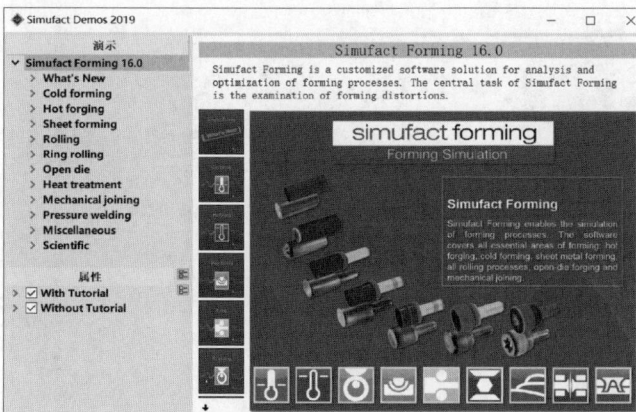

图 4-9 "Simufact Demos 2019" 窗口

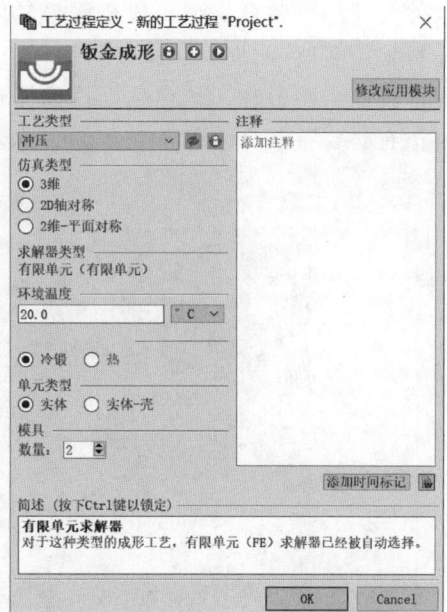

图 4-10 Simufact 简述功能

4.2 单工位仿真技术

4.2.1 原理与思路

单工位仿真是多工位仿真的基础，实际上多工位仿真建模时将相邻工位之间用约束或对称平面隔开就可以分成多个单工位模拟，只是后续工位需要导入前一个工位的模拟结果作为坯料的初始状态。本节将以一个异形拉深件为例介绍单工位仿真建模过程，并且考虑板料各向异性的影响以及运用成形极限图（FLD）预测工件趋于拉裂或起皱的部位。板料经轧制加工后，其机械、物理性能在板平面内出现各向异性，板料各向异性描述了不同机械材料和物理特性对空间方向的依赖性，特别是对于金属板材，各向异性具有重要影响，应予以考虑。

在打开 Simufact Forming 之前，需要先准备上模、下模、压边圈、坯料的三维几何模型以及坯料的力学性能参数，如果所用坯料的材料牌号在软件材料库里有现成的可直接引用，设备参数、摩擦条件等可在软件里根据实际情况设置。

4.2.2 工艺过程设置

（1）运行 Simufact Forming 并创建新项目

双击桌面上的 Simufact Forming 图标，开始运行 Simufact Forming 软件，将打开 Simufact Forming 图形用户界面（图 4-11）。

通过点击工具栏上的新项目按钮，或者在"文件"菜单下选择"新建"，创建一个新项目，会弹出新项目名称和项目存放路径的询问对话框，点"OK"按钮确认后，"选择应用模块"窗口将打开（如图 4-12 所示），在此进行相关工艺应用模块选择。双击"钣金成形"图标，打开"工艺过程定义"窗口，设置参数如图 4-13 所示，针对选择的工艺类型，软件推荐的求解器类型一般会取得最佳的计算精度。对于冲压工艺，将采用有限元求解器，坯料将用实体-壳单元划分。最后点击"OK"按钮，完成工艺过程定义，进入工艺建模流程。根据需要，在工艺名称上按鼠标右键可以重新命名（图 4-14），对于多工位仿真分析来讲很有必要重新命名每个工位的名称，以便区分前后道工序。

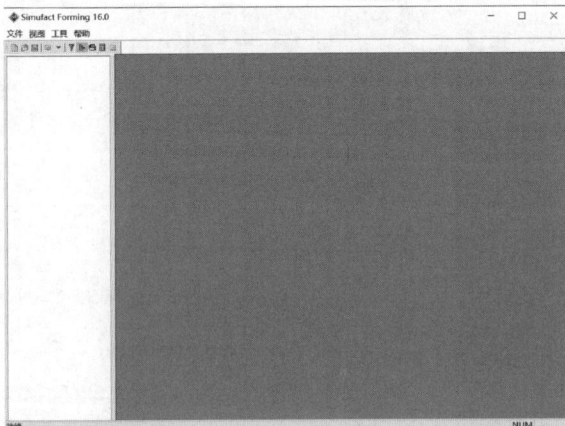

图 4-11 还没有创建项目的 Simufact Forming 图形用户界面

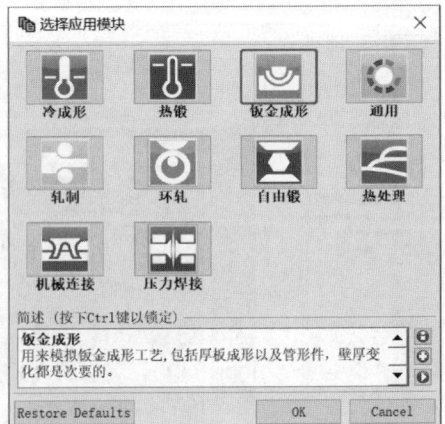

图 4-12 应用模块选择：钣金成形

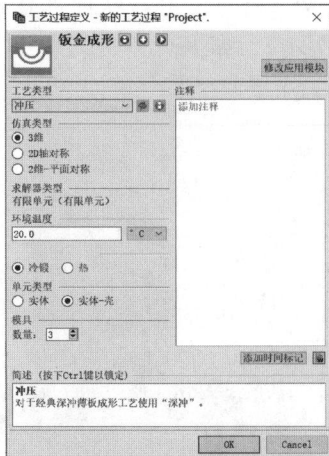

图 4-13　工艺过程定义

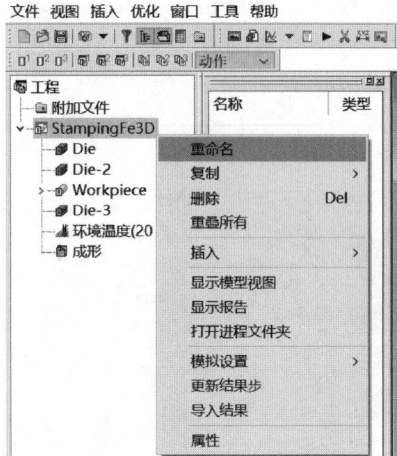

图 4-14　重命名工艺名称

（2）导入几何模型

需要导入的几何模型包括模具和坯料三维数模。通过点击菜单栏"插入"或在对象目录窗口空白处点击鼠标右键，选择"几何形状"→"CAD 导入"（如图 4-15 所示），弹出"CAD 导入"对话框，将目录切换到"软件安装目录\simufact\forming\16.0\sfForming\examples\sheet_forming\stamping\deepdrawing-fld\CAD-Data"，如图 4-16 所示，选择 3d-ddraw3.STEP 文件，然后点击下方的"打开"按钮，出现"CAD 导入…"对话框（如图 4-17 所示），确认单位是毫米。如果有多个模型文件导入可以勾选"将单位用于所有几何体"，点击"OK"按钮，出现"CAD 文件"对话框，点击"预览"按钮显示准备导入的模具和坯料模型（如图 4-18 所示），如果模型没有问题就点击"导入"，完成 CAD 模型的导入操作。

图 4-15　从 CAD 导入模型

图 4-16　"CAD 导入"对话框

在对象目录窗口内双击任意一个模型名称，会在模型视图窗口显示相应的图形，可以修改模型名称以方便识别（暂不支持中文名称）。分别从对象目录窗口中将上模、下模、压边圈和坯料拖到进程树窗口中相应的 Die、Die-2、Die-3 和 Workpiece 上，软件默认进程树窗口中的名称会变成与拖进来的模型名称一致（如图 4-19 所示）。如果想保持名称不变，在拖动的同时按住 Ctrl 键不放即可。

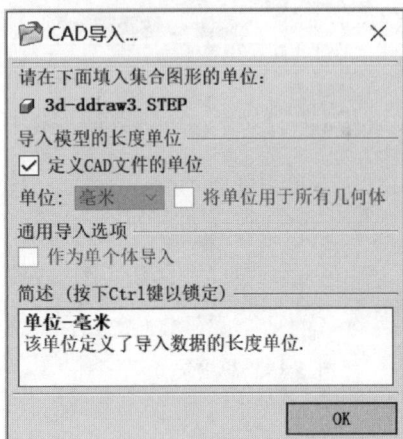

图 4-17　"CAD 导入"对话框

图 4-18　"CAD 文件"对话框

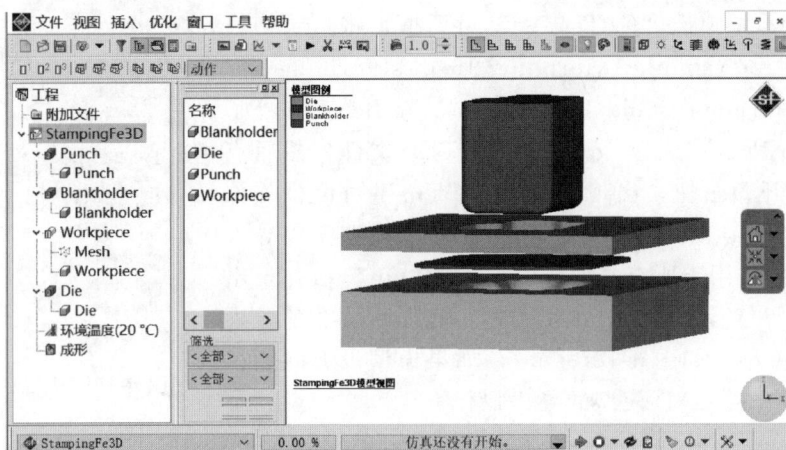

图 4-19　几何模型分配给模具和坯料

点击菜单栏"文件"＞"保存"或工具栏上的 图标保存项目。因为没有撤销按钮，所以建议经常保存项目。

（3）导入材料

现在需要导入坯料的材料属性。通过点击菜单栏"插入"或在对象目录窗口空白处点击鼠标右键，选择"材料"＞"材料库"，弹出材料库窗口。在材料导入对话框中输入材料牌号 DC04，如图 4-20 所示，在筛选结果列表里选择 DC04_ck_FLD，点击"OK"按钮完成材料选择。双击材料名称，在材料性能窗口中设置各向异性模型参数，点击左侧菜单"各向异性"，然后点击各向异性模型"Hill(48)"右侧 按钮设置试验数据，如图 4-21 所示，相关数据也可从材料供应商获取。点击菜单"断裂"，可以看到 DC04_ck_FLD 材料模型采用了成形极限图断裂方法（如图 4-22 所示），软件已设置相关参数，采用默认值即可。

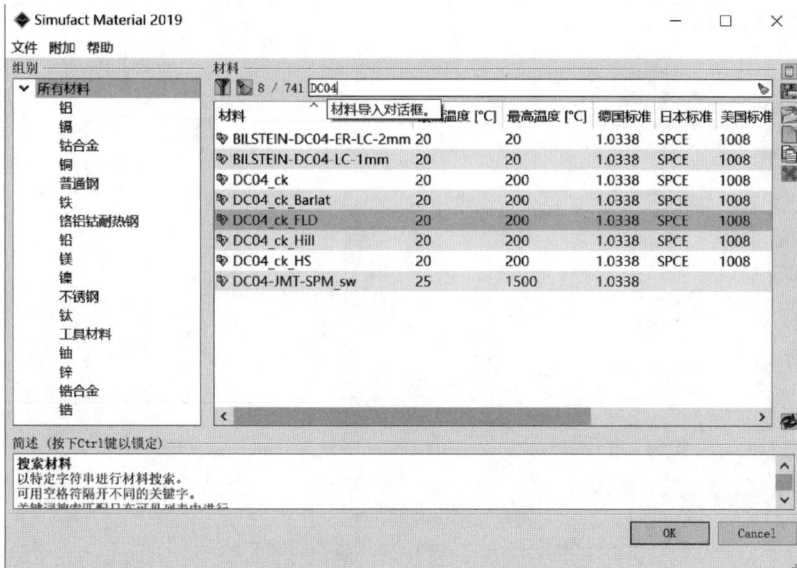

图 4-20   在材料库中选材料

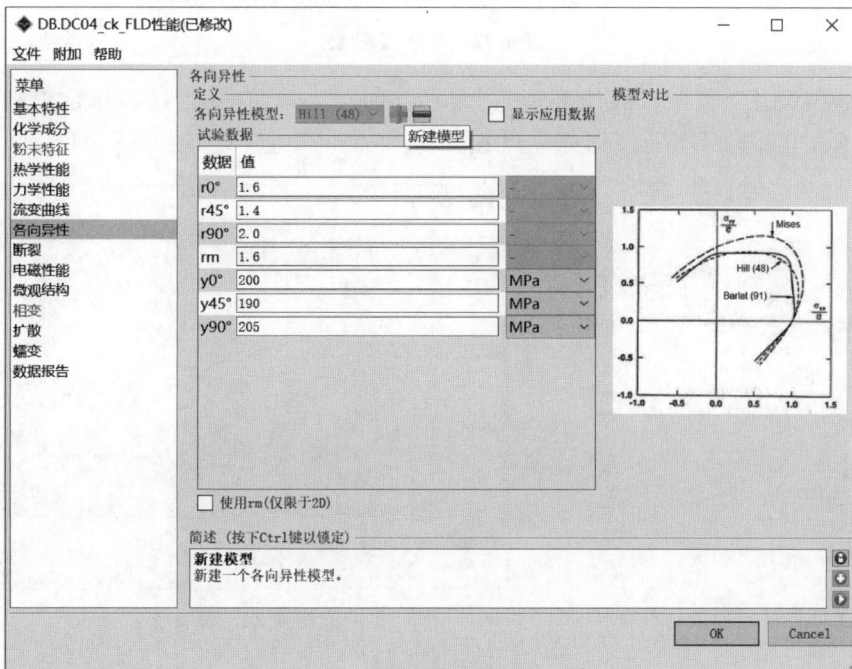

图 4-21   Hill 各向异性模型

最后，从对象目录窗口中将 DC04_ck_FLD 材料拖到进程树窗口中的 Workpiece 项上，给工件坯料赋予材料属性，如图 4-23 所示。本例不考虑模具变形，软件默认模具为刚性，所以不需要赋予材料属性。

（4）定义设备参数

下一步是为成形过程添加动力设备。通过点击菜单栏"插入"或在对象目录窗口空白处点击鼠标右键，选择"压力机">"手动定义"，弹出压力机设备参数设置窗口。在"设备"

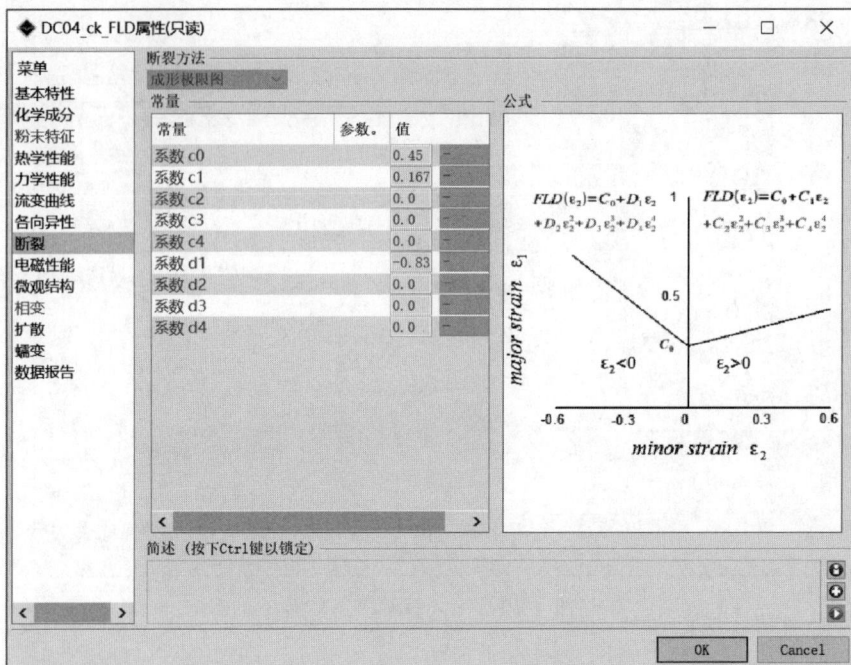

图 4-22　成形极限图

菜单中选"液压设备"类型，液压类型选"恒定速度"，速度值填 10，单位默认为 mm/s，如图 4-24 所示，点击"OK"按钮完成设置。

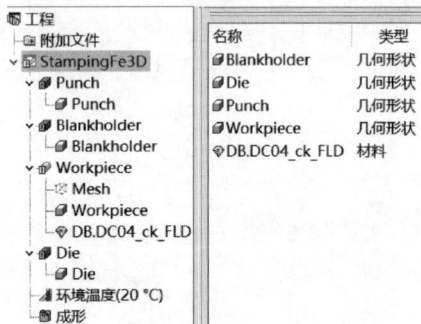

图 4-23　工件坯料添加了材料属性

图 4-24　设备参数设置

需要注意的是，压力机属于成形工艺动力部分，而模具的运动由压力机驱动，所以从对象目录窗口中将压力机名称（Hydraulic）拖到进程树窗口中根级别的 StampingFe3D 上，再将进程树窗口中的上模（Punch）拖到 Hydraulic 上，过程及结果如图 4-25 所示。

（5）添加摩擦特性

坯料与模具之间的摩擦状况对成形质量有重要影响。通过点击菜单栏"插入"或在对象目录窗口空白处点击鼠标右键，选择"摩擦">"手动定义"，弹出摩擦参数设置窗口。在"通用"菜单设置项，模式选择"自动"，摩擦比例因子输入"0.2"，这个值越小表示润滑越好，摩擦力越小，如图 4-26 所示，点击"OK"按钮完成设置。建议根据实际工况校核和修

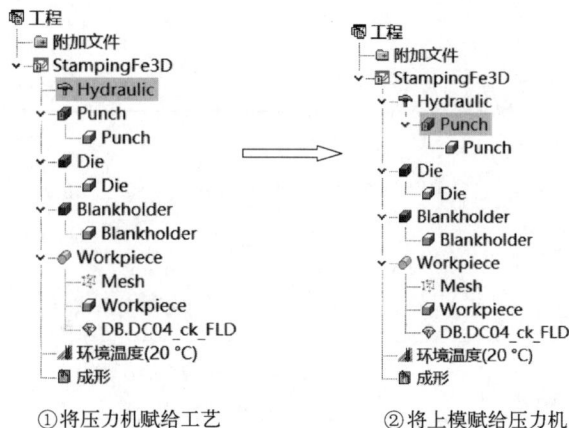

①将压力机赋给工艺　　②将上模赋给压力机

图 4-25 压力机和上模的关系

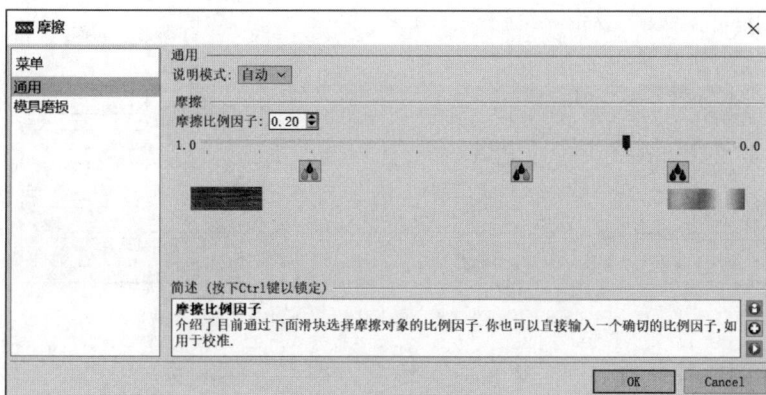

图 4-26 摩擦特性设置

正摩擦比例因子，使成形仿真结果更准确。

最后，从对象目录窗口中将摩擦名称拖到进程树窗口中根级别的 StampingFe3D 上，会给所有模具赋予摩擦特性，如图 4-27 所示。也可以单独将摩擦特性赋予单个模具，把摩擦特性名称分别拖到进程树窗口中各个模具名称上方即可。

（6）温度设置

下一步需要给模具和工件坯料设置温度参数。通过点击菜单栏"插入"或在对象目录窗口空白处点击鼠标右键，选择"加热">"模具">"手动定义"或"加热">"工件">"手动定义"，分别弹出模具温度参数设置对话框（如图 4-28 所示）、工件温度参数设置对话框（如图 4-29 所示），因为是冷成形，所以均采用默认值，分别点击"OK"按钮完成模具和工件的温度设置。

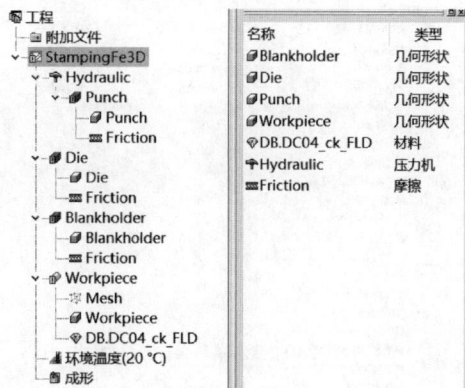

图 4-27 将摩擦特性赋予模具

类似于将摩擦特性赋予模具，从对象目录窗口中将模具温度名称拖到进程树窗口中根级别的 StampingFe3D 上，会给所有模具赋予温度特性。也可以单独将温度赋予单个模具，把

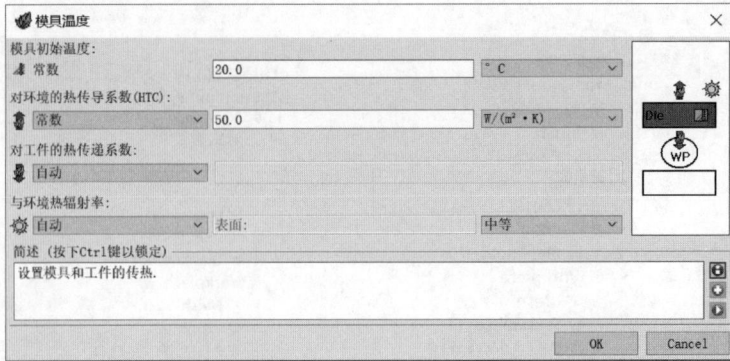

图 4-28　模具温度设置

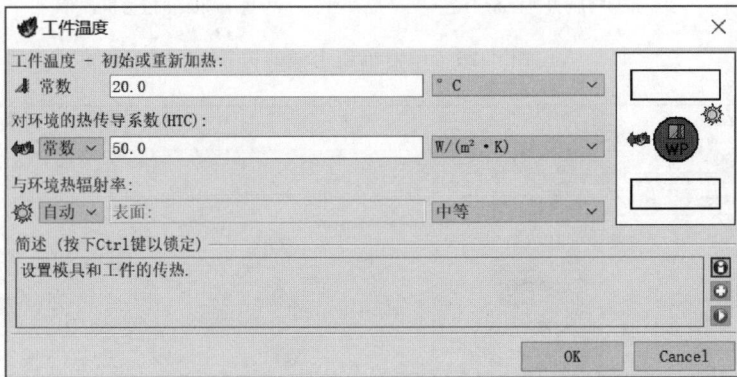

图 4-29　工件温度设置

温度名称分别拖到进程树窗口中各个模具名称上方即可。同样的，需要将工件的温度名称拖到进程树窗口中的工件名称上，给工件赋予温度特性，如图 4-30 所示。

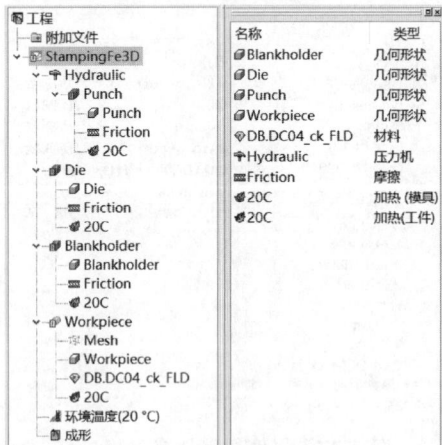

图 4-30　将温度特性分别赋予模具和工件

（7）设置成形控制参数

最后但同样重要的是成形控制参数设置。为了定义上模往下运动的行程距离，首先将模具高度位置移至工件上下表面贴合状态，以减少上模接触工件之前的空行程仿真计算时间。鼠标左键单击选中进程树窗口中根级别的 StampingFe3D，然后在工具栏中点击图标，显示模型视图，可以在模型视图窗口看到模具跟工件之间还没有贴合（如图 4-31 所示）。将鼠标光标移动到模型视图上模（Punch）上，点击右键，在右键菜单里选"定位"，弹出定位对话框，如图 4-32，点击转换栏中的重力定位器图标，定位器方法选"平移"，移动方向朝下所以选"-Z"，点击"-Z"右侧的按钮，

可以看到上模已下移，贴合在工件上表面。采用同样的方法可将压边圈和下模移至工件上下表面，但是对于这个模型来讲，下模要往上移动，所以方向需要改成"Z"。所有模具移动完成后的位置如图 4-33 所示。

图 4-31　模具移动前

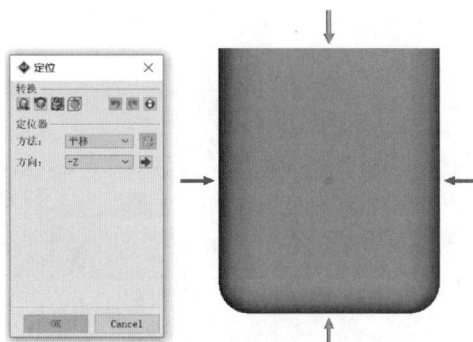

图 4-32　移动上模

在进程树窗口双击 📖 **成形** 图标，弹出"成形控制（有限元）"对话框，如图 4-34 所示，方向选择 ⬇ 向下，行程填"20"，表示上模向下运动 20mm，即拉深深度。为了确认设置是否正确，可点击动画播放 ▷ 按钮，在模型视图窗口中观看上模运动的方向和距离是否符合要求，再次点击 ▷ 按钮停止动画播放。

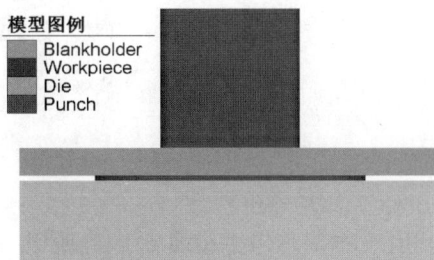

图 4-33　所有模具移动完成后

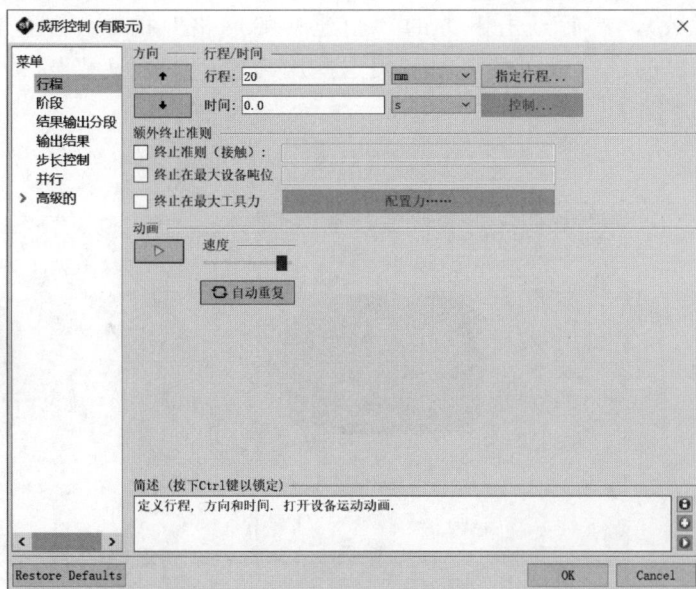

图 4-34　成形控制（有限元）设置

由于在选工件坯料材料模型时考虑了各向异性和成形极限预测，所以需要在成形控制菜单里设置输出结果才能在仿真结果中看到相应的结果。在成形控制窗口左侧菜单点击"输出结果"，如图 4-35 所示，勾选相应的选项，其他项保持默认值，点击"OK"按钮完成设置。

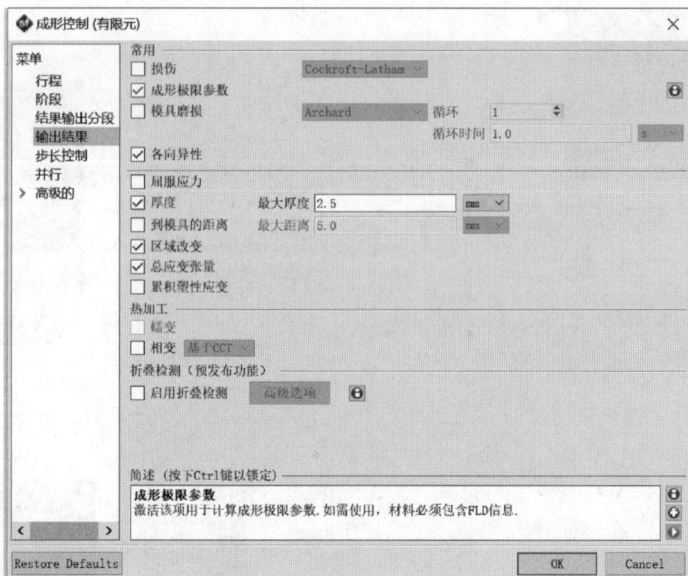

图 4-35 输出结果设置

（8）坯料网格划分

由于本例不考虑模具变形，所以不需要对模具进行网格划分，只需要对坯料进行参数设置并划分网格。双击进程树窗口中 Workpiece 项下方的 Mesh 项，将打开"初始网格"对话框，如图 4-36 所示，单元尺寸填"2"，单元数量会自动算出，壳层数选"7"（实际为厚度方向上的积分点层数），然后点击下方的"创建初始网格"按钮，创建网格结束后点击"OK"按钮，在弹出的"你想在模拟中使用这些网格生成参数吗?"对话框中点击"Yes"按钮，结束网格创建操作。

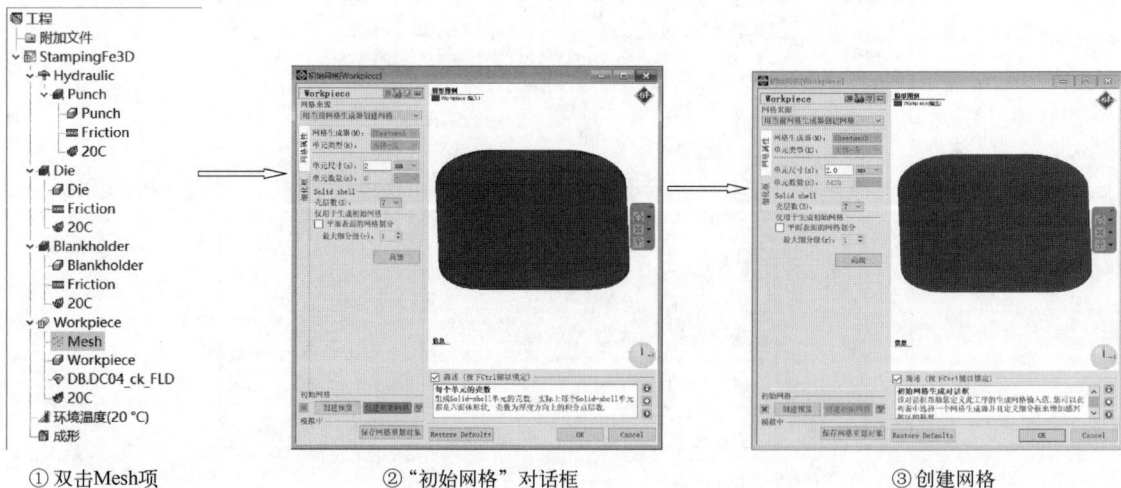

① 双击Mesh项　　　　　② "初始网格"对话框　　　　　③ 创建网格

图 4-36 坯料网格划分

（9）坯料轧制方向

如果坯料材料模型定义了各向异性，需要指定轧制方向。在进程树窗口 Workpiece 中包含的 Workpiece 项上点击右键，选择"轧制方向"，如图 4-37 所示，弹出轧制方向设置对话框，默认坐标轴 X 向为轧制方向，点击"确定"按钮，在出现的窗口再次点击"确定"按钮，完成设置。

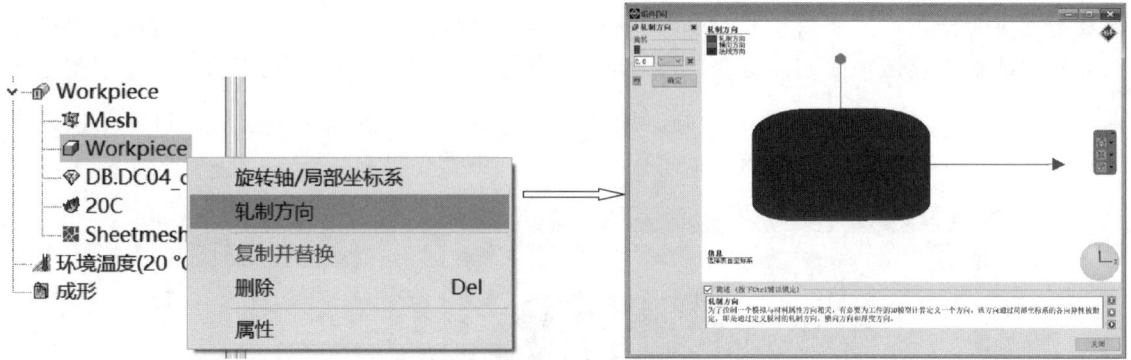

图 4-37　坯料轧制方向设置

4.2.3　仿真及结果评价

（1）运行仿真计算

在 Simufact Forming 主界面的底部，点击计算控制栏上的"开始分析"按钮 ⟹，弹出"继续之前需要保存修改. 是否保存?"窗口，点击"Yes"按钮，如果模型没有问题，将会出现"开始分析"窗口，如图 4-38 所示，点击按钮 [开始分析]，启动仿真分析。

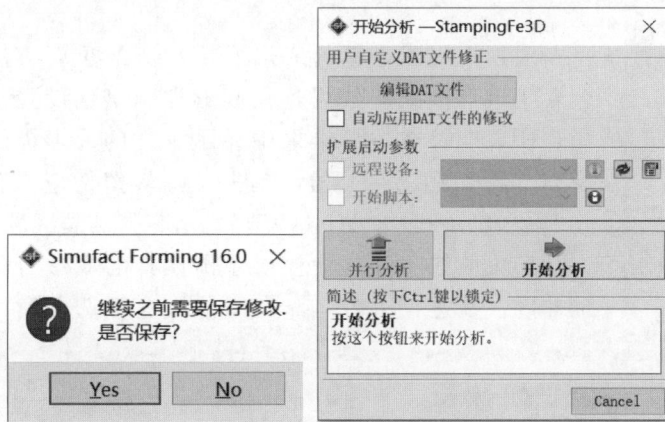

图 4-38　启动仿真分析

仿真计算的时间跟计算机运算速度以及成形控制参数里的"并行"CPU（中央处理器）核数设置有关，在多工位仿真设置中将会有介绍。当软件主界面底部的计算控制栏显示100％时表示仿真运算成功结束，如图 4-39 所示。

图 4-39　仿真运算成功结束

（2）结果评价

当仿真运算开始后，在进程树底部会出现结果图标 [结果]，工具栏上的动画按钮和历史曲线图按钮 会激活，通过这些图标和按钮，用户可以对仿真结果进行浏览、观察、显示力及行程曲线等后处理操作。

双击进程树窗口中的图标 ⊞ 结果，打开结果视图窗口，默认显示成形结束后的工件等效塑性应变分布图，如图 4-40 所示，单击窗口左上角的"等效塑性应变"图标可切换显示不同的结果，包括等效塑性应变、等效应力、坯料厚度等。在结果视图窗口的左下角是仿真动画控制栏，点击 ▶ 按钮播放动画。如果只想显示工件，可在结果视图窗口中空白处点击鼠标右键，在右键菜单里选择显示"Workpiece"即可（图 4-41）。

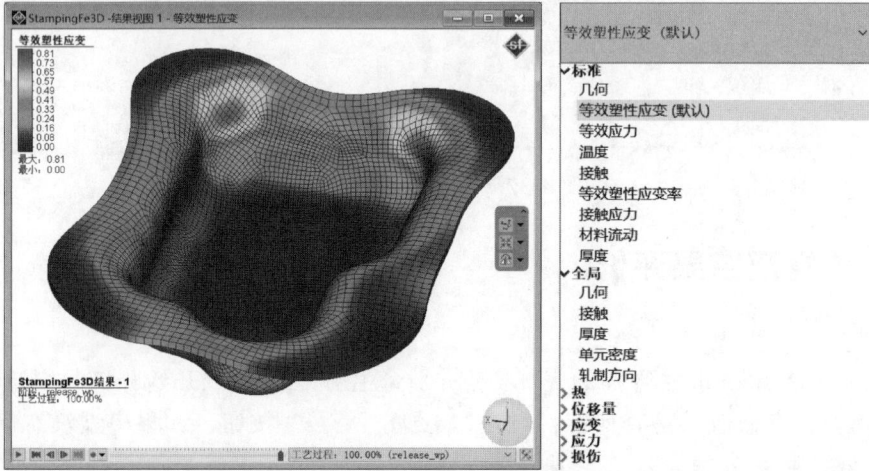

图 4-40　仿真结果

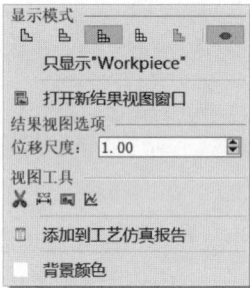

图 4-41　只显示工件

成形极限图是板料成形质量预测的重要方法，本例材料模型包含了成形极限图数据，在成形控制里也设置了成形极限结果输出，所以能够在仿真结果中显示工件的成形极限图。在结果视图窗口（图 4-40）左上角，单击"等效塑性应变"图标，选择"损伤">"成形极限参数（区）"，显示容易破裂区域，如图 4-42 所示。

历史曲线图可以检查或输出模具的成形力和运动随时间变化的曲线。在进程树窗口，先用鼠标左键选上模（Punch），然后按

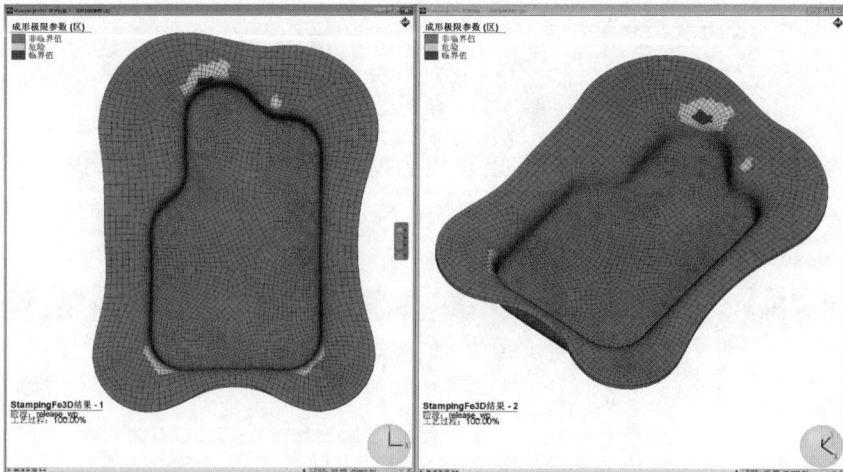

图 4-42　成形极限图预测破裂区

住 Ctrl 键不放，鼠标左键选择下模（Die），表示同时选择了上模和下模，放开 Ctrl 键，然后点击工具栏上的按钮![icon]，显示设备吨位绘图窗口，如图 4-43 所示，可看到上模和下模在 Z 轴方向受力大小随时间变化的范围。

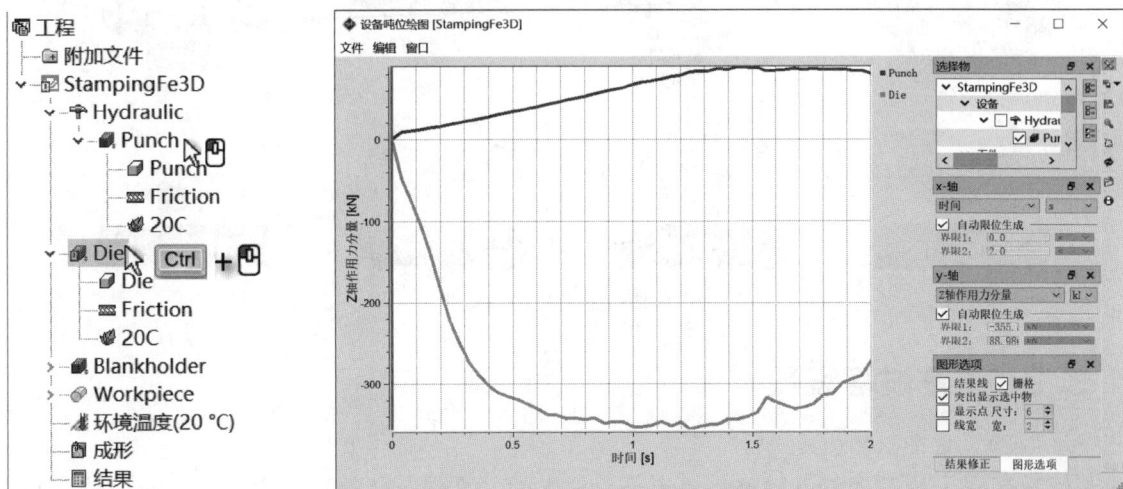

图 4-43 仿真结果历史曲线图

4.3 多工位仿真技术

4.3.1 原理与思路

本节以 Simufact Forming 软件帮助文档自带模型为案例，介绍冷弯冲压件多工位成形仿真方法及步骤，并介绍弹簧加载模具使用方法和级进模加工工序仿真方法。板料成形要考虑弹性变形，特别是板料冷弯成形是大变形、小应变的情况下，弹性应变不能忽略不计，并且在塑性成形结束后弹性变形要完全恢复（也就是回弹），本案例回弹的预测形状与设计形状对比如图 4-44 所示。

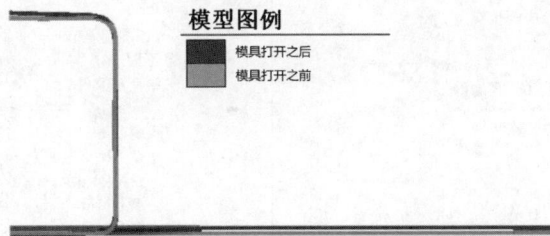

模型图例

■ 模具打开之后
■ 模具打开之前

图 4-44 弯曲成形回弹预测

对于图 4-45 所示的结构来讲，实际成形过程需要 4 个工序，而且采用了级进模。在 Simufact Forming 中可以按照实际加工工艺进行级进模的定义和成形过程的仿真分析。本节将分别创建 4 个工位的进程模型，并通过阶段控制"StageControl"来实现 4 个工位的前后衔接。前一个工位计算完成后，生成的结果状态将自动向下一个工位传递，实现级进模的连续加工过程仿真。

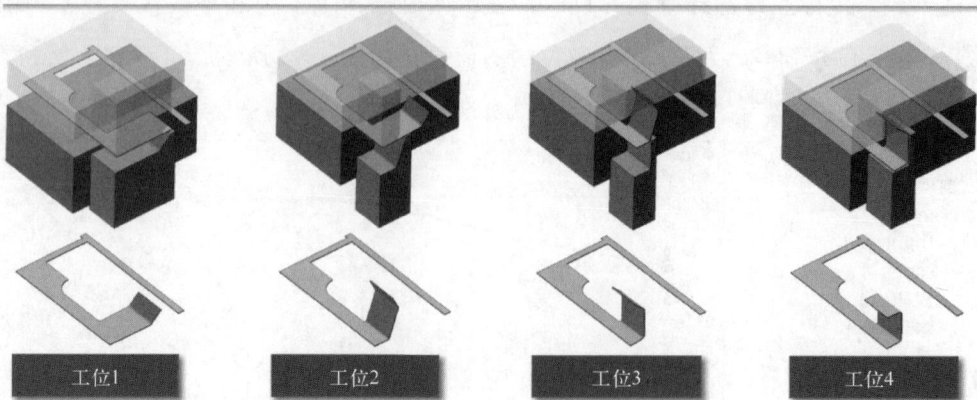

图 4-45 多工位冷弯成形

4.3.2 工艺过程设置

（1）创建弯曲工艺仿真项目

打开 Simufact Forming 软件，单击菜单栏中的"文件"→"新建"，在弹出的对话框中设置项目名称为"bending"，模型存储的位置建议为空间比较充裕的本地硬盘，设置完成后单击"OK"按钮。在"选择应用模块"窗口中，双击"钣金成形"模块，弹出"工艺过程定义"窗口，选择"弯曲"工艺类型，仿真类型基于"3 维"模型，环境温度设置为室温 20℃，单元类型选"实体"，模具数量设置为 4，如图 4-46 所示，设置完成后单击"OK"按钮。"钣金成形"模块还提供了多种细化的工艺类型，例如，"冲压"可进行典型结构的深冲仿真，"模压"适合具有精细化几何特征结构的精冲仿真，"轧制"可进行薄板、厚板、板带的规则截面的轧制仿真，"轧制成形"适合长板带的连续弯曲成形仿真，另外还可选择"冷却""加热""感应加热"进行坯料或工件的预处理或后处理，通过"切割"可以实现冲孔、切边、剪裁等工序仿真，"模具应力"可用于分析成形过程中模具的应力分布情况。

在新建的进程树中，右键单击进程树名称，选择"重命名"，将新的工艺命名为"Stage1"，即工序 1，如图 4-47 所示，下一步将进行 CAD 几何模型的导入。

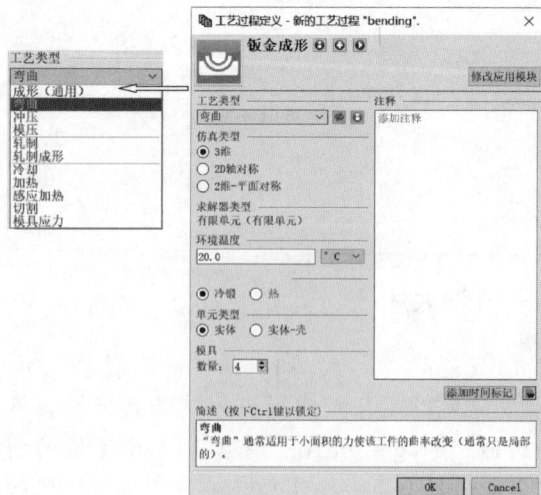

图 4-46 弯曲成形工艺仿真基本设置

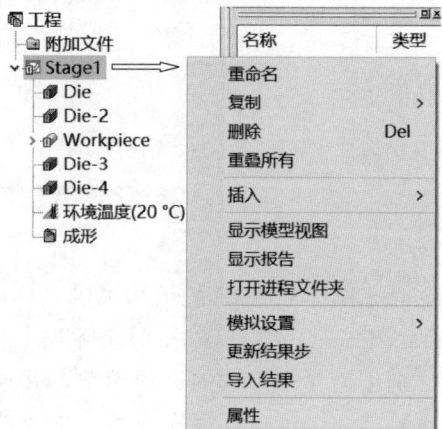

图 4-47 重命名新建的进程

（2）导入几何模型

在备品区（对象目录窗口）单击鼠标右键，选择"几何形状"→"CAD 导入"，如图 4-48 所示。在打开的"CAD 导入"对话框中，找到几何模型的存储路径。软件安装后生成的对应模型文件的存储位置是"软件安装目录\simufact\forming\16.0\sfForming\examples\sheet_forming\bending\progressive_die\CAD-Data"。本例中坯料和模具的几何模型以 STL 格式存储，因此在导入前需要选择几何模型的格式为"标准嵌入式语言（*.stl）"，如图 4-49 所示。

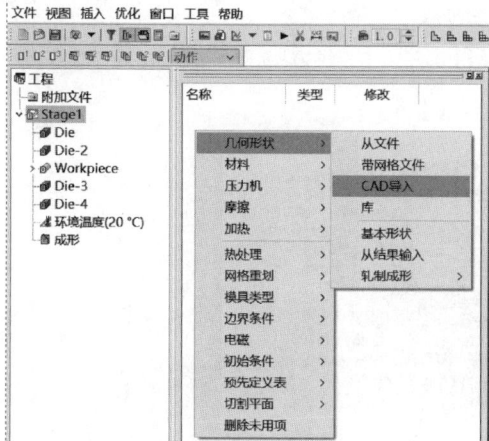

图 4-48 导入 CAD 模型

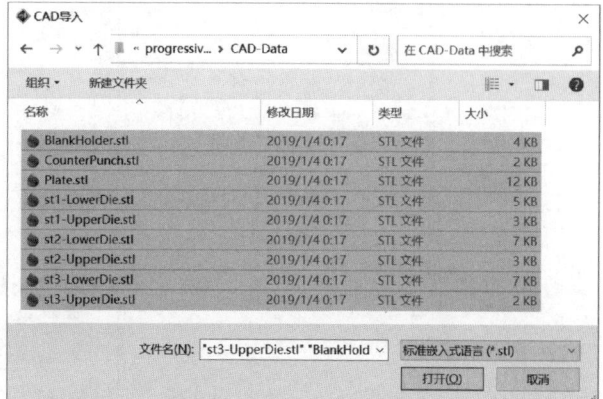

图 4-49 找到几何模型文件

这里提供了坯料"Plate"、压边圈"BlankHolder"、弹簧控制模具"CounterPunch"、各个工位所用到的上模"UpperDie"和下模"LowerDie"的几何模型。选中全部文件（四个工位所需的几何模型）后单击"打开"按钮，或者选择单个文件逐一导入。在弹出的"CAD 导入..."对话框中（图 4-50），确定单位设置为"毫米"。如果需要修改导入的单位，可以取消"定义 CAD 文件的单位"复选框的勾选，单位设置完成后单击"OK"按钮。在导入之前可以对选中的几何模型进行预览，检查将导入的面、片质量，确认后勾选"CAD 文件"对话框中的"使用文件名"复选框，确保导入后仍沿用原几何模型的文件名，如图 4-51 所示，单击"导入"按钮，等待一段时间，导入的几何模型会出现在备品区。

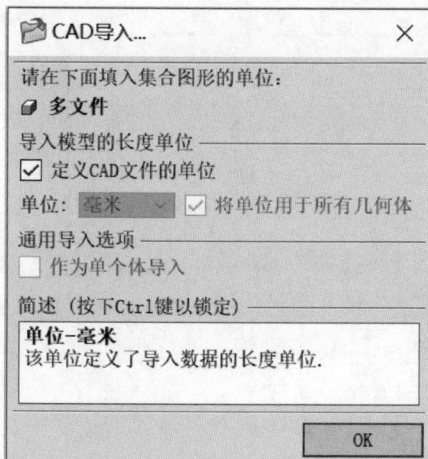

图 4-50 确认导入几何模型的单位

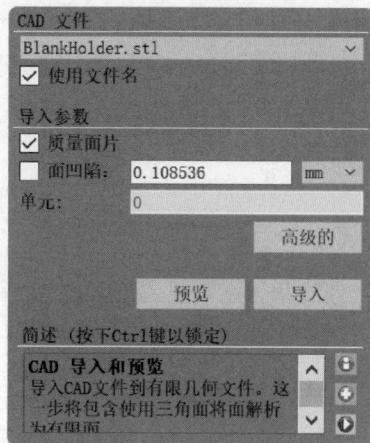

图 4-51 "CAD 文件"对话框

将备品区中"Stage1"工序用到的几何模型 BlankHolder、CounterPunch、st1-Upper-Die、st1-LowerDie 和 Plate 分别拖动赋予进程树中的 Die、Die-2、Die-3、Die-4 和 Work-piece，如果不希望进程树中的名称自动更新为几何模型的文件名，可以按住 Ctrl 键进行拖动，这样将不会自动重命名。为了更清楚地显示目前模型的状态，可以对 BlankHolder、st1-UpperDie 进行透明显示，在模型视图窗口用鼠标右键单击要透明显示的对象后，单击显示模式中的"透明"按钮即可，如图 4-52 所示。

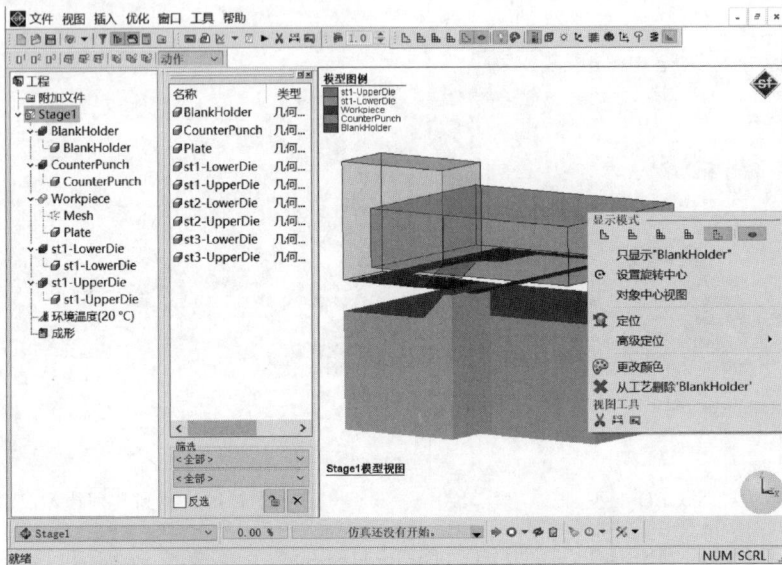

图 4-52   "Stage1"的进程树和视图显示

（3）定义材料

在进行材料定义时，Simufact Forming 可以分别对工件和模具进行材料属性的设置。本例不考虑模具变形，所以不需要额外定义模具材料。工件采用软件材料库中牌号为"X4CrNi18-10_u"的材料。在备品区空白处单击右键，选择"材料">"材料库"，可通过过滤器进行筛选，快速找到该材料牌号数据，如图 4-53 所示。选中材料，单击"OK"按钮，将 X4CrNi18-10_u 材料导入备品区，然后将其拖到进程树中的工件"Workpiece"上，

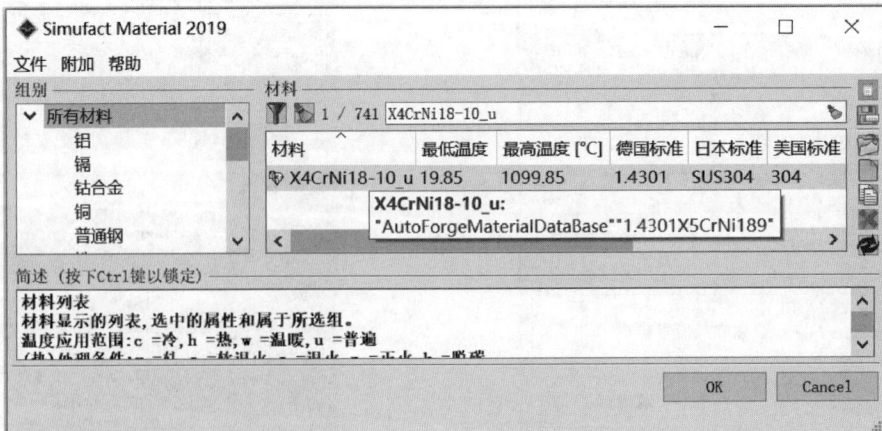

图 4-53   工件材料的选择

给工件赋予材料属性。

（4）定义设备

在备品区空白处单击鼠标右键，选择"压力机"＞"手动定义"，弹出设备参数设置对话框，设备类型选择"液压设备"，设置恒定速度为 100mm/s，设置完成后单击"OK"按钮关闭对话框，如图 4-54 所示。在备品区将该设备命名为"Hydraulic@100mms"。将"Hydraulic@100mms"拖到进程树窗口"Stage1"名称上，给工位 1 赋予压力机设备，然后分别将进程树中的 BlankHolder、CounterPunch 和 st1-UpperDie 项拖动到 Hydraulic@100mms 名称上，如图 4-55 所示，给这三个部件赋予动力特性，也就是在模具中这三个部件能运动而其他的部件默认固定不动。

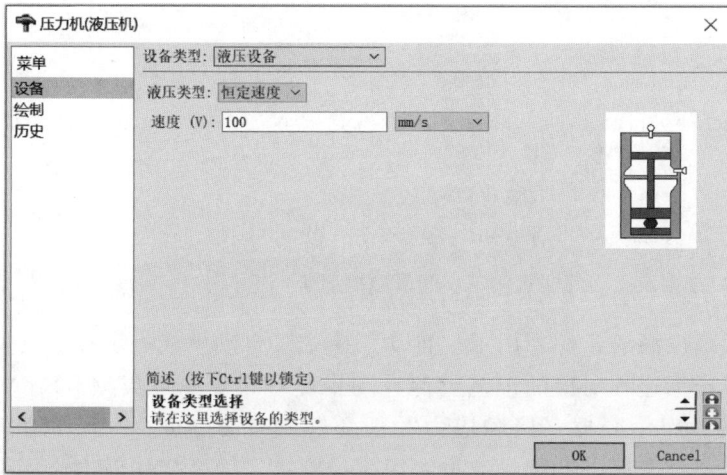

图 4-54　压力机选择及参数设置

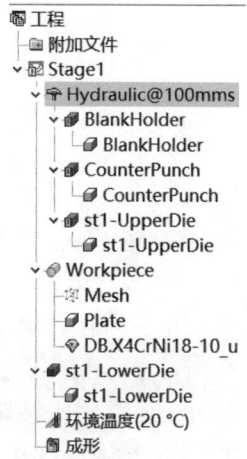

图 4-55　给工位赋予
设备并关联模具

Simufact Forming 的压力机类型包括曲柄压力机、锤锻设备、螺旋压力机、液压机等设备，用户也可以通过"表驱动（平移和旋转）"以表格的方式指定运动设备的平动、转动运动参数，还可以通过"轨道锻造"实现摆碾锻造的模具定义。对于液压设备，除了定义恒定速度的液压设备类型外，还可以设置非恒定速度的液压设备，选择"常规下降"来分别指定起始和结束速度，选择"力-控制"来指定随设备载荷变化的速度。更多信息可以单击对话框右下角的查询按钮 。

（5）定义摩擦

摩擦因子是除了密度、杨氏模量、屈服应力等材料参数以外，另一个非常重要的参数，对工件与模具之间的相互作用力、工件的最终形状、成形力以及模具磨损等都有重要影响，尤其是会导致成形力的增加以及模具磨损，所以应该将成形过程中的摩擦降至最低。本例针对不同的模具设置两种不同的摩擦润滑条件：一种是中等润滑，应用于上模和下模；另一种是不良润滑，应用于压边圈和反向凸模（本例采用弹簧加载）。在备品区空白处单击鼠标右键，选择"摩擦"＞"手动定义"，设置摩擦比例因子为"0.2"，单击"OK"按钮后，在备品区将创建的中等摩擦润滑条件重命名为"med-lubrication"。采用类似的方法定义不良润滑，设置摩擦比例因子为"0.6"，在备品区将创建的不良摩擦润滑条件重命名为"bad-lubrication"，如图 4-56 所示。

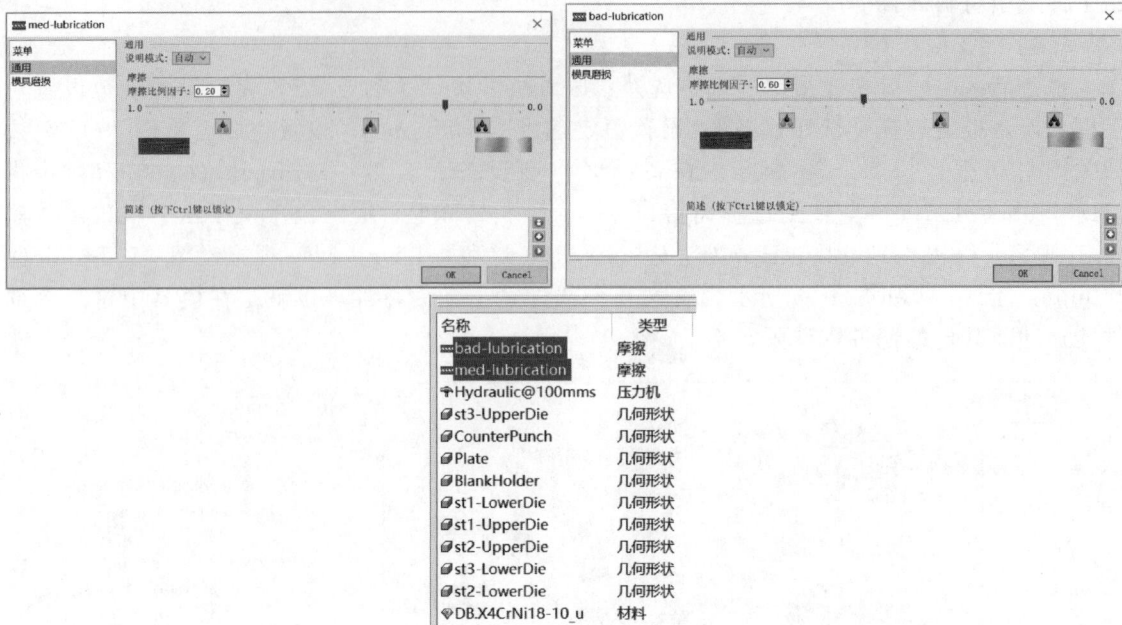

图 4-56 分别定义中等润滑和不良润滑摩擦因子

本例中针对模具和工件间的摩擦润滑条件采用了"自动"模式。自动模式表示在仿真模型创建后，Simufact Forming 将根据进程对应的工艺类型自动推荐和设置摩擦类型。Simufact Forming 提供四种摩擦类型：库伦摩擦（接触应力一般不超过屈服强度）、剪切摩擦（接触应力一般高于屈服强度）、混合摩擦（低接触应力使用库伦摩擦，而高接触应力使用剪切摩擦，使其适用于任何摩擦条件）、IFUM 摩擦（以提出这个模型的汉诺威大学金属成形与设备研究所命名，专门为具有良好润滑的温热模锻工艺开发，因此不适用于冷成形工艺）。自动模式在法向应力较低时采用库伦摩擦，而法向应力超过临界点时转为采用剪切摩擦。临

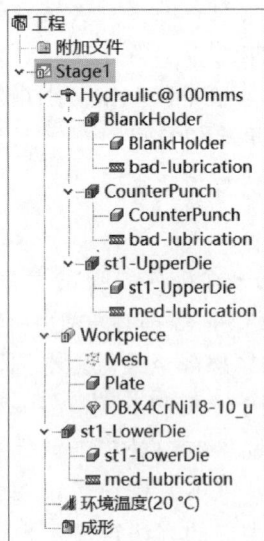

图 4-57 摩擦润滑条件设置完成后的进程树

界点将由指定的摩擦比例因子（软件中用于代表摩擦因子或摩擦系数）以及材料的屈服强度共同决定。用户可以在菜单栏单击"帮助"＞"教程"＞"应用教程"，在应用教程的第 11.3 节进一步了解关于摩擦模型的理论知识。

本例没有考虑模具磨损的计算，保持软件默认设置即可。定义好摩擦润滑条件后，将"med-lubrication"拖动赋予"st1-UpperDie"和"st1-LowerDie"，中等润滑条件有利于工件的成形；将"bad-lubrication"拖动赋予"BlankHolder"和"CounterPunch"，不良润滑条件有利于模具对工件非成形区域的约束，设置完成后的进程树如图 4-57 所示。

（6）定义热边界条件

下面定义模具和工件的热边界条件，即初始温度以及与周围环境的热交换系数、辐射系数。

① 定义模具的热边界条件。在备品区空白处单击鼠标右键，选择"加热"＞"模具"＞"手动定义"，在弹出的"模具温度"对话框中，可以进行"模具初始温度""对环境的热传导系数

（HTC）""对工件的热传递系数""与环境热辐射率"的设置。其中，"对环境的热传导系数（HTC）"可以是"常数"，也可以是"表"。选择"表"时，热传导系数（指传热系数）可以定义为随温度变化的曲线。"对工件的热传递系数"不仅可以定义为随温度变化的"表（Temperature）"，也可以定义为考虑模具与工件之间的接触压力的变化"表（Contact pressure）"，"自动"选项将根据工件/模具的材料参数以及两者的接触压力，计算和推荐热传导系数。"与环境热辐射率"选择"自动"模式时，可以指定材料表面的粗糙度为"光滑""中等""粗糙"，以便软件推荐与之对应的参数用于后续的仿真，如图 4-58 所示。本例采用软件推荐的默认参数设置。

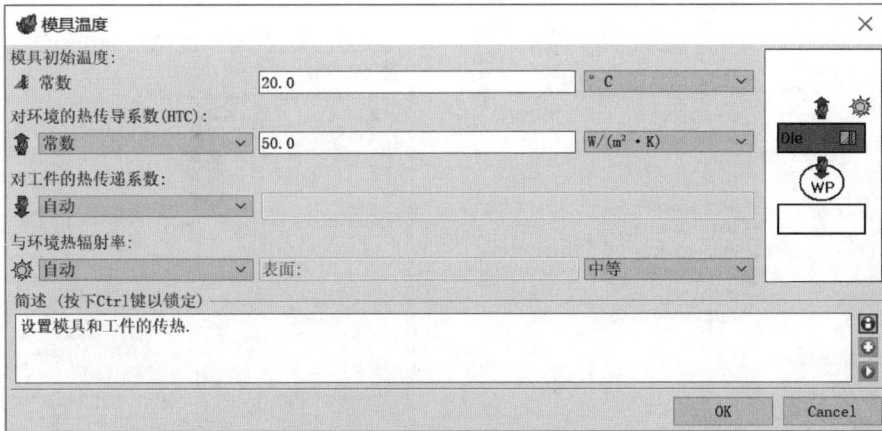

图 4-58 模具的热边界条件设置

② 定义工件的热边界条件。在备品区空白处单击鼠标右键，选择"加热">"工件">"手动定义"，在弹出的"工件温度"对话框中，可以指定工件的初始或重新加热温度、工件与周围环境的热传导系数（HTC）和热辐射率，本例采用软件推荐的默认参数设置，如图4-59 所示。

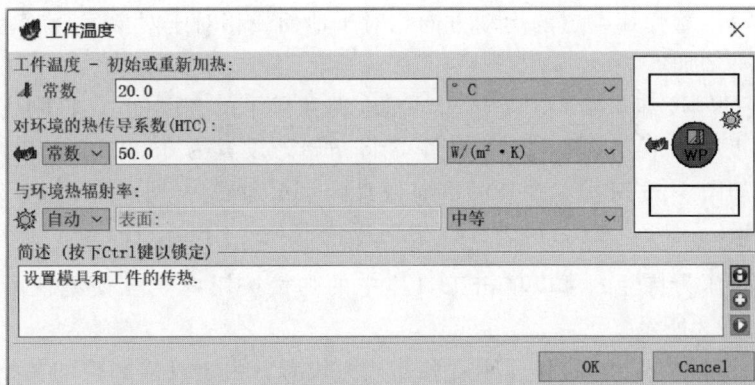

图 4-59 工件的热边界条件设置

本例中所有的模具采用相同的热边界条件，可以拖动所建立的热边界条件到进程树顶部的进程名"Stage1"上，这样所有的模具都会被添加上相同的热边界条件。类似地，将工件的热边界条件拖动到工件上，如图 4-60 所示。如果各个模具具有不同的热边界条件，如初始温度、换热条件等，可以分别定义各自的热边界条件，并分别拖动到各个模具上。

（7）定义弹簧加载模具

本例中包含一个由弹簧控制的反向凸模"CounterPunch"，需要对其添加模具弹簧，本例中采用压缩弹簧定义 CounterPunch 在成形过程中的运动和力，具体操作如下。

① 在备品区空白处单击鼠标右键，选择"模具类型"＞"模具弹簧"＞"手动定义"，在模具弹簧设置对话框中选择弹簧的初始条件为"压缩"，弹簧的运动方向为"Z"，允许的位移量为 3.0mm，弹性是相对于"地面"，如图 4-61 所示。

图 4-60 将热边界条件赋予模具和工件

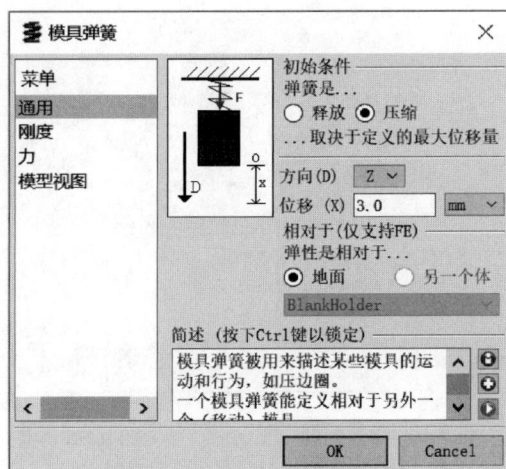

图 4-61 定义模具弹簧

Simufact Forming 提供了两种类型的模具弹簧：一种是本例中采用的压缩弹簧，其特点是模具沿着弹簧设定方向（本例为 Z 向）相对于地面或相对于指定对象（本例为地面）运动时，压缩状态下的弹簧所受的力将会减少；另一种是释放弹簧，释放弹簧的特点与压缩弹簧相反，即当模具沿着弹簧设定的运动方向相对于地面或相对于对象运动时，释放状态下的弹簧所受的力将会增加。

② 定义弹簧的刚度和初始力。单击对话框左侧菜单下的"刚度"，将刚度的大小修改为 10N/m，在"刚度"的下方单击"力"菜单，将初始力设置为 0.005kN，单击"OK"按钮完成参数设置，如图 4-62 所示。在备品区将模具弹簧重命名为"DieSpring＋Z"。

③ 将"DieSpring＋Z"拖动到进程树中的反向凸模"CounterPunch"名称上方，即给反向凸模赋予弹簧压力特性。可以单击工具栏中的弹簧按钮 ，在模型视图窗口查看定义好的弹簧，如图 4-63 所示。

以上完成了针对反向凸模的弹簧刚度和初始力设置，由于反向凸模的初始位置在工件下方还有一段距离，因此在仿真分析开始后，反向凸模由于压缩弹簧的作用向上运动到与工件接触的位置，具体变化可以参考后续的"仿真及结果评价"中的介绍。Simufact Forming 还提供了一般弹簧，可以进行更多方向、更多弹簧类型的选择和设置，具体使用方法可以参考 Simufact Forming 的应用教程（菜单栏"帮助"＞"教程"＞"应用教程"）中 11.2 节的相关介绍。

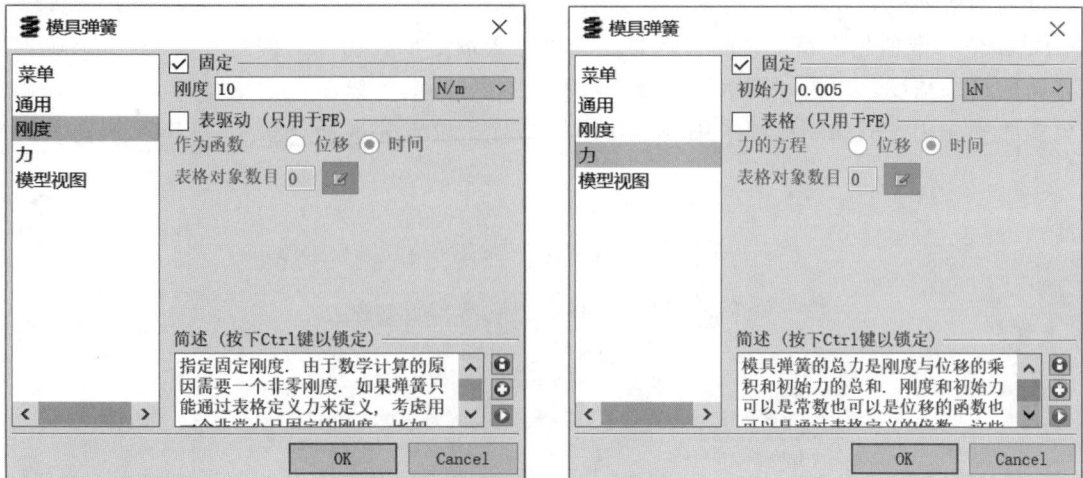

图 4-62　设置模具弹簧的刚度和初始力

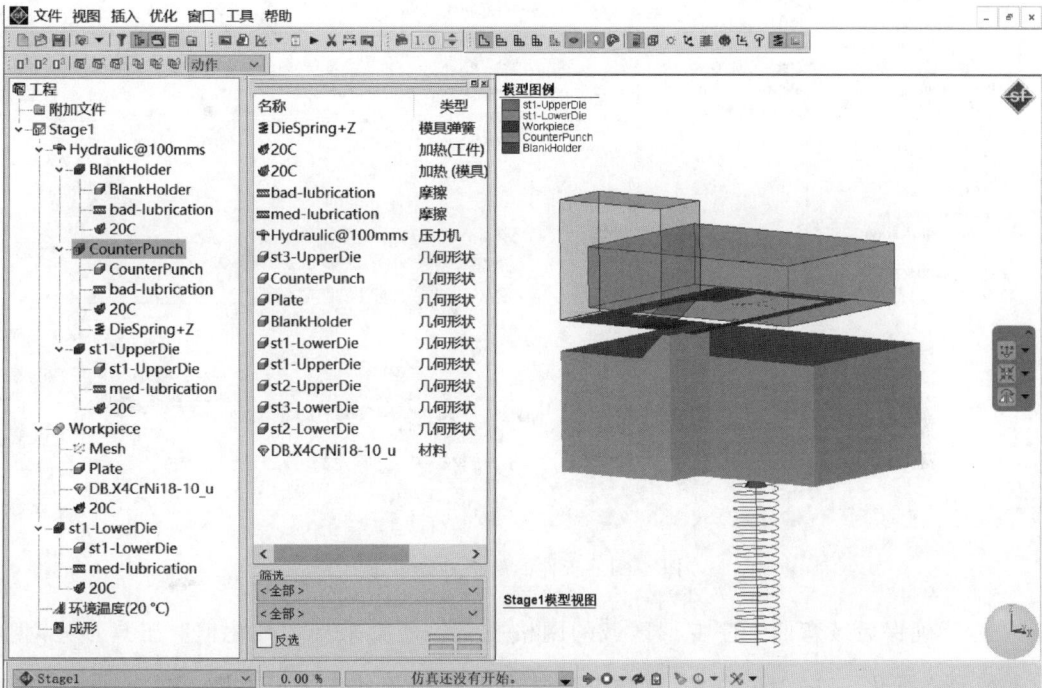

图 4-63　模具弹簧的显示

（8）划分网格

对工件而言，需要考虑其成形过程中的变形、应力分布或温度等变化，因此需要对其进行初始网格划分，对必要的区域（变形较为激烈、特征尺寸较小等）还可以使用网格自适应划分，在成形过程中对这些部位进行自动的网格重划分。

① 工件的网格划分设置，如图 4-64 所示。首先在进程树中的工件"Workpiece"下面，双击网格"Mesh"图标，在弹出的网格划分窗口中，选择"Sheetmesh"网格生成器（针对钣金结构，Simufact Forming 提供了多种网格生成器，其中包括 Sheetmesh、四面体、六面体、Ringmesh，对于本例工件的等厚钣金结构，推荐采用 Sheetmesh 结合六面体单元进行

高精度的网格划分)。"单元尺寸（s）"设置为 0.05mm，"厚度方向单元数量（t）"设置为 3（3 为默认值，数值越大精度越高，但是由于单元数量增加，仿真时间也显著增长），确保厚度方向的结果精度。单击"高级"按钮，在弹出的对话框中修改"曲率角"为 30.0°，确保有更多曲率变化大的区域能够采用精细化网格划分。设置完成后，单击"OK"按钮关闭对话框。

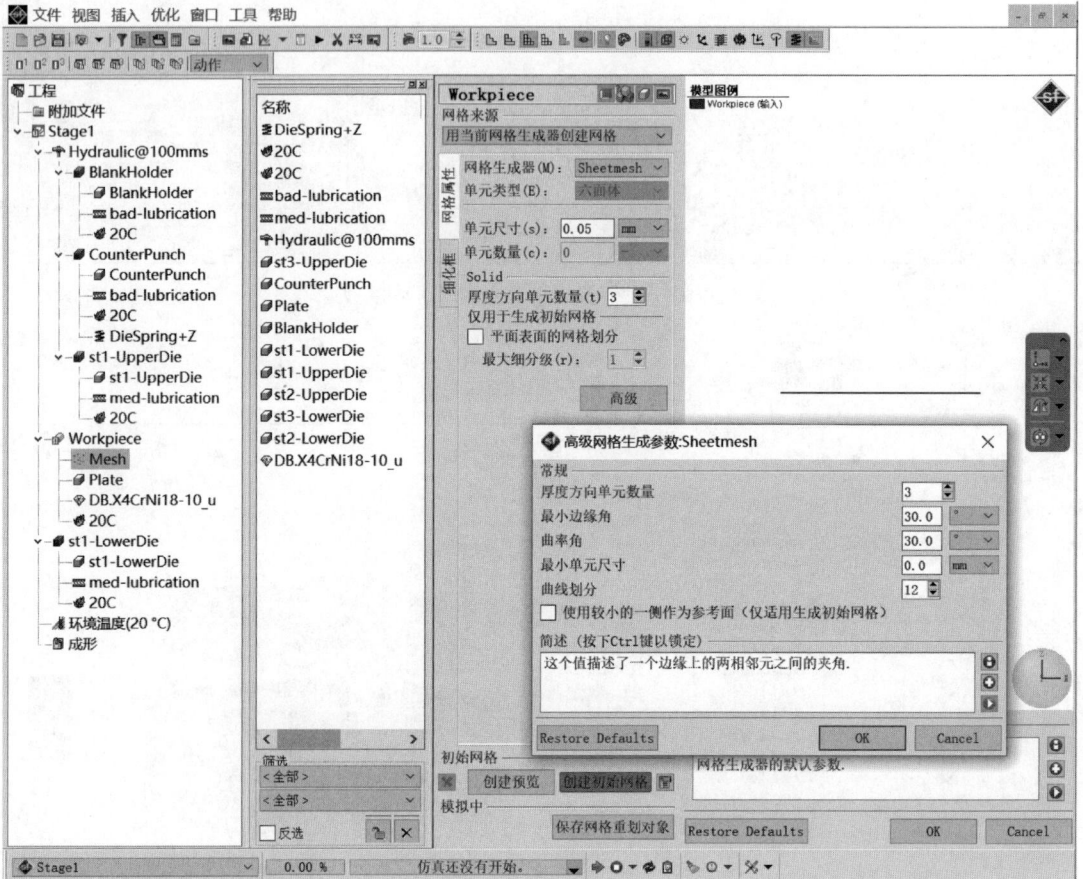

图 4-64 工件的网格划分设置

② 为了确保后续弯曲工序变形区域的网格质量，需要采用"细化框"工具预先对变形区域进行网格细化。在"细化框"选项卡上部方框空白处单击鼠标右键，单击 ➕"添加细化"项，选择类型为"笛卡尔坐标（全部）"，设置细化框的"尺寸"范围，使得"角 1"和"角 2"各个方向的范围如图 4-65（a）所示（x、y、z 坐标值不一定要跟图中的一样），可以在视图区通过鼠标拖动蓝色盒子的表面或坐标轴进行细化区域大小的调整，只要蓝色盒子能够把需要细化部位的上下左右都覆盖了即可。设置完成后，用鼠标右键单击刚创建的细化框"笛卡尔坐标（全部）"，选择"复制细化"创建新的细化框，按照图 4-65（b）所示设置该细化框的"尺寸"范围。设置完成后，单击初始网格窗口左下方的"创建初始网格"按钮进行网格划分，划分结果如图 4-66 所示，可以看到在指定的细化框处采用了细化的网格进行划分，"细化级别（L）"当前设置为 1，表示在整体网格尺寸 0.05mm 基础上，细化区域每个单元边的长度减小一半。如果细化级别提高，那么单元各个边的尺寸将继续减小。最后单

击"OK"按钮关闭网格划分窗口，弹出对话框询问"你想在模拟中使用这些网格生成参数吗？"，单击"Yes"按钮即按照默认选项创建网格重划分对象"Sheetmesh"。双击"Sheetmesh"可以进行网格重划分参数的编辑和修改。本例中将不激活在成形过程中进行网格划分的功能，因此单击鼠标右键菜单将"Sheetmesh"重命名为"RemeshOFF"，并双击它打开网格重划分对话框，选择"重划分选项"为"从不"，如图 4-67 所示，单击"OK"按钮关闭对话框。

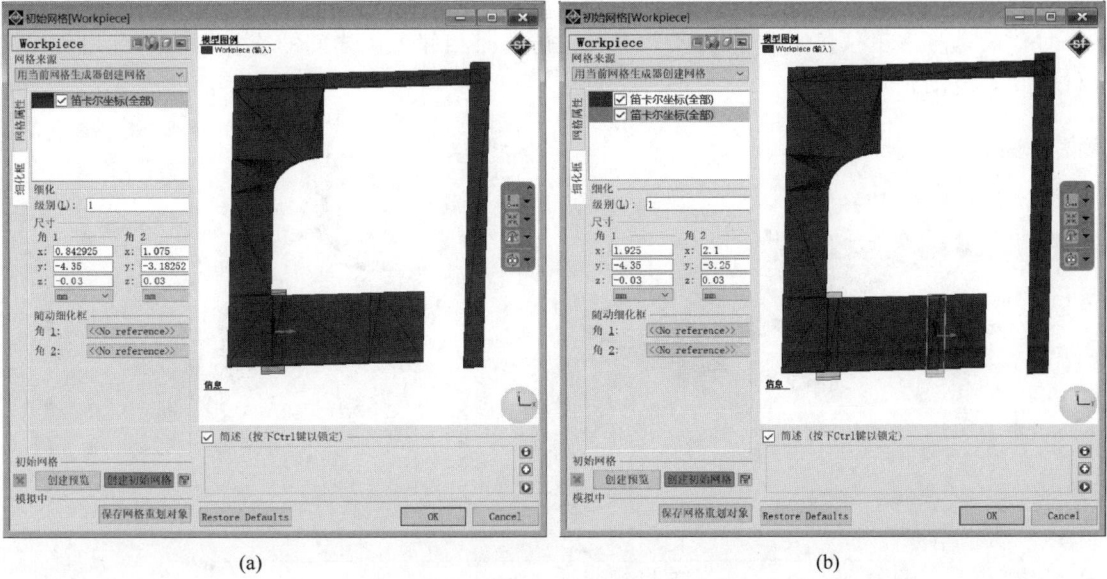

(a)   (b)

图 4-65　弯曲成形区域网格细化参数设置

图 4-66　划分完成后的网格

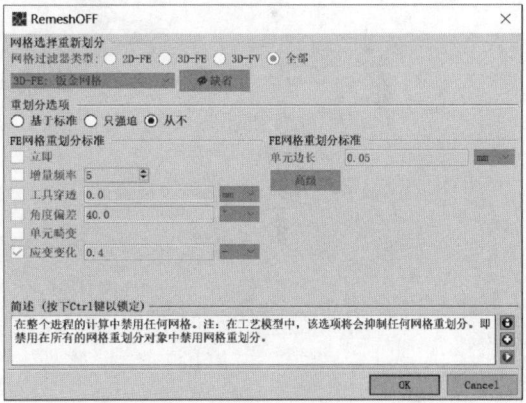

图 4-67　工件网格重划分设置

由于该网格重划分选项已经被赋予工件，因此关闭对话框时会询问"这些数据正在一个或多个程序中使用！仍然要应用你的修改吗？"，单击"Yes"按钮即可。

（9）设置对称边界条件

具有结构对称且成形时受力也对称的工件坯料或带料，建议只选取对称部分建模，这样可大幅缩减仿真计算时间，降低计算机内存容量要求以及节约硬盘存储空间，或者也可以把坯料网格尺寸设置更小以提高求解精度。Simufact Forming 提供了对称边界条件设置工具，可以按照实际的加工工艺，截取局部模型进行仿真。本例截取整体结构的四分之一，需要进行相应的对称面设置，如图 4-68 所示。

在进程树中，鼠标右键单击进程名"Stage1"，选择"插入">"对称平面"，在视图区用鼠标左键依次点击坯料第一个对称面、第二个对称面和第三个对称面，如图 4-69 所示，此时在"对称定义"对话框会依次出现选中侧面对应的对称面，确认无误后单击"确定"按钮关闭对话框。需要注意的是，Simufact Forming 是根据第一、二对称面的位置决定镜像复制，所以第一和第二个对称面必须相交，不然仿真结果不能对称展开和显示。本例设置的第三个对称面是将多工位仿真分解成多个单工位仿真时相邻工位之间的连接，表示此对称面两侧材料互不流动到对面。

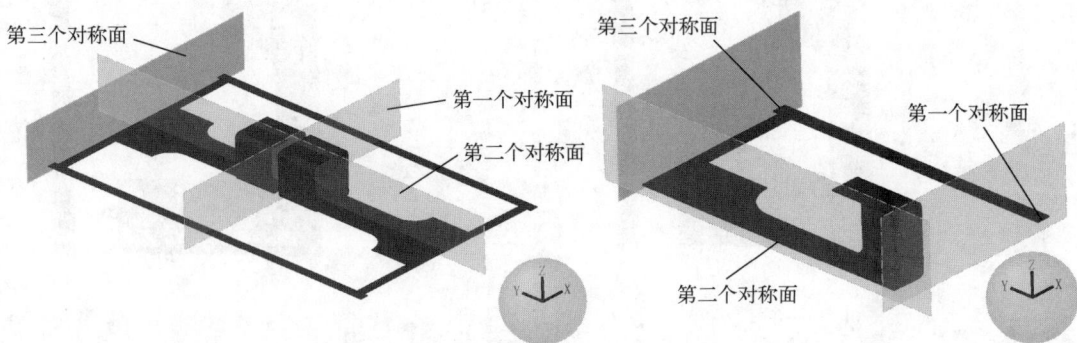

图 4-68 整体结构（左）以及四分之一对称结构（右）

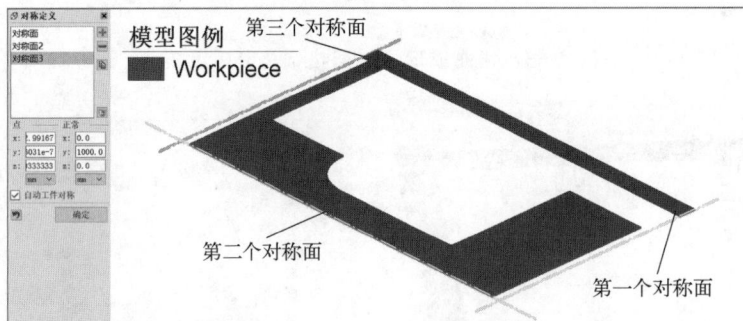

图 4-69 对称面设置

此时进程树中会出现"对称面"对象，如需修改或增减对称面，可以双击"对称面"对象，打开"对称定义"窗口进行编辑修改。单击工具栏中的"对称平面"按钮，可打开或关闭对称面显示。

（10）设置成形控制参数

完成模型的设置后，可以双击进程树底部的"成形"对象，在打开的"成形控制（有限元）"对话框中进行成形控制参数的设置，具体操作如下。

① 设置行程。在该对话框的"行程"菜单中，可以根据动模具运动方向、CAD 模型中动模具与工件的相对位置与距离以及成形的进给量、所选用的设备等进行"方向""行程/时间"的设置。本例导入的 CAD 模型中，上模具（运动模具）的位置在工件的上方（＋Z 方向），因此设置动模具的运动方向为－Z 方向，即点击向下按钮。另外，根据上模具

下表面到下死点的距离，设置行程大小。当前上模具（st1-UpperDie）、下模具（st1-LowerDie）之间存在间隙，这会导致成形开始后有一段空行程。为了避免不必要的空行程，减少仿真计算时间，可以手动进行间隙的闭合。如果在 CAD 建模阶段没有把模具相对位置移动到位，在 Simufact Forming 中可采用"定位"工具，调整多个对象的位置（平移、旋转、重力定位、匹配边界等）。在视图窗口中右键单击下模具（st1-LowerDie），弹出右键菜单，选择"定位"。在"定位"对话框中，点击平移按钮 ▣，转换方向切换到"Z"向，移动距离输入 0.051mm，单击右侧的按钮 ➡ 移动模具，如图 4-70 所示，移动后单击"OK"按钮关闭"定位"对话框。

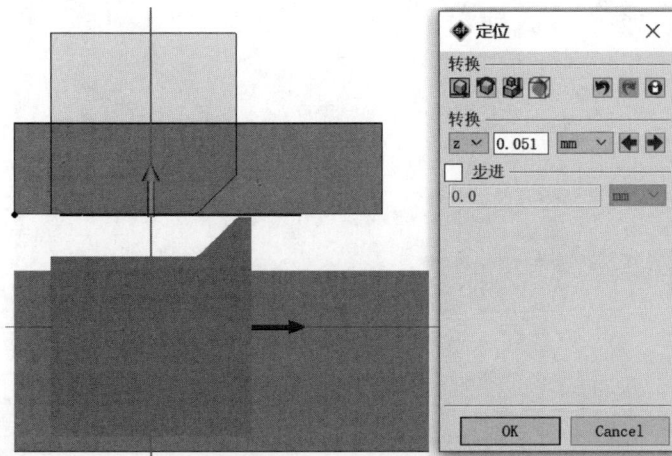

图 4-70 移动模具减小间隙

经过位置调整后，点击工具栏上的测量按钮 ▣，测量上、下模具间的 Z 向距离，减去工件厚度后大约是 0.449mm，所以设置"行程"为 0.449mm，如图 4-71 所示。在"行程"菜单中还提供了"额外终止准则"设置，允许在分析过程中根据工件与模具接触区域的大小、最大设备吨位、模具载荷大小等判断是否提前终止操作。

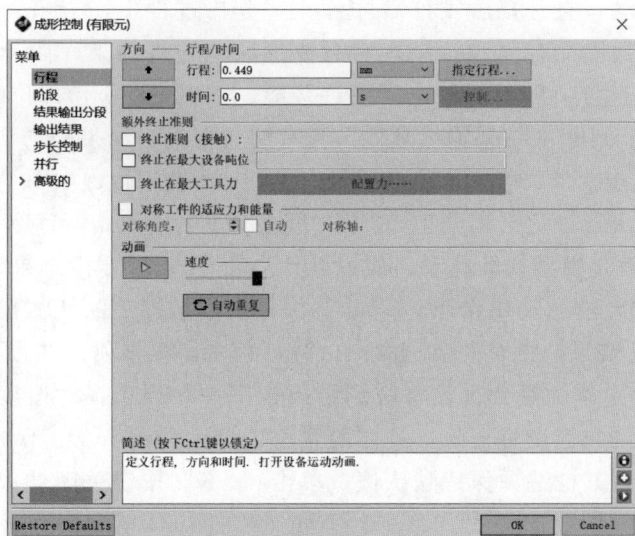

图 4-71 行程参数设置

② 设置阶段。在"阶段"菜单中，勾选第三、第四、第五阶段，如图 4-72 所示。第三阶段"工件变形"将开始成形过程的仿真。第四阶段"释放定义设备的模具"在成形结束后将动模具（连在设备上运动的模具）打开撤离，此时工件将有回弹产生。第五阶段"从固定模具中释放工件"将全部固定模具（本例为下模）撤离，此时模具对工件的约束完全释放，得到的是工件回弹结束后的最终形状。

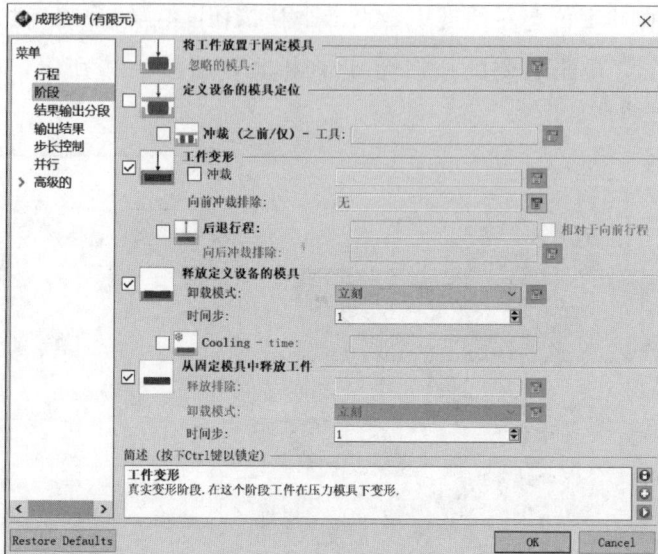

图 4-72 阶段参数设置

在第一阶段"将工件放置于固定模具"中，可以自动实现工件放置于固定模具（本例为st1-LowerDie）上表面的操作。第二阶段"定义设备的模具定位"可以实现动模具（本例为BlankHolder、CounterPunch、st1-UpperDie）自动定位到工件表面贴合的操作。本例中工件的初始位置已经贴合上模具 st1-UpperDie 的下表面，因此不需要再勾选第一和第二阶段进行自动的工件定位。分析开始后，CounterPunch 反向凸模会由于设置的压缩弹簧的作用向上（$+Z$ 方向）移动，直到接触工件后才停止。分析过程中，CounterPunch 与工件另一侧的 BlankHolder 压边圈配合同步运动，对非成形区域进行约束，而 st1-UpperDie 上模具会向下运动，推动坯料与 st1-LowerDie 下模具接触，实现工件折弯部位的成形。

③ 设置结果输出分段。"结果输出分段"菜单将设置输出结果的增量步数量，在"结果输出分段类型"下方选择"平均等分输出结果"，默认数量为 41，如图 4-73 所示，表示模型提交计算后，将整个成形过程平均分为 40 个时间段进行结果输出和显示。另外，会输出第 0 增量步的结果，也就是模型初始状态，所以总计有 41 个增量步的结果。

④ 设置输出结果。在"输出结果"菜单中，可以指定程序默认输出的变形、应力、应变等结果以外的其他结果，例如，勾选输出"厚度"结果选项，并设置"最大厚度"为 0.04mm（见图 4-74）。该设置会自动对应到结果视图中，当选择"厚度"结果显示时，图例的范围会按照指定的数值设置上限，具体内容可以参考后续 4.3.3 节部分。

完成上述设置后，其他选项保持默认值，单击"OK"按钮关闭"成形控制（有限元）"对话框。下一步需要继续建立第二、第三、第四工序的仿真模型，最后通过阶段控制工具"StageControl"来进行任务的提交。

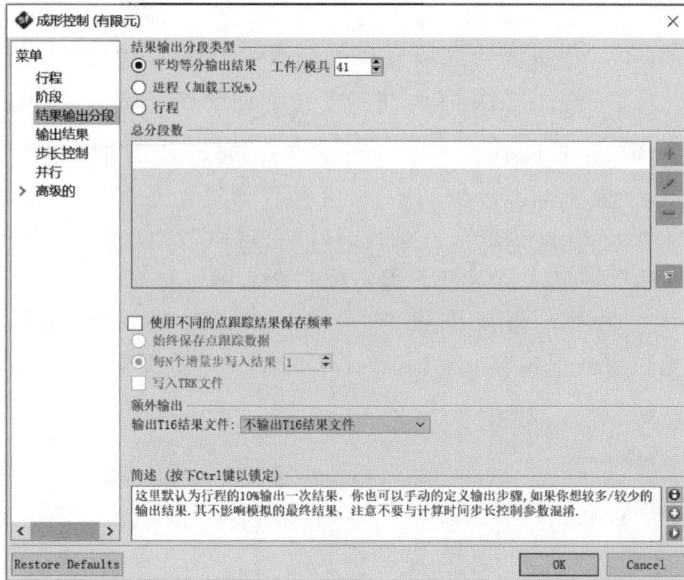

图 4-73　结果输出分段设置

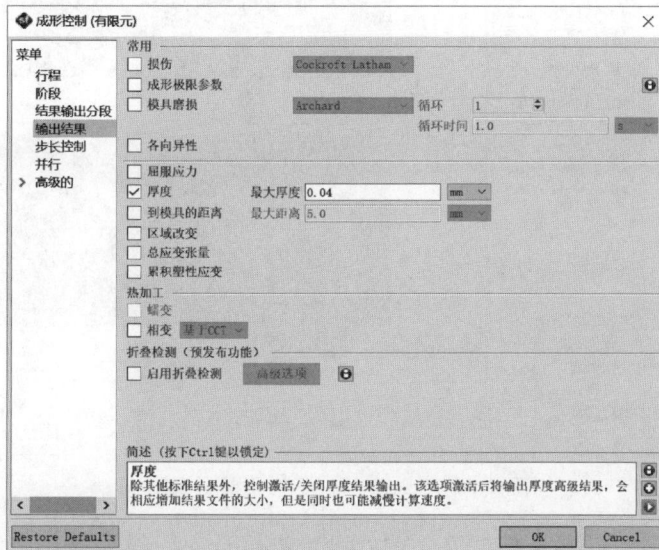

图 4-74　增加工件厚度结果输出

（11）定义其他工序

在 Simufact Forming 中针对多工序仿真过程提供了阶段控制工具 "StageControl"，用来实现将前一工序结果自动传递给下一工序作为输入并开始仿真计算的操作。设计师只需按照各个工序对应的实际加工工艺进行除工件（以及其他需要传递到下一工序的对象）以外的其他对象的定义和设置。所有工序的进程模型定义完成后，在进程树最下方空白区域单击鼠标右键，选择"插入阶段控制"，进行相应的设置即可。下面首先介绍第二、第三、第四工序进程树模型的创建方法和具体参数设置。

① 创建第二工序进程。为了方便设置，这里将通过复制第一工序的进程来快速创建第二工序的进程。鼠标右键单击第一工序的进程名 "Stage1"，选择"复制"＞"不带结果复制"，将新复制出的进程重命名为 "Stage2"。第二工序中将采用不同的上、下模具进行另外

一个部位的弯曲成形，因此需要将"st1-UpperDie""st1-LowerDie"分别替换为"st2-UpperDie""st2-LowerDie"，此时进程树及模型的状态如图 4-75 所示。由于进程"Stage1"中为了避免空行程，对下模 st1-LowerDie 进行了位置调整（上移），所以在进程树中对应的"st1-LowerDie"图标 🔲 右下角有红色的上下箭头，表示位置被调整过，复制出的进程"Stage2"将继承这个调整，但由于"Stage2"无须保留这个设置，因此可以通过鼠标右键单击"Stage2"中的"st2-LowerDie"，然后选择"重定位"，取消对于新模具的不必要的位置调整。在弹出的对话框中显示"重新设置定位不能撤销。您真的想重新设置位置吗?"，单击"Yes"按钮确认。另外，将反向凸模 CounterPunch 的位置向下（－Z 向）移动0.505mm，使其初始位置在下模具 st2-LowerDie 的下方，从而确保在成形过程中不会被卡住，如图 4-76 所示。

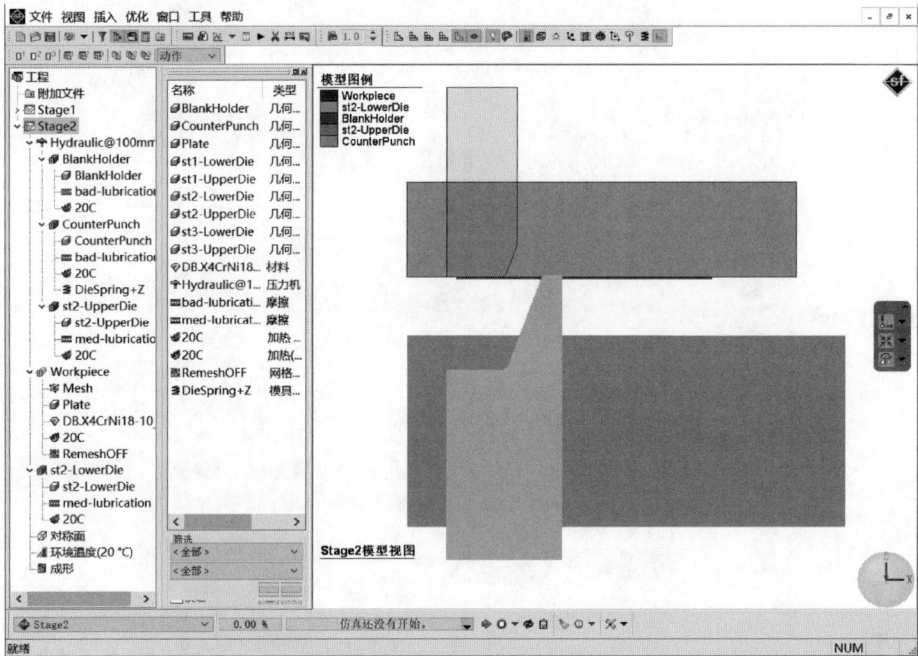

图 4-75　Stage2 的进程树和模型视图

②　进行第二工序的成形参数设置。首先设置进给行程，根据第二工序中导入的下模的位置，确定上模向下的进给行程为 1.005mm，如图 4-77 所示。

③　选择"阶段"菜单，勾选"将工件放置于固定模具"，如图 4-78 所示。由于第一工序成形结束后工件的初始位置发生了变化，因此需要勾选该选项，使得在第二工序成形仿真开始前，工件的初始位置自动被调整到上、下模具之间。通过后续的仿真结果可以看到，自动调整后工件将被放置在下模的上表面，定位完成后再开始后续的成形仿真。

④　完成第二工序的定义后采用类似的方法复制 Stage2 创建第三工序 Stage3 的进程，需要将"st2-UpperDie""st2-LowerDie"分别替换为"st3-UpperDie""st3-LowerDie"，此时进程树及模型的状态如图 4-79 所示。第三工序的成形控制参数中，"行程"菜单跟第二工序保持一致，"阶段"菜单中设置勾选"将工件放置于固定模具"和"工件变形"。在第三工序成形结束时不模拟模具撤离，主要是由于第四工序将采用与第三工序相同的模具，因此第三工序不需要计算模具撤离的状态，具体设置如图 4-80 所示。

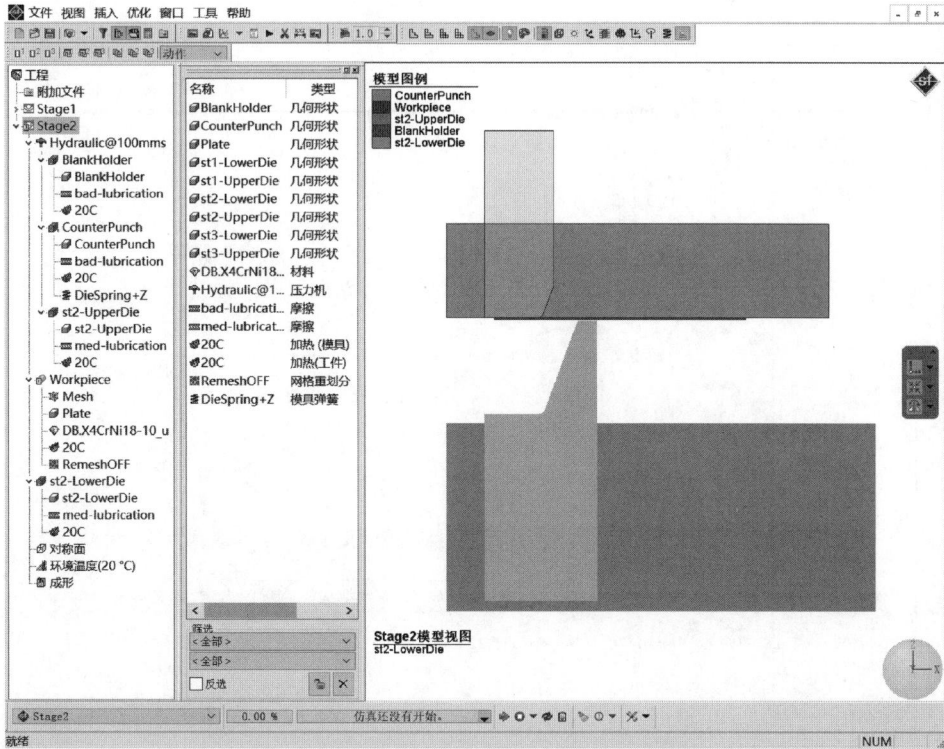

图 4-76 调整下模和反向凸模的初始位置

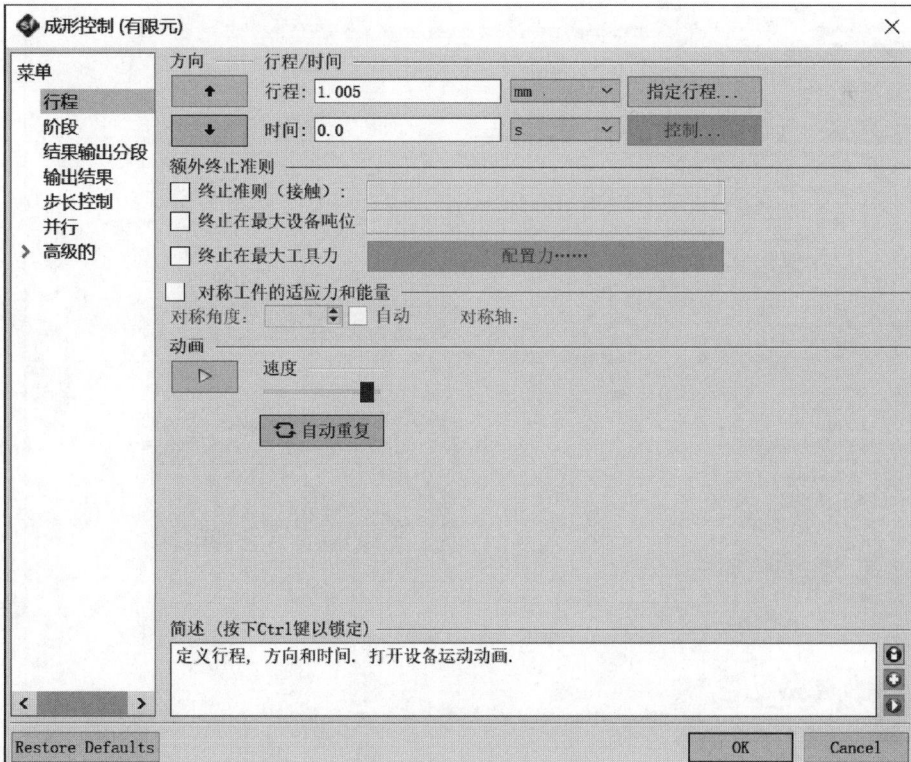

图 4-77 Stage2 成形参数设置

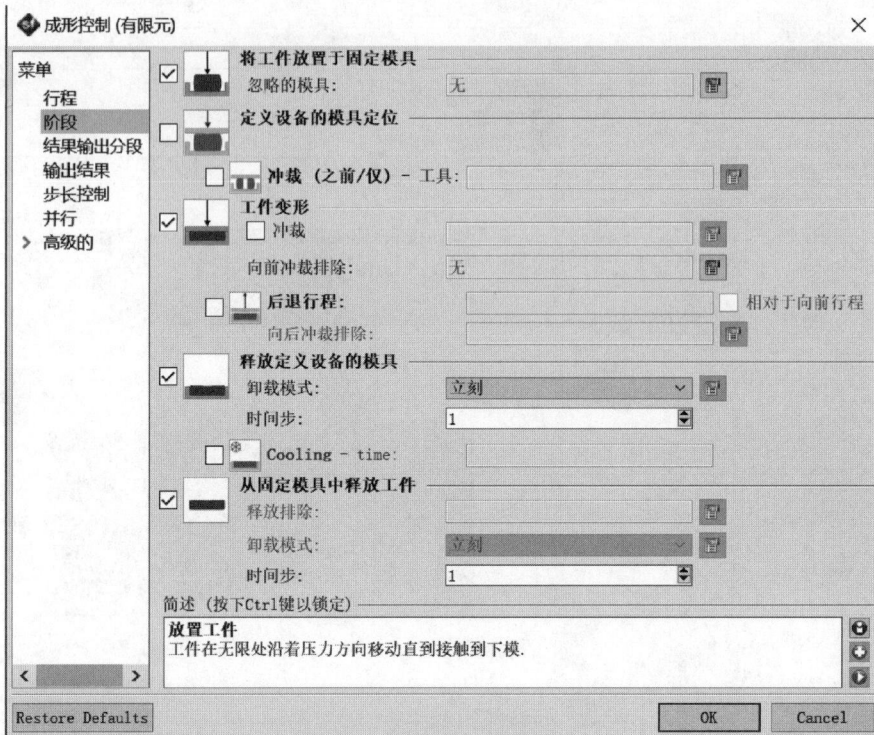

图 4-78 Stage2 阶段设置

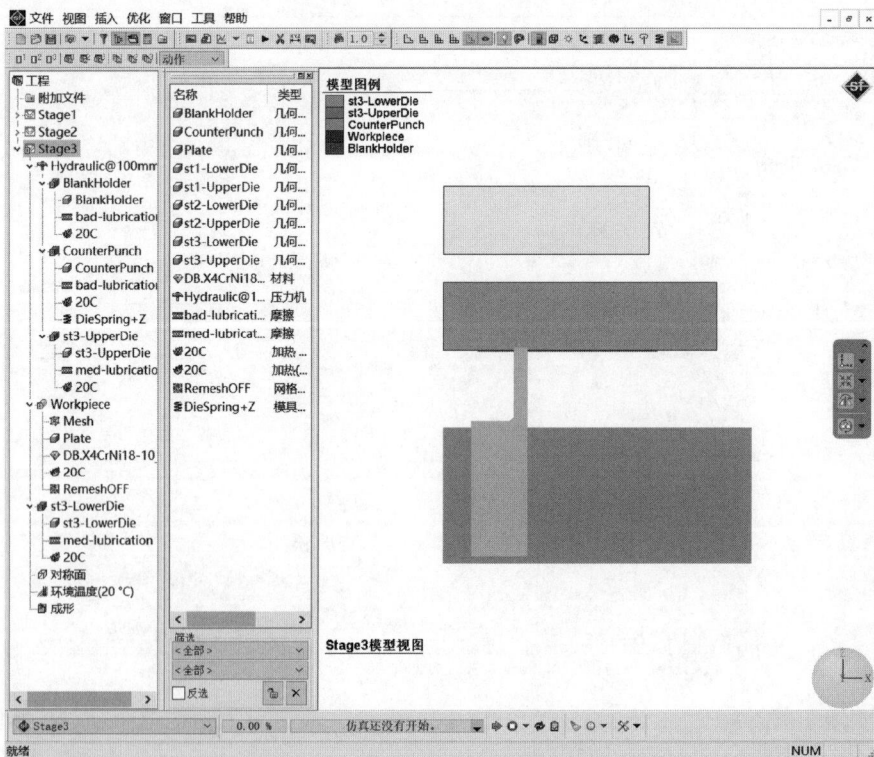

图 4-79 Stage3 的进程树和模型视图

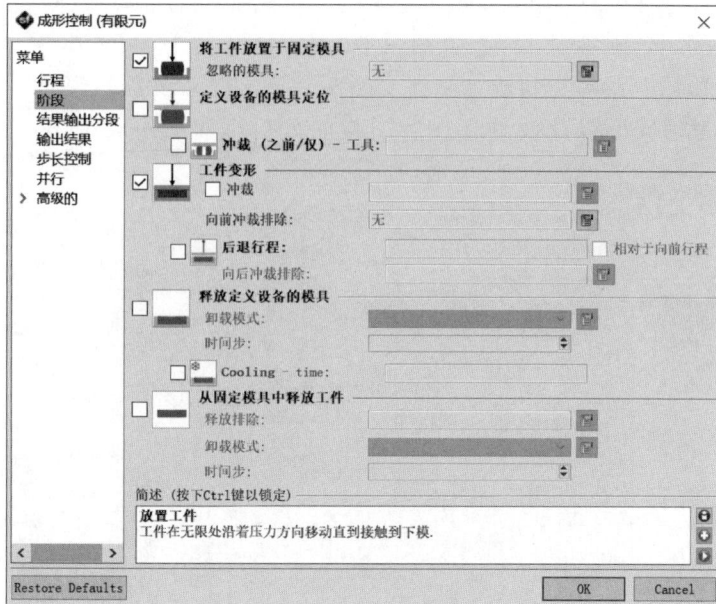

图 4-80 Stage3 阶段设置

⑤ 完成第三工序的定义后，复制 Stage3 创建 Stage4。在第四工序中将继续使用第三工序中的模具，但压边圈（BlankHolder）在该工序中将不再是运动模具，这是由于该工序将对第三工序成形后的工件的局部区域进行折弯加工，工件不发生整体运动，因此只需要确保上模具的进给运动即可。此时需要将压边圈（BlankHolder）从液压设备（Hydraulic@100mms）中拖曳出来，这样在成形仿真过程中压边圈（BlankHolder）将保持静止，主要用于限制工件向上的运动，而工件下方的反向凸模（CounterPunch）继续在压缩弹簧的作用下对工件进行压紧。Stage4 的进程树和模型视图如图 4-81 所示。

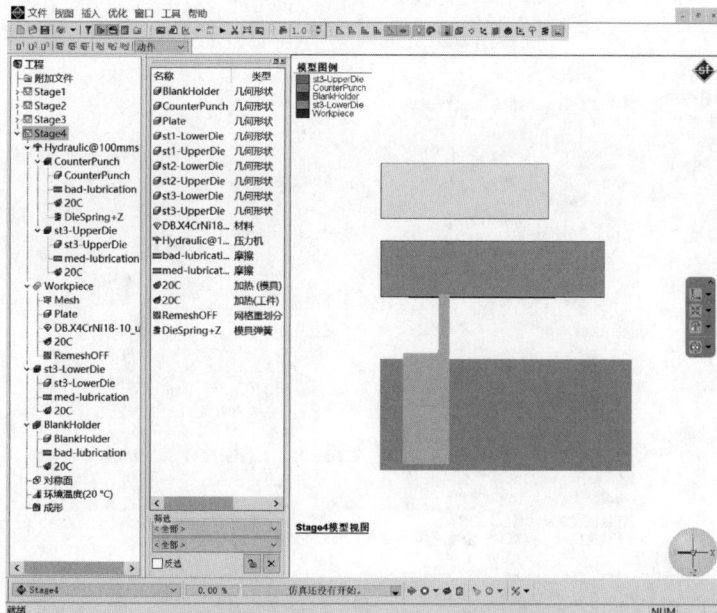

图 4-81 Stage4 的进程树和模型视图

在成形过程中，上模 st3-UpperDie 向下运动，与下模 st3-LowerDie 配合完成最后的成形。第四工序成形控制参数设置如图 4-82 所示，"行程"菜单中"行程"设置为 0.3563mm，在"阶段"菜单中勾选"工件变形""释放定义设备的模具"和"从固定模具中释放工件"，即考虑成形以及模具释放后回弹的分析，如图 4-83 所示。由于此时压边圈

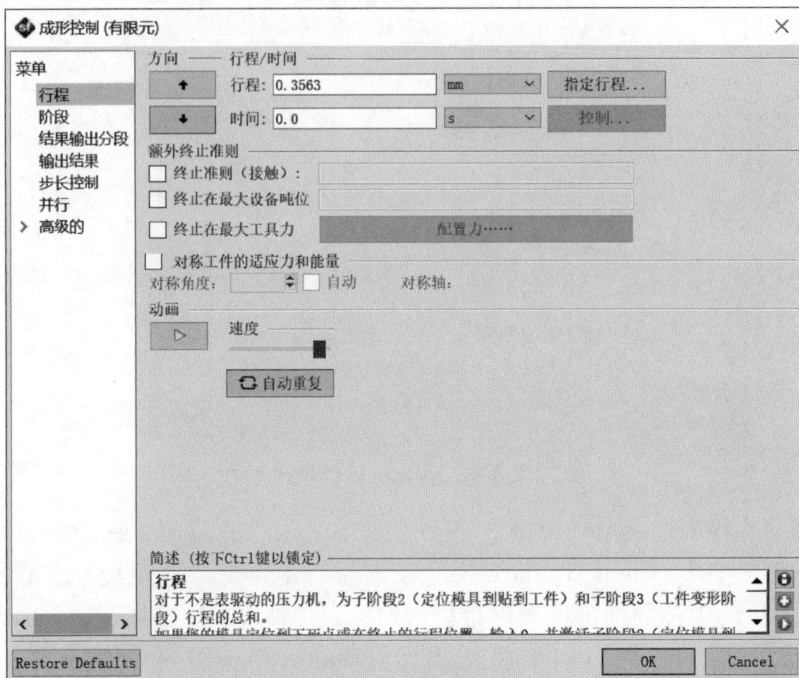

图 4-82 Stage4 行程设置

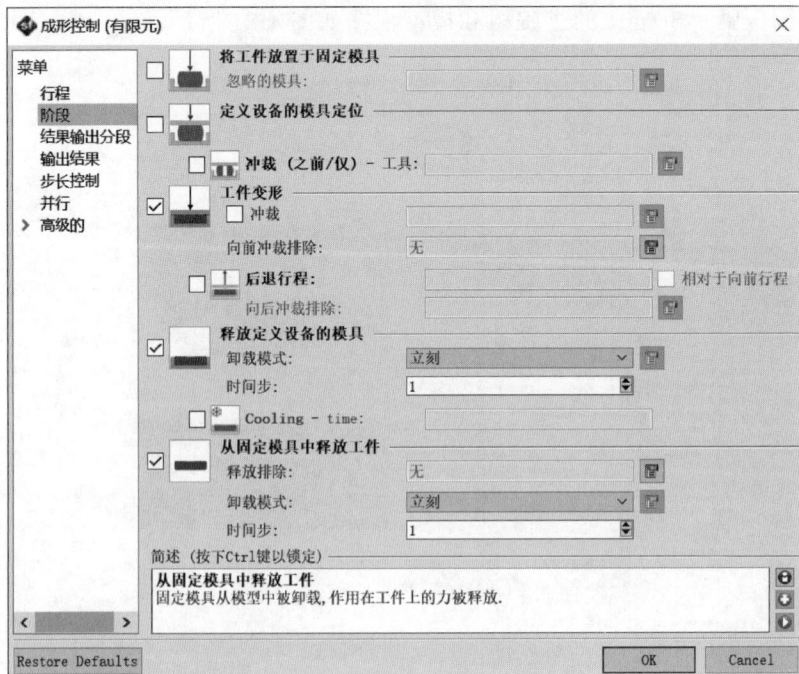

图 4-83 Stage4 阶段设置

（BlankHolder）也是固定模具，所以不再勾选"将工件放置于固定模具"。

（12）阶段控制设置

① 完成四个工序的定义后，可以插入阶段控制"StageControl"。在进程树下方空白区单击鼠标右键，选择"插入阶段控制"，并重命名为"StageControl"。将定义完成的第一至第四工序的进程依次拖动到刚创建的阶段控制 Stage-Control 上，如图 4-84 所示。

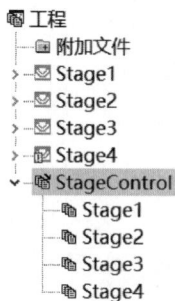

② 从第二工序开始需要读取上一工序的结果作为输入，因此需要双击图 4-84 所示"StageControl"下面的进程名，分别进行传递、转换参数的设置。首先双击"Stage2"，在弹出的对话框中可以看到针对"Stage1→Stage2"的参数设置窗口。其中，"组件"菜单中勾选"Work-piece"，如图 4-85 所示。由于 Stage1 和 Stage2 中的工件均采用了相同的名称，因此这里勾选"Workpiece"可以确保 Stage1 计算结束后把"Workpiece"结果自动传递给 Stage2 作为工件的初始状态。在使用"插入阶段控制"功能时，一定要确保工序间需要传递结果的对象（组件）的名称保持一致，否则会由于找不到对应名称的对象而导致结果自动传递失败。

③ 在"定位"菜单中可以进行工件位置的旋转、平移等设置。本例中工件的位置不需要进行调整，因此采用默认设置即可，如图 4-86 所示。

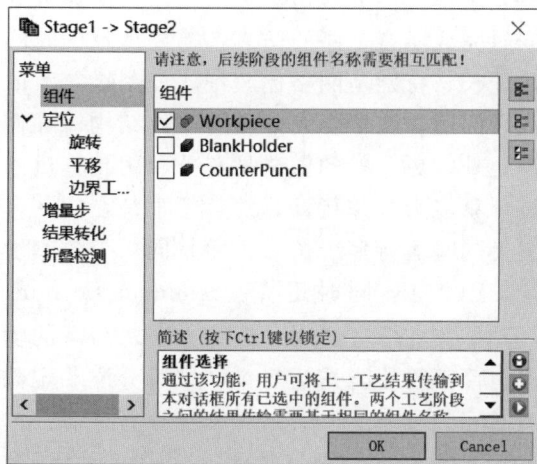

图 4-84 设置阶段控制 StageControl

图 4-85 Stage2 阶段控制的组件选择

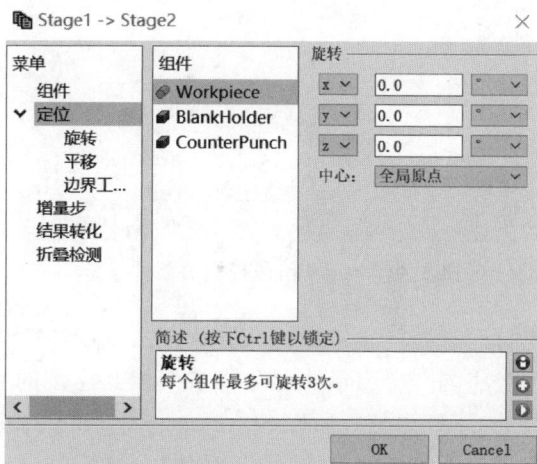

图 4-86 Stage2 阶段控制的定位设置

④ 在"增量步"菜单中设置要传递的结果对应的时刻，这里默认为仿真结束时的"最后一步"的结果，对于 Stage1 来讲，对应的是所有模具打开、撤离后的状态，如图 4-87 所示。

⑤ 在"结果转化"菜单中可以勾选要传递到下一个工序的结果类型，设置完成后单击"OK"按钮，如图 4-88 所示。

⑥ 完成 Stage2 的传递参数设置后，可以采用类似的方法，双击"Stage3"进行设置。"Stage2→Stage3"采用与"Stage1→Stage2"完全相同的设置。

⑦ Stage4 的参数传递设置跟前两个工序有所不同，由于在 Stage3 中没有考虑模具的撤离，直接在成形结束后继续进行 Stage4 的仿真，所以在"Stage3→Stage4"对话框的"组件"菜单中勾选所有组件名称，如图 4-89 所示，表示将继承 Stage3 的工件成形结果和成形结束后所有模具及其位置。菜单中的其他项采用默认设置。

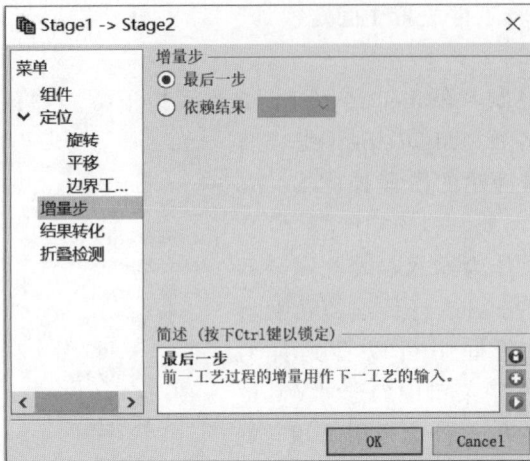

图 4-87 Stage2 阶段控制增量步设置

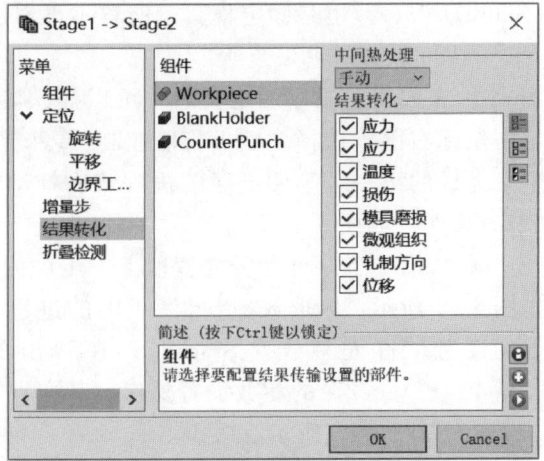

图 4-88 Stage2 阶段控制结果转化设置

图 4-89 Stage4 阶段控制的组件设置

4.3.3 仿真及结果评价

（1）运行仿真计算

① 并行计算设置。多工位成形仿真不管是由多个单工位成形仿真按照工序依次完成或者同时完成所有工序的仿真，需要计算的时间都比较长，特别是网格比较细、模型比较大的时候，因此，除了要充分利用工件结构对称性建模之外，更一般的做法是充分利用计算机的并行计算能力。并行计算的意思不是在同一台电脑上同时运行多个仿真，而是同一个仿真由多个 CPU 内核同时运算。Simufact Forming支持两种并行化选项：域分解方法（DDM）与共享内存并行（SMP）计算方法，前者的功能是将同一个变形体划分为多个相互连接的"域"，后者的功能是为每个"域"分配一定数目的 CPU 内核，所以 Simufact Forming 的并行计算可以概括为：多域×多核并行计算。单击"成形控制（有限元）"对话框中的"并行"，打开"并行"菜单，如图 4-90 所示。"域数量"控制的是将变形体（工件）划分成几个域，只有在指定其数值为 2 或大于 2 时，后面的"方法"及"孤岛检测"才变为活动状态。"内核数"控制的是为每个域分配几个 CPU 内核。"激活的核"后面的数字是自动生成的，其值等于"域数量"乘以"内核数"，不得大于电脑拥有的 CPU 内核数和软件许可证允许使用的最大 CPU 内核数中的较小值。

不同的电脑硬件条件采用的并行计算设置参数可能不一样。DDM 和 SMP 最佳搭配的设置方法为：在保持 SMP 为 1 的前提下逐渐提高 DDM 并做计算测试，当计算速度不再有明显提高时转向提高 SMP，SMP 越大越好，只是要考虑到"激活的核"的上限。在计算过程中，DDM 的域之间需要数据交换、结果合并等，当模型单元数量较少而域比较多时，这些交换合并过程占用的 CPU 时间可能会抵消并行计算带来的优势，所以 Simufact Forming建议每个域内使用 10000～15000 个网格单元，如果设置域的个数比较多，则性能和稳定性可能会降低。

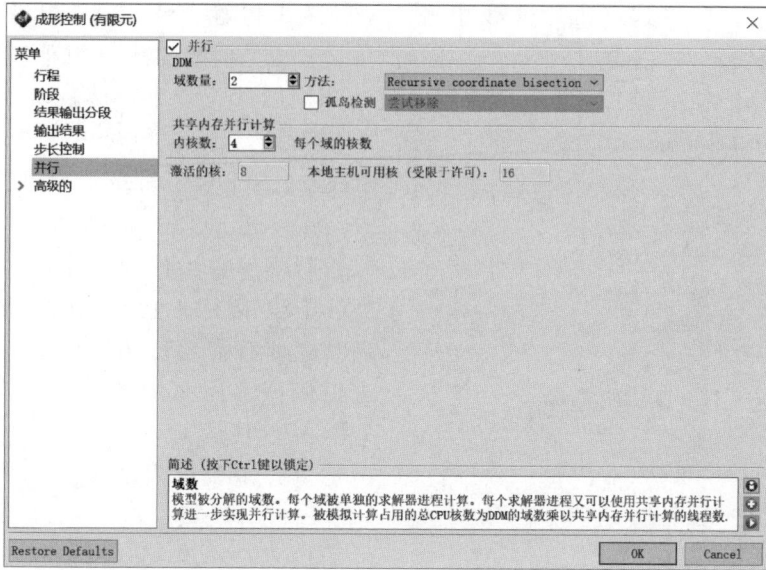

图 4-90 并行计算设置

② 接触设置。本例工件板厚比较薄，仅为 0.02mm，而且厚度方向划分 3 层实体单元，每层单元厚度更小，由于弯曲成形过程中模具棱边可能会跟坯料接触，仿真时模具棱边容易穿透坯料单元层，可能会导致接触计算不稳定以及应力应变值异常，所以需要对接触进行设置。在"成形控制（有限元）"对话框左侧菜单中，点击"高级的"＞"接触"，在出现的接触设置窗口将"接触"默认的"自动"选项切换成"手动"，然后把"接触检测"默认的"点线接触"切换成"线线接触"，如图 4-91 所示。点线接触是 Simufact Forming 默认的接触设置，是因为点线接触算法发展得比较早，应用广泛，其在检查一个单元节点跟接触对象的线或面之间的接触时没有问题，但是当涉及双面接触，比如棱边接触，可能会出现穿透以及应

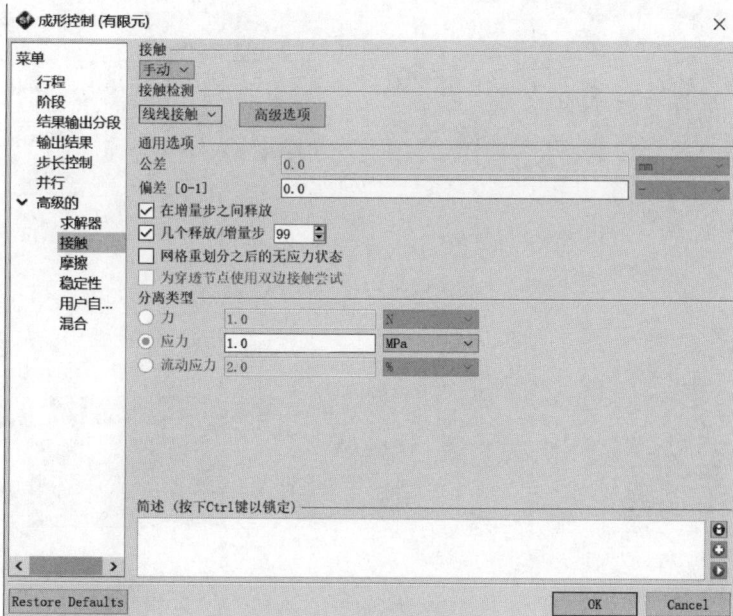

图 4-91 接触设置

力不连续等现象，所以建议采用线线接触，可以减少接触穿透，保持计算稳定。分别在 Stage1、Stage2、Stage3、Stage4 中将"接触检测"设置成"线线接触"，其他项保持默认值。

③ 提交计算。在所有工序的成形控制中设置相同的并行计算和接触参数后，右键单击进程树窗口中的"StageControl"，选择"模拟"＞"运行"，点击"开始分析"按钮，Stage1、Stage2、Stage3、Stage4 自动依次运行计算。Stage2、Stage3、Stage4 在计算前会根据阶段控制菜单中组件的选择，软件会自动在备品区中生成上一个工序计算结束时的工件、模具（如有需要）几何模型，并且自动替换进程树该工序相应的工件、模具几何模型，如图 4-92 所示。

图 4-92　多工序仿真自动传输中间结果

（2）仿真结果评价

通过有限元求解计算，可以获得不同工位的仿真分析结果。Simufact Forming 可以实现结果的实时查看，即边计算求解边查看后处理结果，随时查看已经计算完成的工况的结果，并且支持多个结果视图窗口同步显示，便于对比分析。当计算开始后，在进程树的下方会出现"结果"对象，双击该对象可以打开结果显示窗口进行查看。Stage1 至 Stage 4 的仿真结果（工件的等效塑性应变）如图 4-93～图 4-96 所示，可以看到 Stage2、Stage3、Stage4 的模型初始状态继承了上一工序的坯料变形结果。

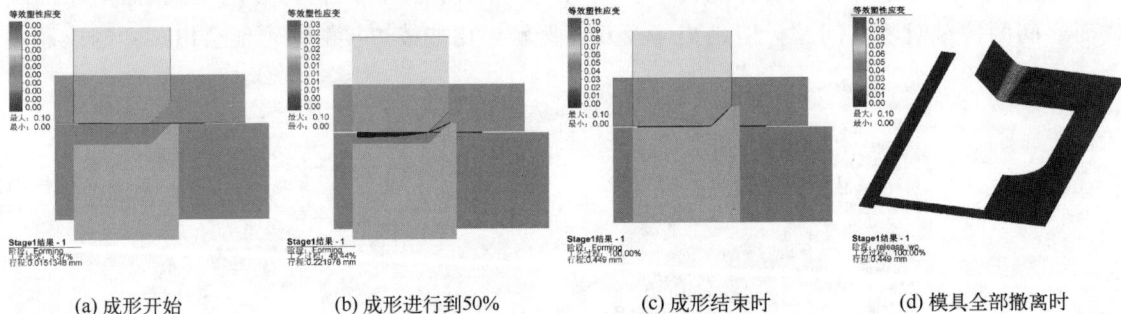

(a) 成形开始　　(b) 成形进行到50%　　(c) 成形结束时　　(d) 模具全部撤离时

图 4-93　Stage1 仿真结果（等效塑性应变）

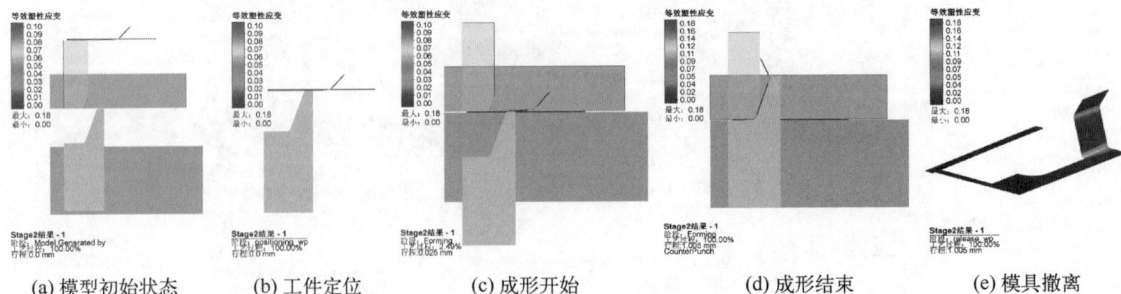

(a) 模型初始状态　　(b) 工件定位　　(c) 成形开始　　(d) 成形结束　　(e) 模具撤离

图 4-94　Stage2 仿真结果（等效塑性应变）

(a) 模型初始状态　　(b) 工件定位　　(c) 成形开始　　(d) 成形结束

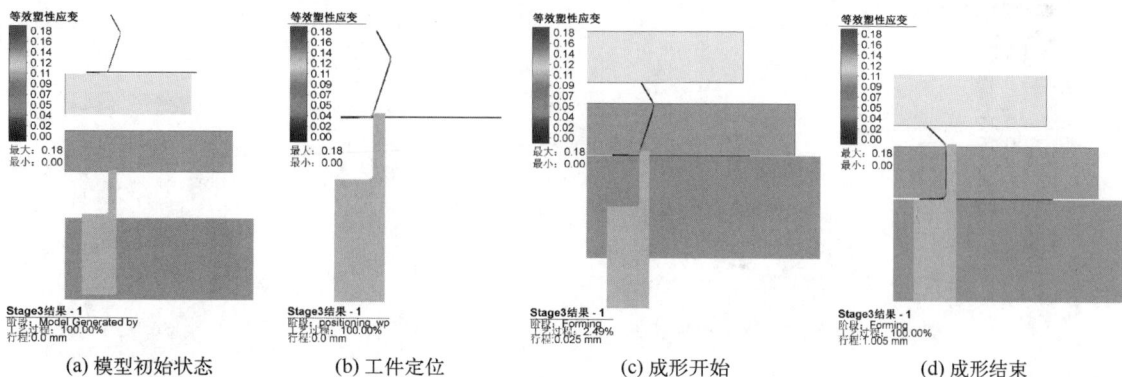

图 4-95　Stage3 仿真结果（等效塑性应变）

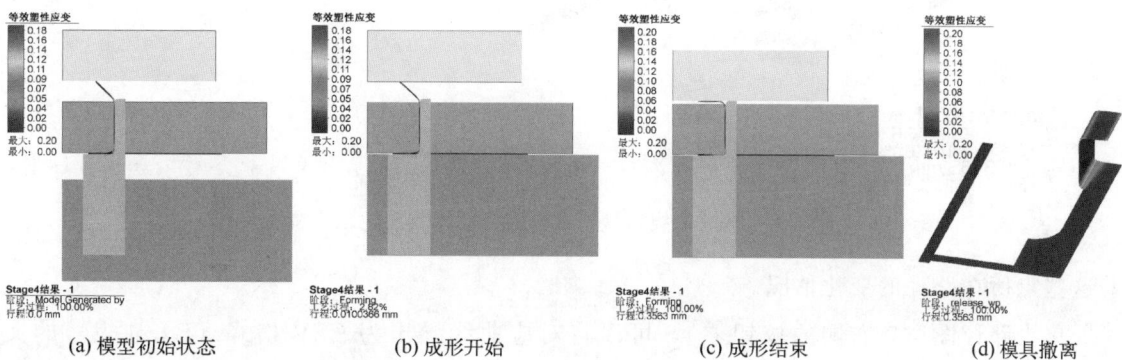

(a) 模型初始状态　　(b) 成形开始　　(c) 成形结束　　(d) 模具撤离

图 4-96　Stage4 仿真结果（等效塑性应变）

在结果工具条中，选择最后一步的结果"工艺过程：100.00%（release_wp）"，即可呈现每个工序工件最终成形后的结果状态，可以看到模具撤离前后由于回弹导致工件形状的变化。

通过视图区左上角的图例可以选择不同的结果进行显示，图 4-97 所示为 Stage 4 工件厚度分布结果，从厚度分布云图可以看到折弯部位的厚度稍有下降，减薄率仅为 4% 左右。

在结果后处理窗口中可以测量任意点/节点的结果数据，如图 4-97 所示，鼠标右键单击视图区，点击"查询"工具可以显示不同节点位置的厚度数值。通过"查询"对话框中的图标 可以切换选择节点的模式。在查询结束后，可以利用"查询"对话框创建时间历程曲线或路径曲线，如图 4-98 所示，还可以进一步创建这些点的等效塑性应变随时间变化的历程曲线和等效塑性应变沿

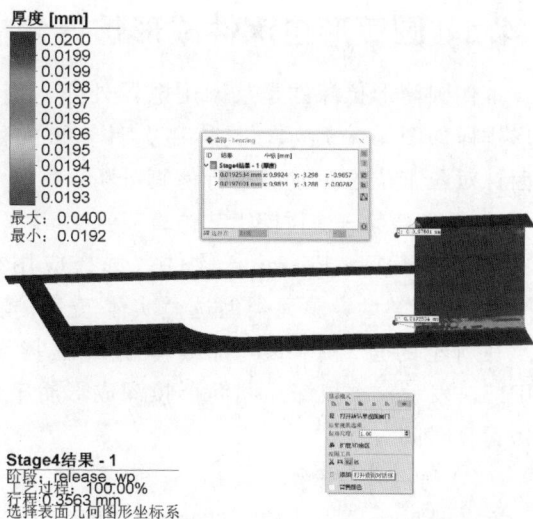

图 4-97　Stage4 工件厚度分布结果

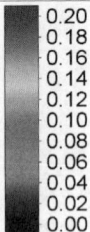

等效塑性应变
0.20
0.18
0.16
0.14
0.12
0.10
0.08
0.06
0.04
0.02
0.00

最大：0.20
最小：0.00

Stage4结果 - 1
阶段：release_wp
工步过程：100.00%
行程：0.3563 mm
选择表面几何图形坐标系

图 4-98　查询点的路径曲线（沿着选点路径的等效塑性应变变化曲线）

着这些点所在路径的变化情况。

　　单击路径图窗口右侧的按钮 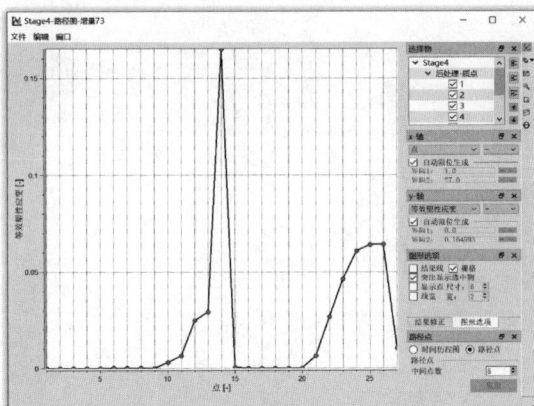，可以将对应曲线导出为 CSV 格式（Excel 表）的文件。通过切换路径图中的"x-轴"或"y-轴"，可以显示不同的结果，其中包括应力、应变、位移与接触等变量。

4.4　多工位仿真实例

4.4.1　圆筒形拉深件成形仿真分析

　　本例圆筒形拉深件是某家用电器外壳，壁厚为 0.25mm，材料为 DC04，其多工位冲压成形排样如图 4-99 所示，具体工艺计算该实例不做详细介绍。其中拉深部分共分为五次，下面针对各工位拉深成形进行仿真分析。

　　（1）创建第一次拉深工艺仿真项目

　　打开 Simufact Forming 软件"选择应用模块"窗口，双击"钣金成形"模块，选择"冲压"工艺类型，单元类型选"实体-壳"，模具数量设置为 3，其他选项取默认值。

　　在新建的进程树中，右键单击进程树名称，选择"重命名"，将新的工艺命名为"OP1"，表示首次拉深。圆筒形拉深成形属于轴对称工况，可以只建立四分之一仿真模型以缩短运算时间。

　　（2）导入几何模型

　　在备品区中导入凸模、凹模、压边圈和坯料的 CAD 几何模型（四分之一）并分别拖到进程树相应的模型上，通过"定位"将模具移动至准备与工件接触的位置，压边圈与凹模之

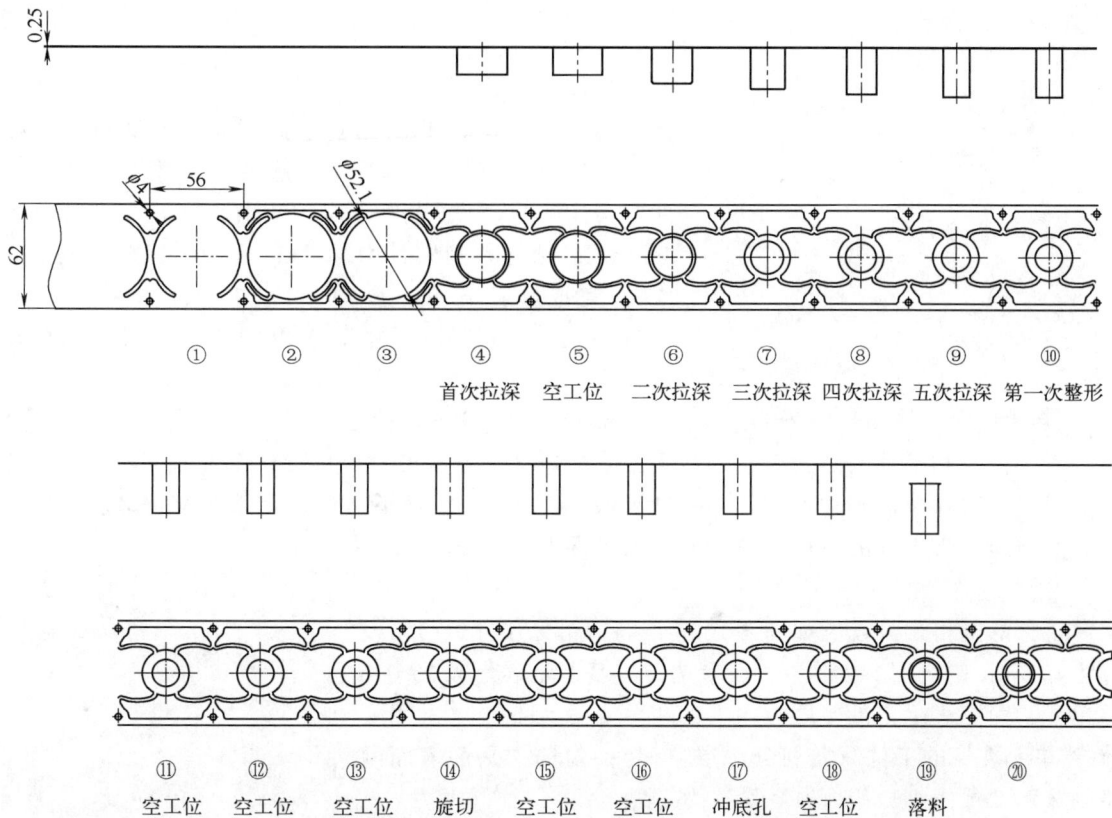

图 4-99 圆筒形拉深件多工位冲压成形排样图

① ② ③ ④ ⑤ ⑥ ⑦ ⑧ ⑨ ⑩

首次拉深 空工位 二次拉深 三次拉深 四次拉深 五次拉深 第一次整形

⑪ ⑫ ⑬ ⑭ ⑮ ⑯ ⑰ ⑱ ⑲ ⑳

空工位 空工位 空工位 旋切 空工位 空工位 冲底孔 空工位 落料

间的间隙调整为 0.35mm，四分之一对称模型如图 4-100 所示。

（3）定义材料

本例不考虑模具变形，工件采用 Simufact Forming 自带材料库中牌号为"DB. DC04_ck_Hill"的材料，能够考虑板料力学性能各向异性的影响，模拟拉深成形凸耳现象。在备品区空白处单击鼠标右键，选择"材料">"材料库"，导入材料并将其拖到进程树中的工件"blank"上，给工件赋予材料属性。在进程树窗口"blank"中包含的材料项上单击鼠标右键，选择"轧制方向"，弹出轧制方向对话框，默认坐标轴 X 向为轧制方向，点击"确定"按钮，在出现的窗口再次点击"确定"按钮完成设置。

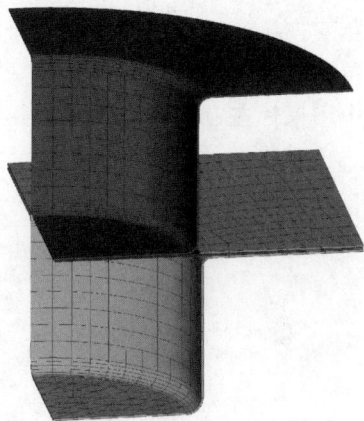

图 4-100 首次拉深四分之一模型

（4）定义设备

在备品区空白处单击鼠标右键，选择"压力机">"手动定义"，弹出设备参数设置对话框，设备类型选择"液压设备"，设置恒定速度为 10mm/s，设置完成后单击"OK"按钮关闭对话框。在备品区将该设备命名为"Hydraulic-10mms"。将"Hydraulic-10mms"拖到进程树窗口"OP1"上，然后将进程树中的凸模拖动到设备上，凹模和压边圈默认固定

图 4-101 从数据库导入摩擦

不动。

（5）定义摩擦

本例设置模具与工件的摩擦条件均为良好润滑，直接选用 Simufact Forming 数据库中的摩擦设置。在备品区空白处单击鼠标右键，选择"摩擦" > "数据库"，打开"从数据库导入摩擦"窗口，鼠标左键点击"sheet"，选择右侧栏目中的"sheet_good"，点击"导入"，完成摩擦导入，如图 4-101 所示。将备品区的"DB. sheet_good"拖到进程树"OP1"上，给所有模具赋予摩擦条件。

（6）定义热边界条件

本例模具和工件的热边界条件均采用手动定义，所有参数保持默认设置即可。拖动新建立的模具热边界条件到进程树顶部的进程名"OP1"上，给所有的模具添加相同的热边界条件。类似地，将工件的热边界条件拖动到工件上。

（7）划分网格

工件的网格划分设置如图 4-102 所示："单元尺寸（s）"设置为 0.5mm；"壳层数（S）"设置为 5，但不是表示要划分 5 层单元，而是表示工件厚度方向上的积分点数为 5 个（采用实体-壳单元类型的工件只需划分 1 层单元）；勾选"平面表面网格划分"，"最大细分级（r）"设置为 1。

（8）设置对称边界条件

本例采用四分之一对称模型，而且考虑到带料上各工位之间相互连接，所以需要设置三个对称面。在进程树中，鼠标右键单击进程名"OP1"，选择"插入" > "对称平面"，在视图区中用鼠标左键依次点击坯料第一个对称面、第二个对称面和第三个对称面，如图 4-103 所示。

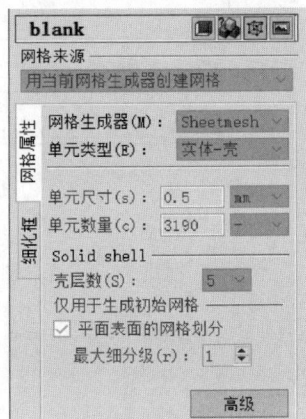

图 4-102 工件的网格划分设置

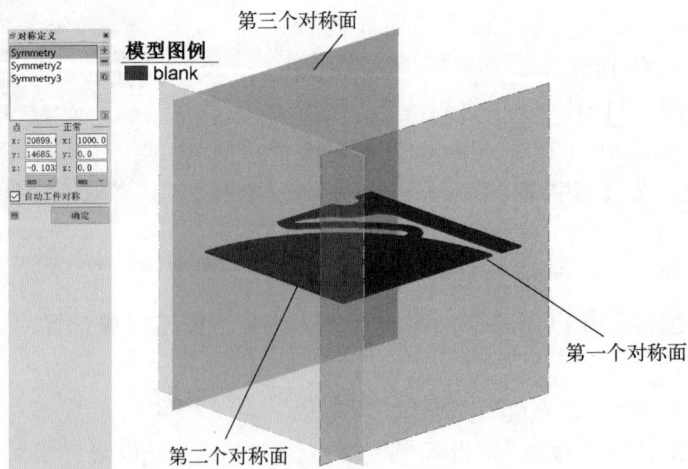

图 4-103 设置三个对称面

（9）设置约束平面及接触表

观察排样图（图4-99）可知，在仿真拉深变形过程中，需要约束带料宽度使之保持不变。在进程树中，鼠标右键单击进程名"OP1"，选择"插入"＞"约束平面"，在视图区中用鼠标左键点击带料外立面，如图4-104所示，然后点击"确定"完成设置。

为了让约束平面起作用，还需要设置接触表，使工件跟约束平面产生接触，防止带料外立面由于板料拉深变形而往内移动。鼠标右键单击进程名"OP1"，选择"插入"＞"FE接触表"，打开"接触表"对话框，如图4-105所示，鼠标左键单击左上角的"blank"（可变形接触体），然后在"与...接触"列表中勾选"Constraint"，点击"OK"按钮完成设置。

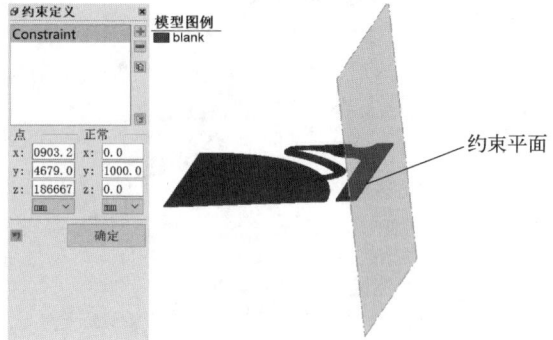

图4-104　设置约束平面

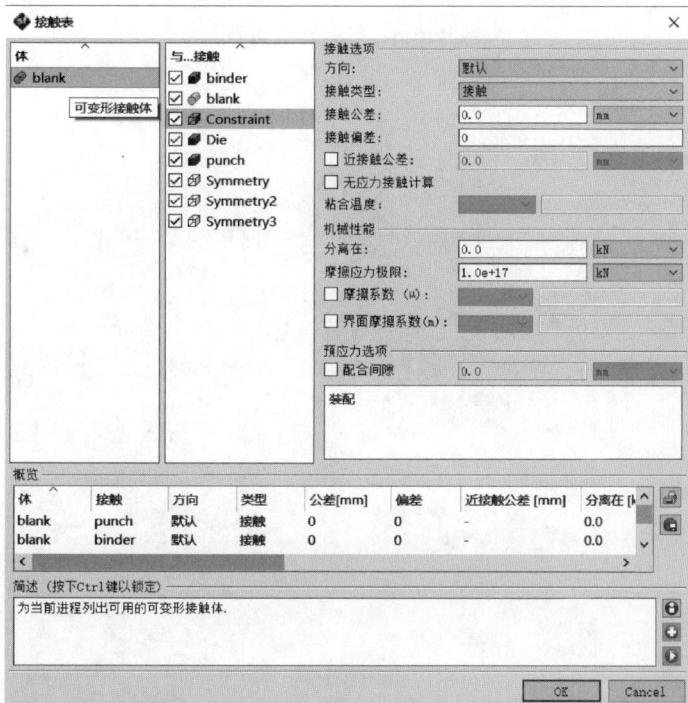

图4-105　设置接触表

（10）设置成形控制参数

① 行程：凸模的运动方向为"-Z"方向，所以鼠标左键点击向下运动按钮 ↓ ，设置"行程"为12.5mm，如图4-106所示。

② 阶段：由于在模型中已通过"定位"工具将模具和工件的相互位置调整到准备接触状态，所以第一、第二阶段无须勾选，只勾选第三、第四、第五阶段即可，如图4-107所示。

③ 输出结果：本例工件材料是"DB.DC04_ck_Hill"，带有各向异性计算参数，所以在

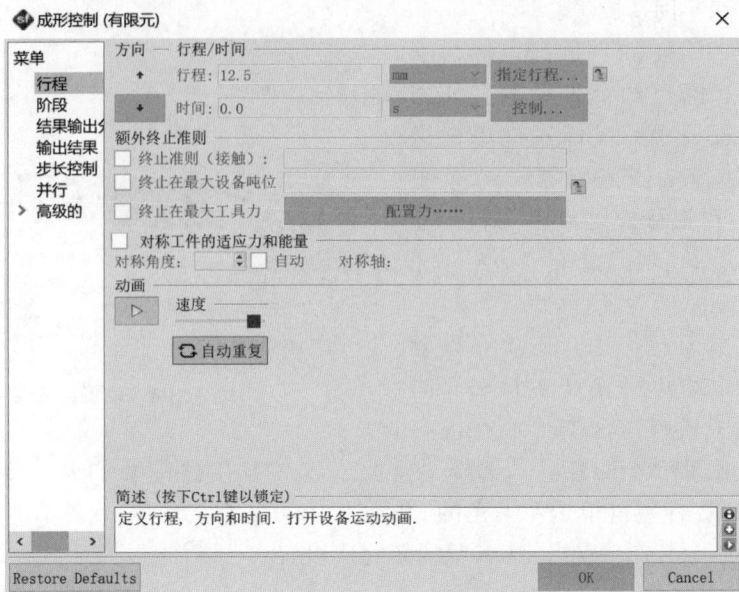

图 4-106 行程参数设置

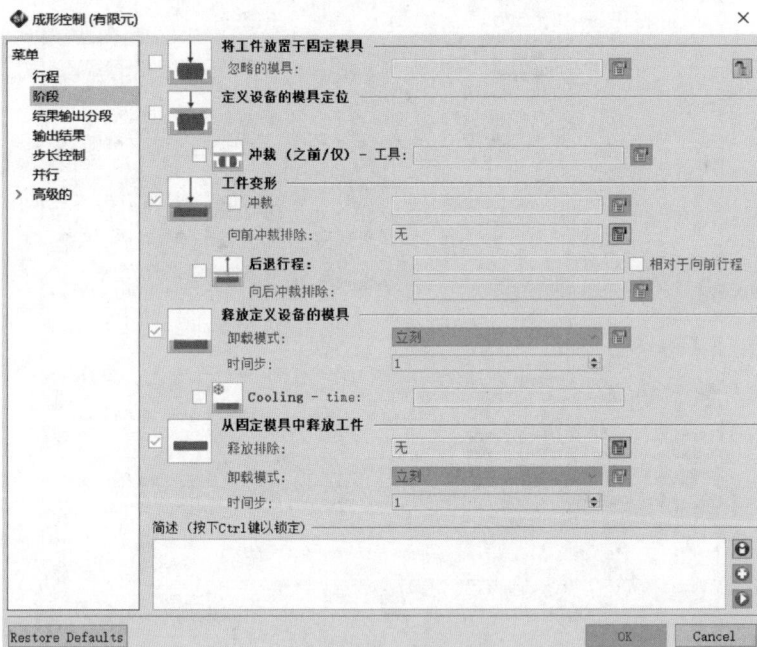

图 4-107 阶段参数设置

"输出结果"菜单中，勾选"各向异性"；勾选"厚度"，并设置"最大厚度"为 0.3mm 以限定仿真结果工件厚度默认的最大值（这个值也可以在模拟计算后修改，以调整工件厚度变化的显示范围），如图 4-108 所示。

④ 完成上述设置后，其他选项保持默认值，单击"OK"按钮关闭"成形控制（有限元）"对话框。下一步需要继续建立第二、第三、第四、第五工序的仿真模型，最后通过阶段控制工具"StageControl"来进行任务的提交。

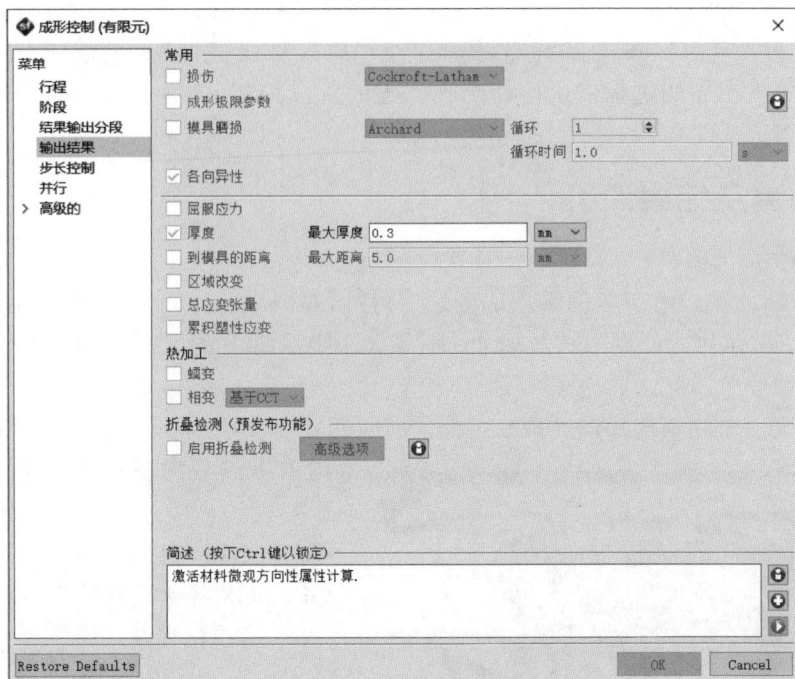

图 4-108 输出结果设置

（11）定义其他工序

对于多工位级进模仿真，如果每个工位的单独仿真都可以顺利进行，可利用"Stage-Control"工具实现将前一工序结果自动传递给下一工序作为输入以便多工位仿真计算自动进行，而且在基于仿真的工艺参数设计优化中也往往需要这么做。在备品区中分别导入各工序的凸模、凹模和压边圈几何模型（注意 CAD 建模时将模具处在同样的位置，以保证工件在前后工序传递时无须重新定位）。

① 创建第二次拉深工艺仿真项目。鼠标右键单击第一次拉深的进程名"OP1"，选择"复制"＞"不带结果复制"，将新复制出的进程重命名为"OP2"，删除压边圈。将备品区中第二次拉深凸、凹模和压边圈拖到 OP2 相应模具位置替换原来模具。在"成形控制（有限元）"对话框中修改向下"行程"为 17.5mm，其他设置保持不变。

② 创建第三次拉深工艺仿真项目。鼠标右键单击第二次拉深的进程名"OP2"，选择"复制"＞"不带结果复制"，将新复制出的进程重命名为"OP3"。将备品区中第三次拉深凸、凹模和压边圈拖到 OP3 相应模具位置替换原来模具。在"成形控制（有限元）"对话框中修改向下"行程"为 21.0mm，其他设置保持不变。

③ 创建第四次拉深工艺仿真项目。鼠标右键单击第三次拉深的进程名"OP3"，选择"复制"＞"不带结果复制"，将新复制出的进程重命名为"OP4"。将备品区中第四次拉深凸、凹模和压边圈拖到 OP4 相应模具位置替换原来模具。在"成形控制（有限元）"对话框中修改向下"行程"为 26.0mm，其他设置保持不变。

④ 创建第五次拉深工艺仿真项目。鼠标右键单击第四次拉深的进程名"OP4"，选择"复制"＞"不带结果复制"，将新复制出的进程重命名为"OP5"。将备品区中第五次拉深凸、凹模和压边圈拖到 OP5 相应模具位置替换原来模具。在"成形控制（有限元）"对话框中修改向下"行程"为 26.5mm，其他设置保持不变。

（12）阶段控制设置

在进程树下方空白区单击鼠标右键，选择"插入阶段控制"，生成"StageControl1"。将上述第一至第五工序的进程依次拖动到刚创建的阶段控制 StageControl1 上，其他参数采用默认设置即可。

4.4.2　仿真及结果评价

（1）运行仿真计算

① 并行计算设置。由于本例采用四分之一对称仿真模型，所以网格数量较少，DDM 域数量取 1，共享内存并行计算内核数取 8（不得大于电脑拥有的 CPU 内核数）。其他参数保持默认设置无须修改。

② 提交计算。在所有工序的"成形控制（有限元）"对话框中设置相同的并行计算后，右键单击进程树窗口中的"StageControl1" ＞"模拟" ＞"运行"，点击"开始分析"按钮，OP1、OP2、OP3、OP4、OP5 依次自动运行计算。

（2）仿真结果评价

OP1～ OP5 的仿真结果（工件壁厚变化）如图 4-109～图 4-113 所示，各工序模型初始状态继承了上一工序的坯料变形结果，板料力学性能各向异性导致

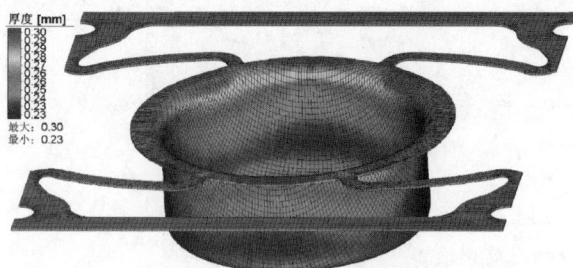

图 4-109　OP1 第一次拉深结束工件壁厚变化云图

产生凸耳现象，OP5 拉深结束时最小壁厚为 0.20mm，减薄率小于 25％。

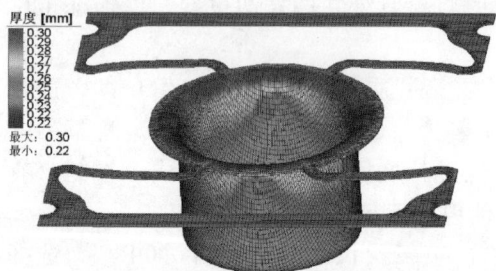

图 4-110　OP2 第二次拉深结束工件壁厚变化云图

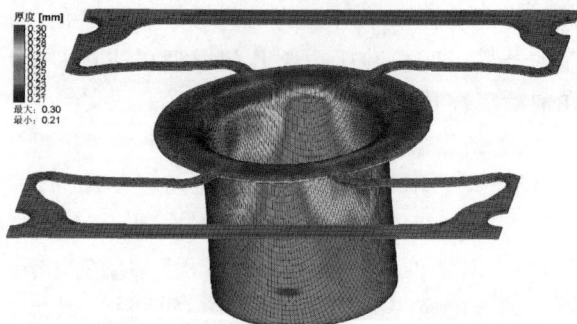

图 4-111　OP3 第三次拉深结束工件壁厚变化云图

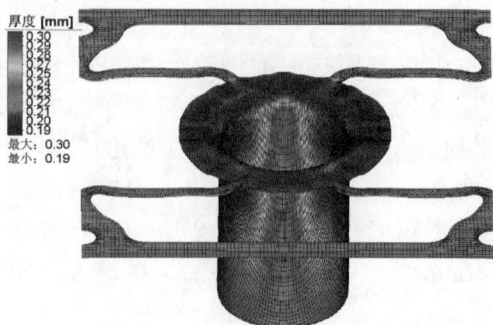

图 4-112　OP4 第四次拉深结束工件壁厚变化云图

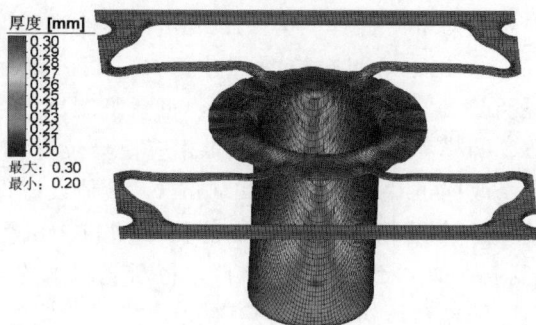

图 4-113　OP5 第五次拉深结束工件壁厚变化云图

4.5 二维（2D）仿真案例

4.5.1 原理与思路

形状复杂的工件需要用三维（3D）建模，仿真计算时间往往比较长。加速仿真的方法一般是降低模型维数（3D→2D）或减小工件（或坯料）仿真模型体积（采用对称平面和三维循环对称）。轴对称（工件几何形状及受力均对称）成形过程，如圆筒件拉深或圆柱体镦粗，可以用二维轴对称模型进行仿真。Simufact Forming 完全支持从 2D 仿真到 3D 仿真的结果传输，可以将多工位或多阶段成形的前几道工序设置为 2D 仿真，并在需要时立即切换到 3D 仿真工件的形状，如图 4-114 所示。

图 4-114　多工序仿真 2D 转 3D

本节以 Simufact Forming 软件帮助文档自带模型为案例，简要介绍圆筒件拉深 2D 仿真方法及步骤。该拉深成形的模具和坯料 CAD 模型如图 4-115 所示，冲头行程为 60mm，压边圈和反冲头由弹簧控制。

图 4-115　模具和坯料 CAD 模型

4.5.2 建立 2D 仿真模型

首先定义一个冲压成形工艺，设置如图 4-116 所示。点击"OK"按钮，然后在进程树中将默认的过程名称重新命名为"Deep-Drawing-2DAnisotropy-Hill"。在备品区中导入 CAD 几何模型，如图 4-117 所示。

Simufact Forming 软件自带格式为 *.step 的 CAD 文件，如图 4-118 所示，打开文件所在位置"安装目录 \ simufact \ forming \ 16.0 \ sfForming \ examples \ sheet_forming \ stamping \ anisotropy \ CAD-Data \ STEP"，选择并打开（导入）STEP 文件。

CAD 导入对话框关闭后，几何模型对象将显示在备品区列表中，把它们留在那里，继续定义压力机，如图 4-119 所示。

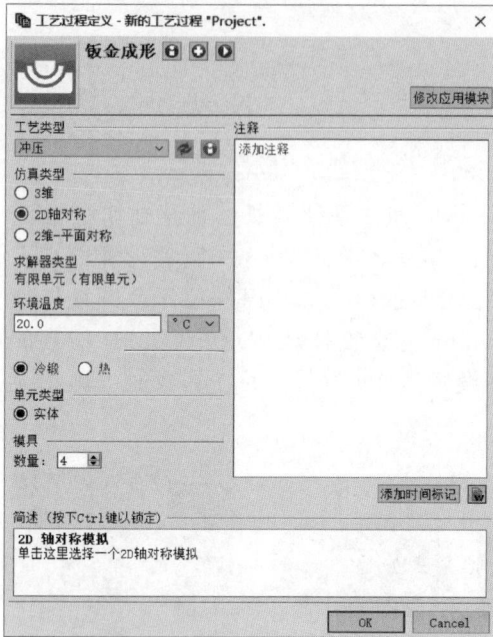

图 4-116　2D 仿真工艺过程定义

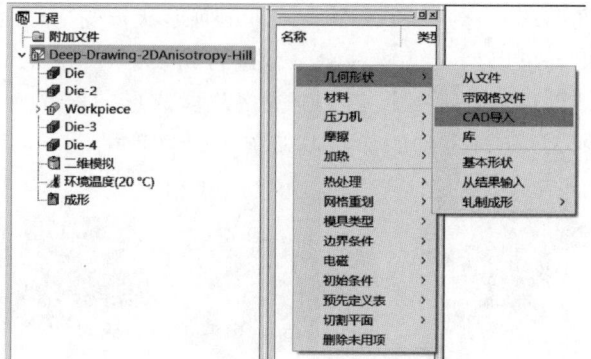

图 4-117　导入 CAD 几何模型

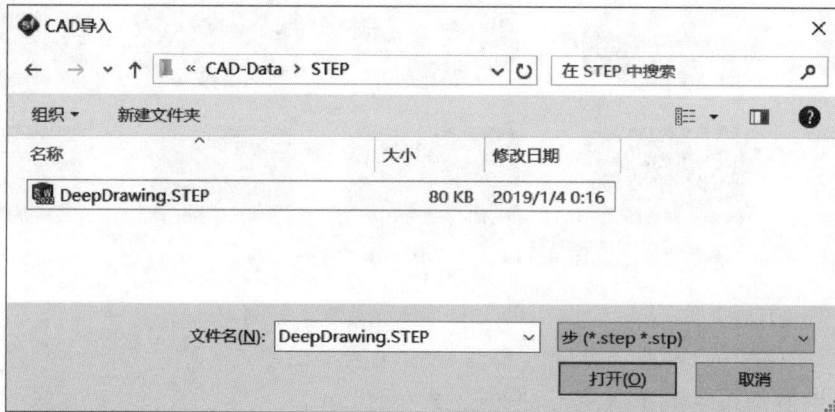

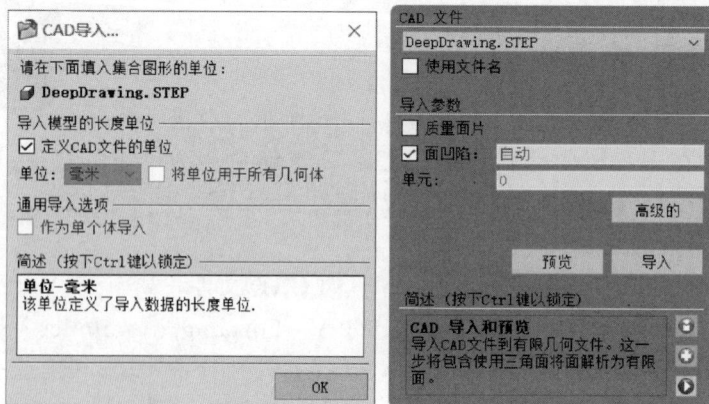

图 4-118　选择 Simufact Forming 软件自带几何模型

选择具有恒定速度的液压机，指定 50mm/s 的速度，如图 4-120 所示，然后点击"OK"按钮确认。将备品区列表中的压力机对象重命名为"Hydrpress50mms"。将模具和压力机拖到进程树窗口中相应位置，然后将"Punch"拖放到压力机对象上。

软件具有简单的 CAD 功能，可以创建工件几何体，工件尺寸如图 4-121 所示，单击"OK"按钮完成几何创建。在备品区中将工件几何重命名为"Plate-360"，并将之拖放到进程树的"Workpiece"上。

图 4-119　手动定义压力机

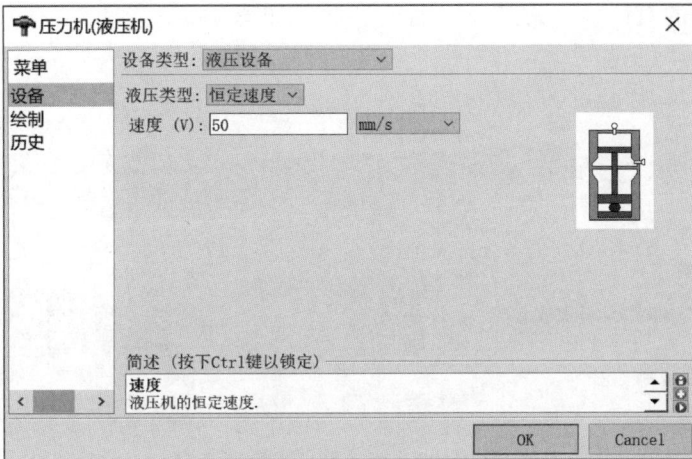

图 4-120　设置液压机参数

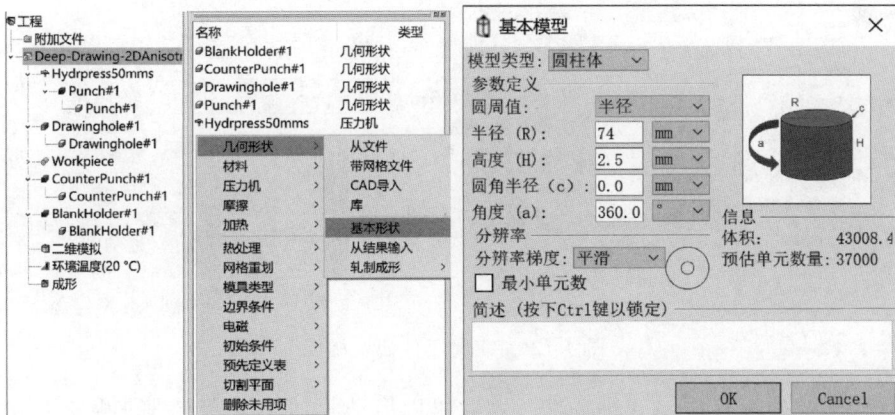

图 4-121　创建工件几何体

创建一个要在整个仿真分析过程中使用的摩擦对象。对于板材成形分析，建议采用库伦摩擦定律。在这个例子中，将摩擦系数设置为 0.1，如图 4-122 所示。由于此分析中不需要进行模具磨损计算，因此只需在此对话框中保留默认设置。然后将备品区中的摩擦对象"Coulomb"拖动到进程树上方的流程图标"Deep-Drawing-2DAnisotropy-Hill"上，它应该

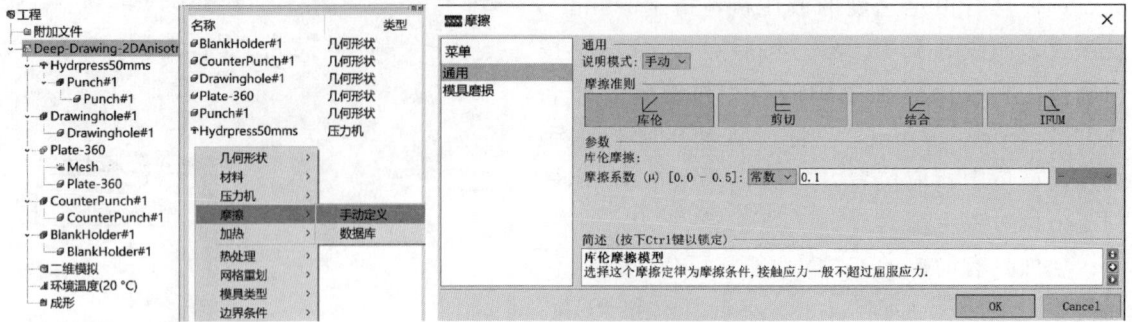

图 4-122　定义摩擦

出现在每个模具对象上。

下一步设置热初始条件，即创建默认的模具和工件初始温度。通过分别打开用于模具和工件传热特性设置的对话框，为其设置温度参数，如图 4-123、图 4-124 所示。单击"OK"按钮即可，使用默认设置。

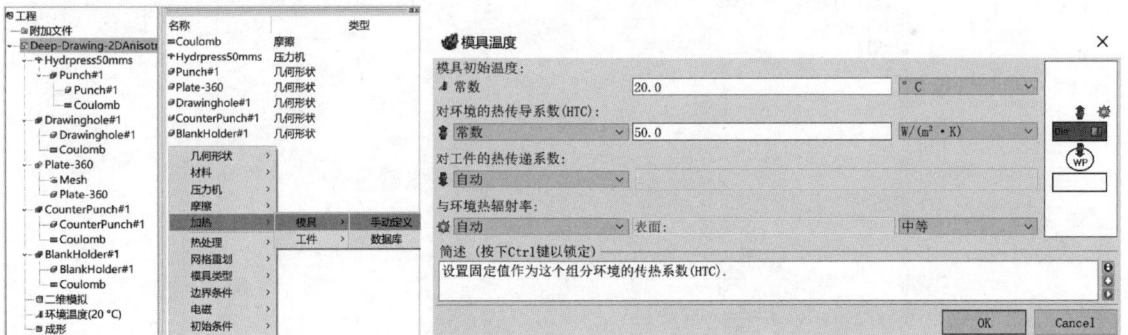

图 4-123　定义模具初始温度

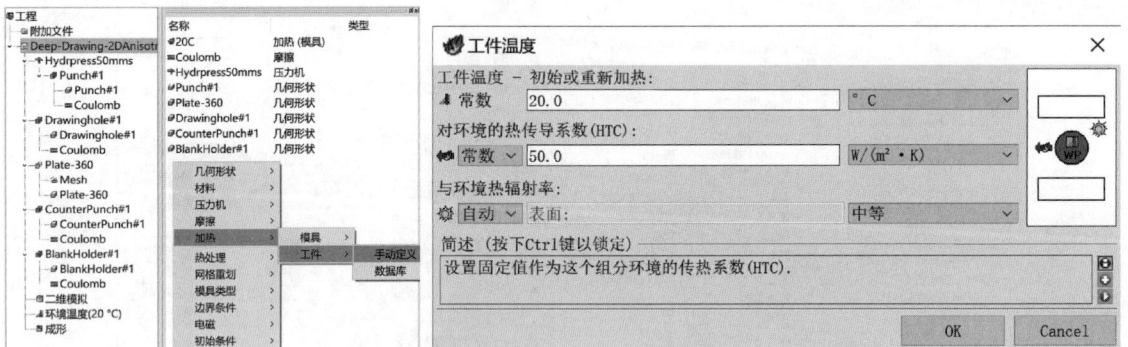

图 4-124　定义工件初始温度

由于所有模具都具有相同的热特性，因此可以拖动其加热温度放到进程树上方的流程图标上，Simufact Forming 将自动将其添加到各个模具上。当然，也可以直接将其拖动到任何模具上。以相同的方式将工件加热温度拖放到工件上。

从软件材料库中导入材料 DC04，如图 4-125 所示。用鼠标左键双击备品区中的"DB. DC04_ck"，在弹出的对话框左侧点击"各向异性"，然后在"各向异性模型"右侧选"Hill（48）"并点击其右侧图标，勾选"显示应用数据"，填写"试验数据"，如图 4-126

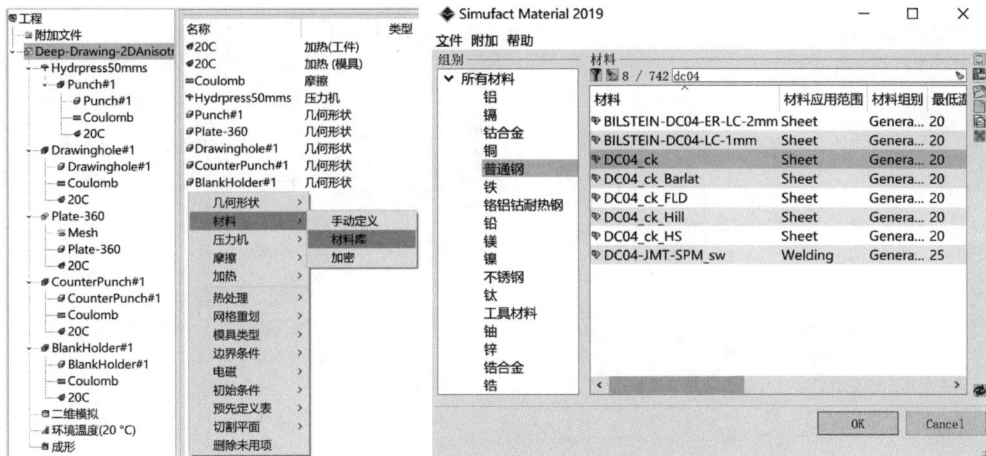

图 4-125 从材料库中导入工件材料 DC04

所以，点击"OK"按钮完成设置。将"DB.DC04_ck"赋给工件。

在本例中，压边圈和反冲头由弹簧控制，两者都是使用模具弹簧建模以定义弹簧力的大小。压边圈为压缩形式，方向为"-Z"，弹簧位移为10mm，刚度为1000N/m，初始力为35kN，如图4-127、图4-128所示。

在备品区中，将压边圈弹簧重命名为"35kN@10mm"，并将其拖放到进程树的压边圈上。同理，定义反冲头压缩弹簧，方向为"Z"，弹簧位移为60mm，刚度为1000N/m，初始力为5kN，如图4-129所示，设置完成后将其重命名为"5kN@60mm"，然后将其拖放到进程树的反冲头上。

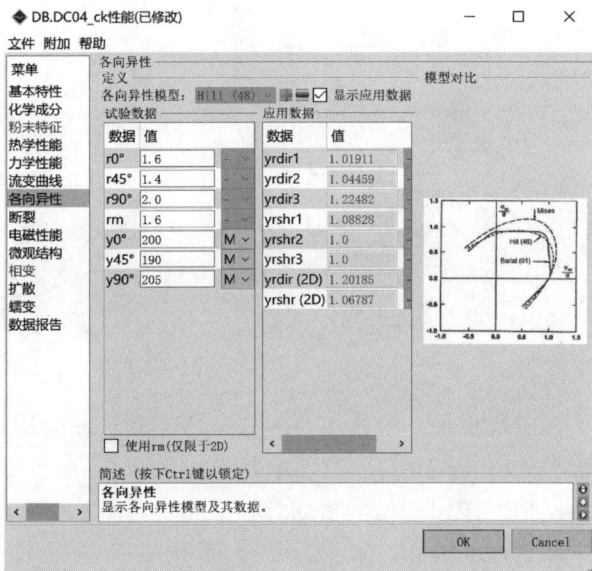

图 4-126 定义工件材料各向异性参数

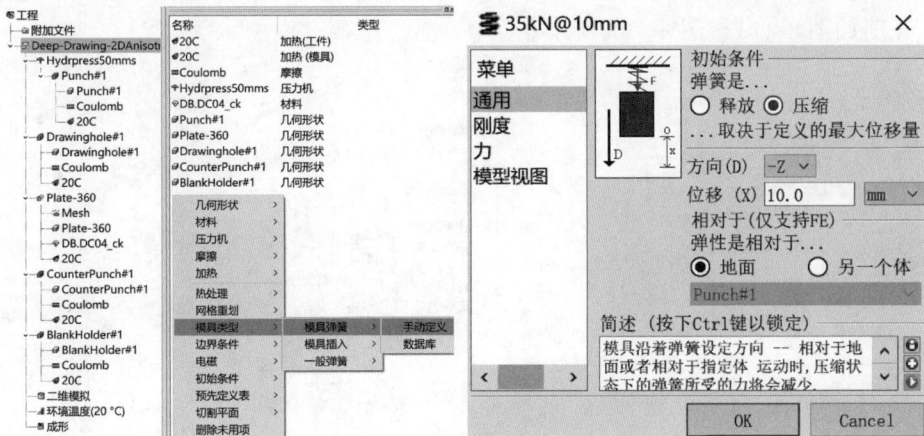

图 4-127 定义压边圈弹簧及其压缩量

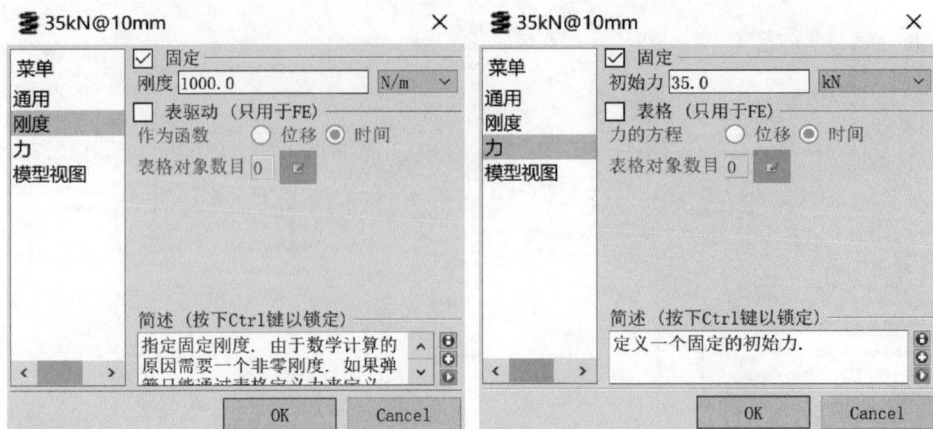

图 4-128　定义压边圈弹簧刚度及初始力

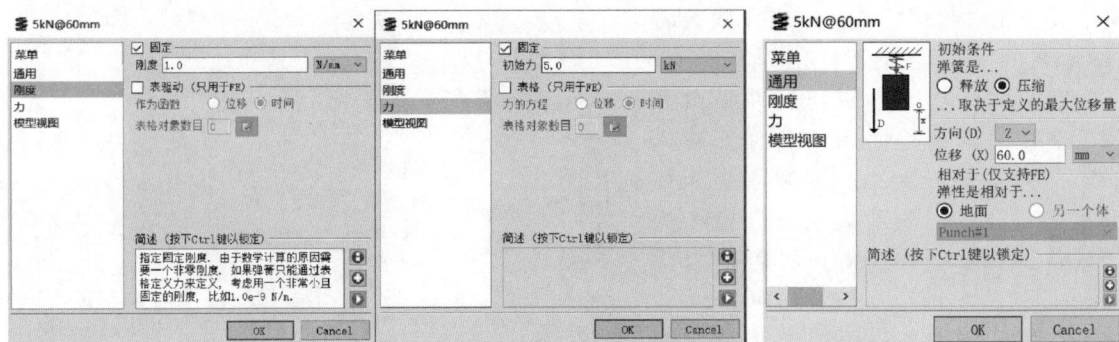

图 4-129　定义反冲头弹簧

在进程树中，双击工件网格"Mesh"来调用网格划分对话框。采用默认网格生成器"Advancing Front Quad"，单元尺寸为0.4mm，如图4-130所示。点击对话框底部的"创建初始网格"按钮开始网格划分，点击"OK"按钮，选择"Yes"按钮关闭窗口。

最后，还需在"成形控制（有限元）"对话框中设置一些分析参数。双击进程树中的"成形"图标，设置参数：冲头向下行程为60mm，阶段5个选项全打钩（但在第一阶段需忽略压边圈以便工件定位），在"输出结果"菜单中将"各向异性""屈服应力"和"厚度"勾选上，分别如图4-131～图4-133所示。

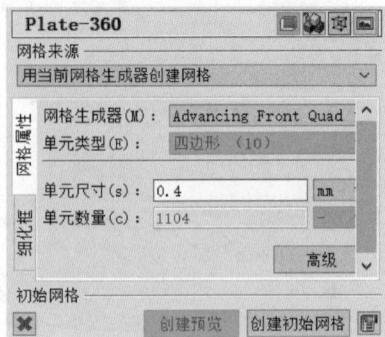

图 4-130　工件网格划分

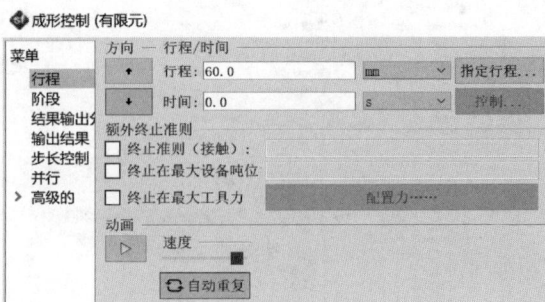

图 4-131　定义冲头行程

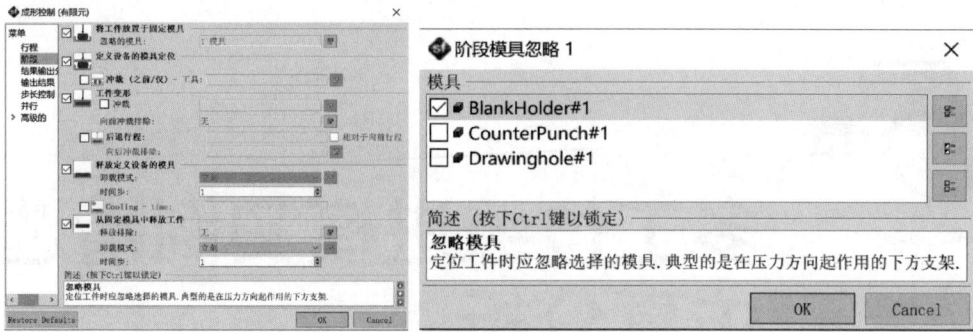

图 4-132 定义阶段

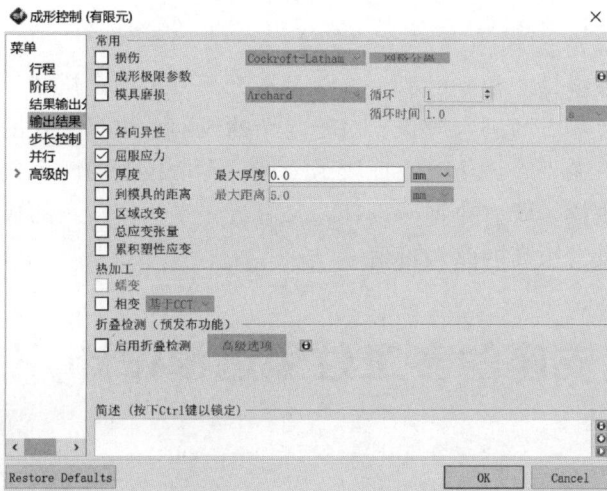

图 4-133 定义输出结果

最后，保存项目，单击运行仿真按钮
。2D 仿真运行时间很短，结果如图 4-134
所示。

需要注意的是，虽然 2D 仿真可以节省大量的计算时间和计算资源，并可以在适当的情况下获得快速、准确的结果，但是假设模型二维轴对称的行为会产生许多影响，比如屈曲、板料起皱、各向异性等无法模拟和检查。

图 4-134 工件等效塑性应变分布图

第5章

多工位级进模实例精选及仿真分析

学习多工位级进模设计非常好的一个方法是精选几个案例，从制件的工艺分析、带料排样设计、模具结构设计等方面进行分析。对于复杂的成形、拉深工艺的动作顺序、定位、压边等方面的分析，如有条件，做仿真验证较为合理。本章精选的两个典型的实例均来自企业实际生产的多工位级进模，既有典型的设计，又有近年来比较新颖的成形方法，比如螺母板的拉深和镦挤工艺，具有很高的参考价值。

5.1 弹簧上支座的多工位级进模设计

5.1.1 工艺分析

如图 5-1 所示为某汽车上的弹簧上支座，材料为 SPCEN，料厚为 2.0mm，年生产批量

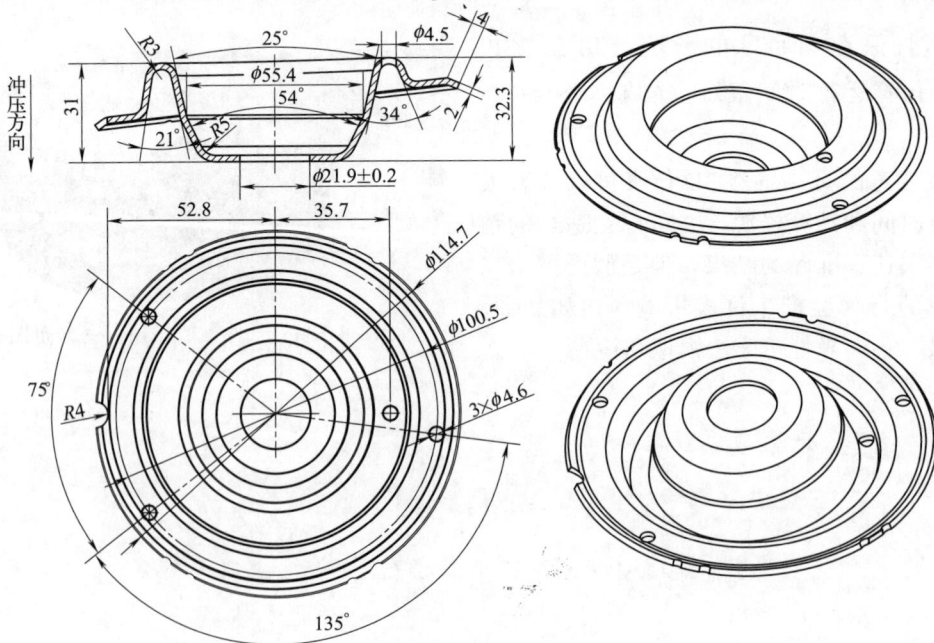

图 5-1 弹簧上支座

大，从图中可以看出，该制件有正反拉深冲孔及周边成形等工艺，形状较为复杂，最大外形直径为 $\phi 114.7mm$，高为 32.3mm。原工艺采用 6 副单工序模来冲压，其加工工序分别为 ①落料→②正拉深→③反拉深→④整形→⑤冲孔、落料复合工艺→⑥外形周边成形。采用单工序模加工成本高，质量稳定性差，难以满足大批量生产需求。因此采用多工位级进模来冲压，可以提高生产效率，降低人工成本及设备投资。

从制件图中可以看出，该制件有正反拉深，那么采用多工位级进模来设计有如下两个方案。

方案 1：以凸缘面为平面，拉深件为倾斜状态，如图 5-2（a）所示。优点：压边圈为平面，加工及调整比较方便。缺点：拉深凸模加工及调试较为烦琐，不利于拉深，后续冲孔时还要再次调整角度，在加工拉深凸模时，要设计防止圆形凸模在拉深过程中转动导致凸、凹模损坏。

方案 2：以拉深件底面为平面，拉深件与模具工作为垂直状态，如图 5-2（b）所示。优点：拉深凸模加工及调试较为方便，有利于拉深，后续冲孔时无须再次调整角度。缺点：压边圈加工成斜面，加工及调整较为烦琐。

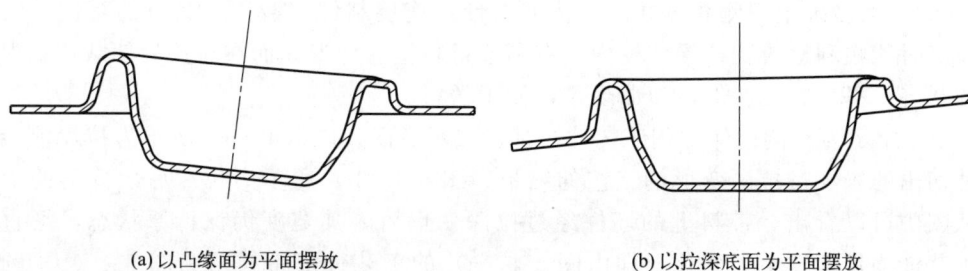

(a) 以凸缘面为平面摆放　　　　　　　　　(b) 以拉深底面为平面摆放

图 5-2　制件冲压工艺分析摆放方案示意图

经过对以上两个方案的分析及结合后续冲孔及整形的工艺要求，选用方案 2 较为合理。

从图 5-1 可以看出，制件顶部有一个 $\phi 4.5mm$ 的圆孔，而冲压方向是从上往下冲压，可想而知冲出的 $\phi 4.5mm$ 的圆孔凹模较薄，强度较低，因此在拉深时应改变此处的形状，在此处做一个工艺小平台，如图 5-3（a）所示。将 $\phi 4.5mm$ 的圆孔在平面上冲压出后，如图 5-3（b）所示，再采用整形工序将工艺平台形状修整回弧状，如图 5-3（c）所示。

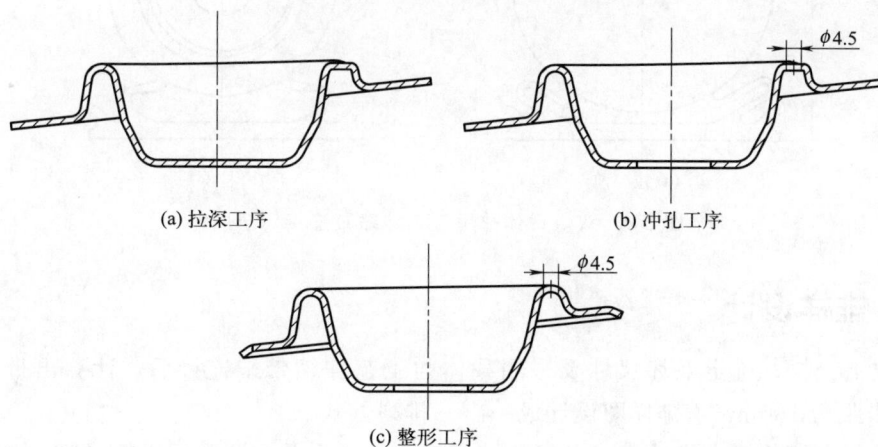

(a) 拉深工序　　　　　　　　　　　(b) 冲孔工序

(c) 整形工序

图 5-3　顶部冲孔工艺示意图

5.1.2 工艺计算

拉深工艺计算可以参考1.5.3节相关内容，由于该制件为复杂不规则的正反拉深件，如按公式计算拉深件毛坯外形尺寸，展开后其毛坯外形与实际相差可能较大，建议用CAD软件的几何展开或CAE软件的一步法计算出毛坯尺寸并进行反算验证。计算展开前也要先计算出修边余量，当凸缘直径为ϕ114.7mm时，查得修边余量为4.0mm。因首次反拉深，压边圈设计成斜面，坯件定位精度略低于平面的压边圈，拉深后可能会导致凸缘处出现局部偏移现象（凸缘周边不均匀），因此，按经验值将修边余量调整为5.2mm，那么计算毛坯的凸缘直径$d_凸$＝114.7＋5.2×2＝125.1（mm）。再用CAD或CAE软件计算制件毛坯尺寸，计算出的毛坯尺寸非圆形（但近似于圆形），为简化凸、凹模的复杂几何形状，且经经验优化后，最终将毛坯外形调整为ϕ152mm的圆形件。

5.1.3 载体设计

对于拉深件，通常采用边料载体或双侧载体的结构形式，当拉深件厚度大于或等于2mm以上时，大多采用双侧载体并用工艺伸缩带来连接制件与载体。其目的是使带料上的坯件在拉深时能顺利地流到拉深凹模内，有利于材料塑性变形，而在拉深后使载体仍保持原来带料的状态，平直，无变形、扭曲现象，便于送料。

如图5-4所示为双侧载体并用工艺伸缩带连接示意图。图5-4（a）所示为拉深前带料在平板上冲切出的未经过拉深变形的工艺伸缩带，图5-4（b）所示为拉深后已变形的工艺伸缩带。从图中可以看出，带料上的坯件经过拉深变形后，其宽度仍保持原状态，平直不变形，但工艺伸缩带却发生了变化，即由图5-4（a）的工艺伸缩带拉长为图5-4（b）的工艺伸缩带。

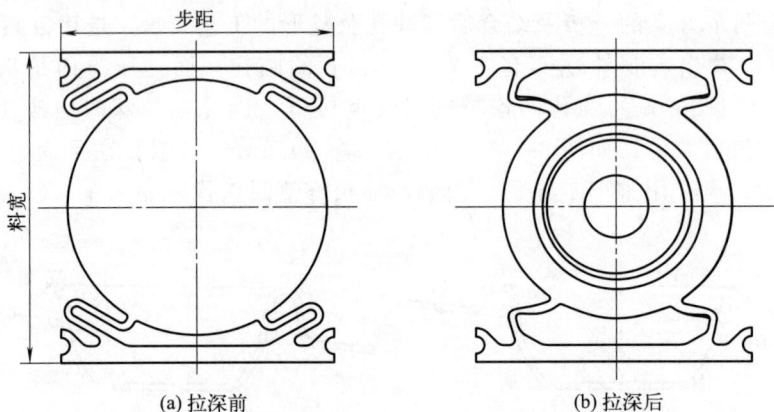

(a) 拉深前   (b) 拉深后

图5-4 双侧载体并用工艺伸缩带连接示意图

5.1.4 排样设计

根据以上分析，确定毛坯尺寸及采用载体与工艺伸缩带来连接后，计算出带料宽度为185mm，步距为160mm，排样图设计成一出一排列方式。

由于采用多工位级进模冲压，考虑到模具整体的动作及保证凸凹模的强度、减少正反拉深带料出现的倾斜度等，在排样设计时应设置相应的空工位，如图5-5所示，该排样共设计成 12 个工位，即：

工位①：冲导正销孔及伸缩带；

工位②：冲部分毛坯外形废料；

工位③：冲切剩余毛坯外形废料；

工位④：反拉深；

工位⑤：空工位；

工位⑥：正拉深；

工位⑦：整形；

工位⑧：冲 3 个 $\phi4.6$mm 圆孔、冲 1 个 $\phi4.5$mm 圆孔、冲底部 $\phi21.9$mm 圆孔及修边 1（精切前后部分外形废料）；

工位⑨：修边 2（精切左右部分外形废料）及底部压毛边；

工位⑩：外形周边成形；

工位⑪：制件角度扭曲（扭曲 6° 后凸缘平面与水平面平行）；

工位⑫：冲切伸缩带连接处搭边（制件与载体分离）。

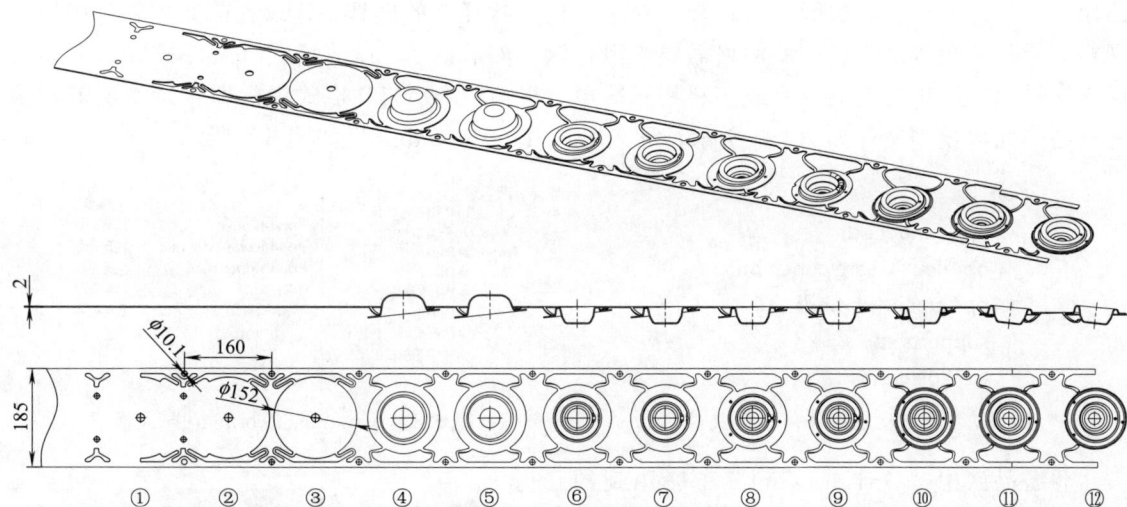

图 5-5 排样图

5.1.5　CAE 仿真分析

根据制件排样图（如图 5-5 所示），工位④反拉深、工位⑥正拉深是制件冲压成形过程中变形量最大的两个工序，可能会产生拉裂等缺陷，本书采用 Simufact Forming 软件进行仿真分析，验证排样设计的合理性。

5.1.5.1　工位④反拉深工艺过程设置

（1）创建拉深工艺仿真项目

打开 Simufact Forming 软件，单击菜单栏中的"文件"＞"新建"，项目名称默认为"Project"，可以根据需要改成跟工艺内容相符的名称，设置完成后单击"OK"按钮。在"选择应用模块"窗口，双击"钣金成形"模块，弹出"工艺过程定义"窗口，选择"冲压"工艺类型，仿真类型基于"3 维"模型，环境温度设置为室温 20℃，默认选"冷锻"，单元类型选"实体-壳"，模具数量设置为 4，如图 5-6 所示，设置完成后单击"OK"按钮。"实

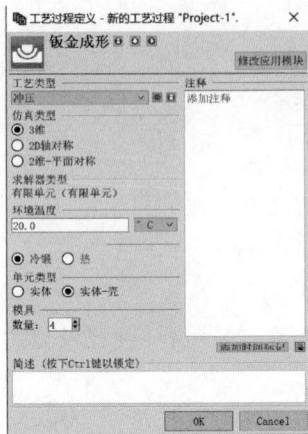

图 5-6 冲压成形拉深工艺
仿真基本设置

"体-壳"单元是具有 8 个节点的三维板壳单元,该单元类型使用板壳平面中的一个积分点和厚度方向上用户自定义的多个积分点,因此可以描述弯曲引起的塑性变形。与普通板壳单元相比,由于"实体-壳"单元有一个顶部和一个底部,所以该单元更适用于单元两侧的接触。此外,由于厚度方向上积分点的数量较多,因此它比"实体"单元更适用于冲压成形过程仿真。为了改进使用"实体"单元进行塑性变形时的计算,需要在厚度方向上定义至少三层单元,但是如果冲压件厚度相对较薄,这将会变得复杂。

在新建的进程树中,右键单击进程树名称,选择"重命名",将新的工艺命名为"Op4-drawing",表示对工位④反拉深过程进行建模和仿真。

（2）导入几何模型

工位④的坯料外形是工位③冲切剩余毛坯外形废料后的形状,工位④的模具包括反拉深凸模、反拉深凹模、压边圈、抬料板。对于几何形状复杂的模具,建议在前处理软件中划分网格,模具圆角等细小特征的网格需要光滑过渡,然后以 Nastran 格式(文件扩展名为 bdf)保存或导出。平板类型的模具或坯料相对简单,以 STL 或 STP 格式提供即可。本例需要预先准备的几何模型文件如图 5-7 所示,导入 Simufact Forming 后如图 5-8 所示。

op4-binder.bdf

op4-lower-part-punch.bdf

op4-upper-part.bdf

supports.stl

workpiece.stl

图 5-7 模具及坯料几何模型文件

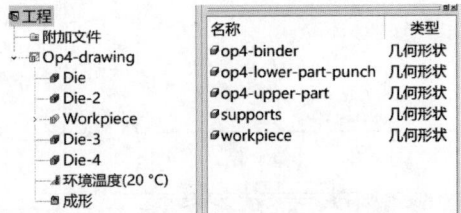

图 5-8 在 Simufact Forming 导入模型

将备品区中"Op4-drawing"工序用到的几何模型 op4-binder、op4-lower-part-punch、op4-upper-part、supports 和 workpiece 分别拖动赋给进程树中的 Die、Die-2、Die-3、Die-4 和 Workpiece,然后调整模型的相对位置,使坯料与模具处于准备接触状态。为了更清楚地显示目前模型的状态,可以对部分模型进行透明显示,在模型视图窗口用鼠标右键单击要透明显示的对象后,单击显示模式中的"透明"按钮即可,如图 5-9 所示。

（3）定义材料

本例不考虑模具变形,工件采用软件自带材料

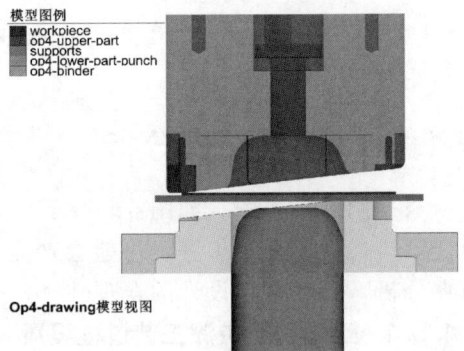

图 5-9 "Op4-drawing"模型视图显示

库中牌号为"DB. DC04_ck_FLD"的材料,带成形极限结果输出。在备品区空白处单击右键,选择"材料">"材料库",可通过过滤器进行筛选,快速找到该材料牌号数据。单击"OK"按钮,将 DB. DC04_ck_FLD 材料导入备品区,然后将其拖到进程树中的工件"Workpiece"上,给工件赋予材料属性。

（4）定义设备

在备品区空白处单击鼠标右键，选择"压力机"＞"手动定义"，弹出设备参数设置对话框，设备类型选择"液压设备"，设置恒定速度为 10mm/s，设置完成后单击"OK"按钮关闭对话框。将备品区中的"Hydraulic"拖到进程树窗口"Op4-drawing"名称上，赋给压力机设备，然后将进程树中的"op4-upper-part"项拖动到"Hydraulic"名称上，给这个模具赋予动力特性。

（5）定义摩擦

在备品区空白处单击鼠标右键，选择"摩擦"＞"数据库"，打开"从数据库导入摩擦"对话框界面，在"摩擦"下方选择"sheet"，然后在右侧的菜单点击"sheet_good"，表示润滑状况良好，单击"导入"按钮，如图 5-10 所示。将备品区中的"DB.sheet_good"拖动到进程树窗口中的"Op4-drawing"名称上，软件自动给所有模具赋予摩擦特性，完成摩擦定义。

图 5-10　从数据库导入摩擦

（6）定义热边界条件

首先，定义模具的热边界条件，在备品区空白处单击鼠标右键，选择"加热"＞"模具"＞"手动定义"，在弹出的"模具温度"对话框中，由于本例的冲压成形是在常温下进行，所以"模具初始温度"和"对环境的热传导系数（HTC）"取默认值，"对工件的热传递系数"和"与环境热辐射率"保持默认设置为"自动"。

其次，定义工件的热边界条件，在备品区空白处单击鼠标右键，选择"加热"＞"工件"＞"手动定义"，在弹出的"工件温度"对话框中，同样采用软件推荐的默认参数设置。

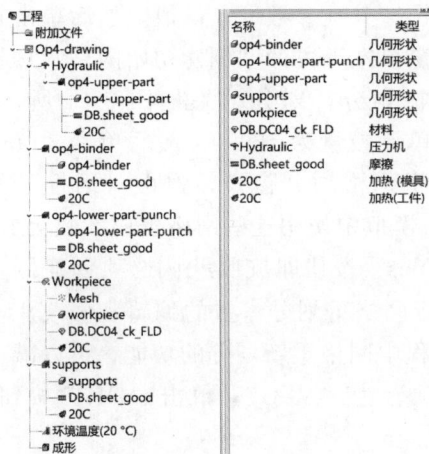

图 5-11　将热边界条件赋予模具和工件

本例中所有的模具均采用相同的热边界条件，可以拖动所建立的热边界条件到进程树顶部的进程名"Op4-drawing"上，这样所有的模具会被添加上相同的热边界条件。类似地，将工件的热边界条件拖动到工件上，如图 5-11 所示。

（7）定义弹簧加载模具

本例中包含氮气弹簧支承的压边圈"op4-binder"和抬料板"supports"，需要分别对其添加模具弹簧，定义其在成形过程中的运动和力，具体操作如下。

首先，设置压边圈"op4-binder"的弹簧属性。在备品区空白处单击鼠标右键，选择"模具类型"＞"模具弹簧"＞"手动定义"，在模具弹簧设置对话框中"通用"菜单下选择弹簧的初始条件为"释放"，弹簧的运动方向为"－Z"，表示向下压缩，允许的位移量为 36.7mm（表示压边圈被上模和坯料往下推动 36.7mm，后接触下方底座才停止），弹性是相对于"地面"，如图 5-12 所示。弹簧的刚度也需要定义，单击对话框左侧的"刚度"菜单，采用"固定"方式，设置刚度值为 250000N/m，其他设置保持默认值，单击"OK"按钮完成参数设置，并在备品区将模具弹簧重命名为"Released-binder"。

然后，用同样的方式设置抬料板"supports"的弹簧属性，不一样的地方是位移量为

32mm，刚度值为 10000N/m，完成参数设置后在备品区将模具弹簧重命名为"Released-supports"。分别将"Released-binder""Released-supports"拖动到进程树中的"op4-binder""supports"名称上方，赋予模具弹簧，如图 5-13 所示。单击工具栏中的弹簧按钮 ，会在模型视图窗口显示定义好的弹簧。

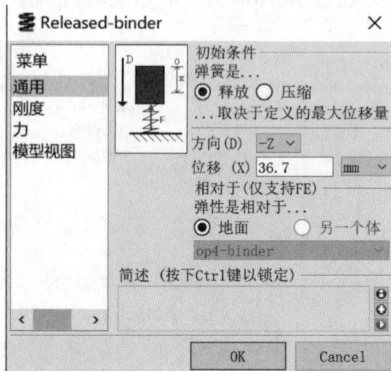

图 5-12 定义压边圈弹簧属性

图 5-13 为压边圈和抬料板赋予弹簧压力

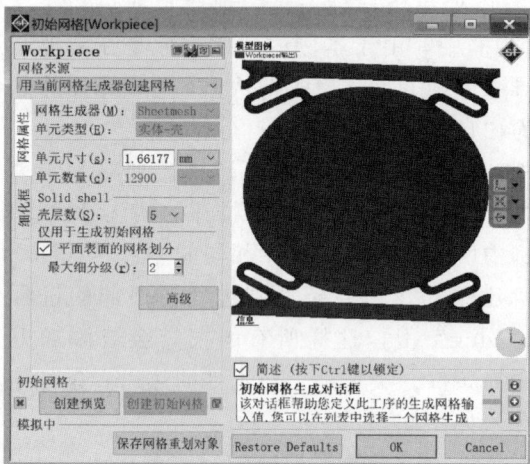

图 5-14 坯料初始网格划分

（8）划分网格

在进程树中的工件"Workpiece"下面，双击网格"Mesh"图标，在弹出的网格划分窗口中，勾选"平面表面的网格划分"，其作用是对于平板坯料可以细化圆角等小特征的网格，"最大细分级"为 2，数值越大网格越密。其他参数取默认值，然后单击初始网格窗口左下方的"创建初始网格"按钮进行网格划分，划分结果如图 5-14 所示，生成的单元数量为 12900。最后单击"OK"按钮关闭网格划分窗口，弹出对话框显示"你想在模拟中使用这些网格生成参数吗？"，单击"Yes"按钮即按照默认选项创建网格

重划分对象"Sheetmesh"。双击"Sheetmesh"可以进行网格重划分参数的编辑和修改。本例中坯料初始网格划分已经比较细，不需要激活成形过程中网格重新划分的功能，可以减少计算时间，故在网格重划分对话框中设置"重划分选项"为"从不"，单击"OK"按钮，在弹出的对话框中单击"Yes"按钮完成网格划分。

（9）设置对称边界条件

由于本例中各工位成形仿真分开进行，后一个工位继承前一个工位的仿真结果，所以坯料模型是从带料中截取的一段，需要设置坯料边界条件以符合带料的整体运动状态。在进程树中，鼠标右键单击进程名"Op4-drawing"，选择"插入"＞"对称平面"，在视图区用鼠标左键依次点击坯料第一个对称面、第二个对称面、第三个对称面和第四个对称面，如图 5-15 所示，此时在"对称定义"窗口中依次出现选中侧面对应的对称面，确认无误后单击"确定"按钮。工具栏中的按钮 可打开或关闭对称面显示。

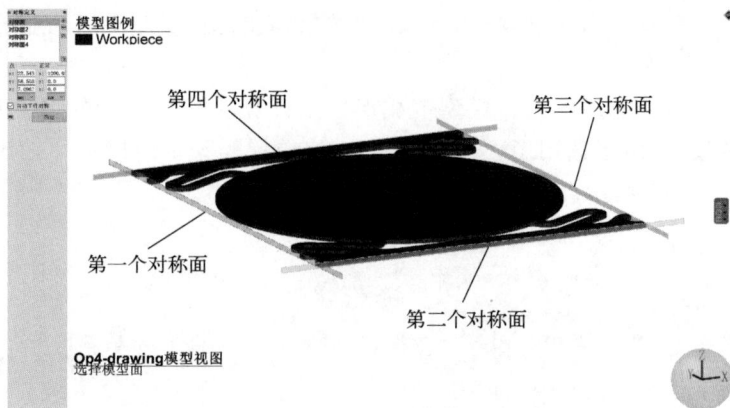

图 5-15　对称面设置

（10）坯料轧制方向

由于本例的材料模型 DB.DC04_ck_FLD 启用了成形极限参数，因此需要定义坯料轧制方向，赋予带料各向异性属性。在进程树窗口"Workpiece"中包含的"Workpiece"项上点击右键，选择"轧制方向"，弹出轧制方向对话框，默认坐标轴 X 向为轧制方向，点击"确定"按钮，在出现的窗口再次点击"确定"按钮完成设置。

（11）设置成形控制参数

行程：本例中 op4-upper-part（上模具）的位置在工件的上方（$+Z$ 方向），因此设置动模具的运动方向为"$-Z$"方向，默认方向为 ⬇ 。根据上模具下表面到下死点的距离，在"行程"菜单中设置"行程"为 54.7mm。

阶段：在"阶段"菜单中，勾选第三、第四工步，如图 5-16 所示。第三工步"工件变形"将开始成形过程的仿真。第四工步"释放定义设备的模具"在成形结束后将动模具（连在设备上运动的模具）打开撤离，此时工件将有回弹产生。对于本例，如果也把固定模具撤离，工件可能会偏移原来位置，不利于下个阶段的定位，所以不勾选第五工步"从固定模具中释放工件"。

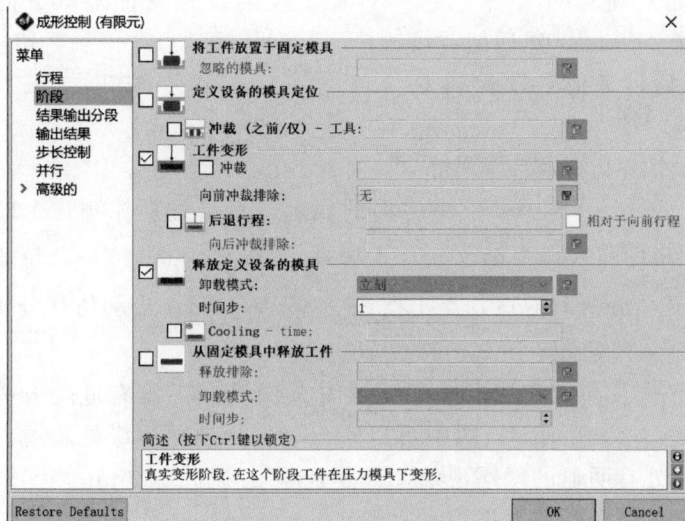

图 5-16　阶段参数设置

结果输出分段：取软件默认设置值，即在"结果输出分段类型"下方选择"平均等分输出结果"，默认数量为 41。

输出结果：因为本例选用的材料模型带成形极限计算功能，所以在"输出结果"菜单中勾选"成形极限参数"。由于选用了"实体-壳"网格单元类型，所以在"输出结果"菜单中勾选"厚度"，如图 5-17 所示。

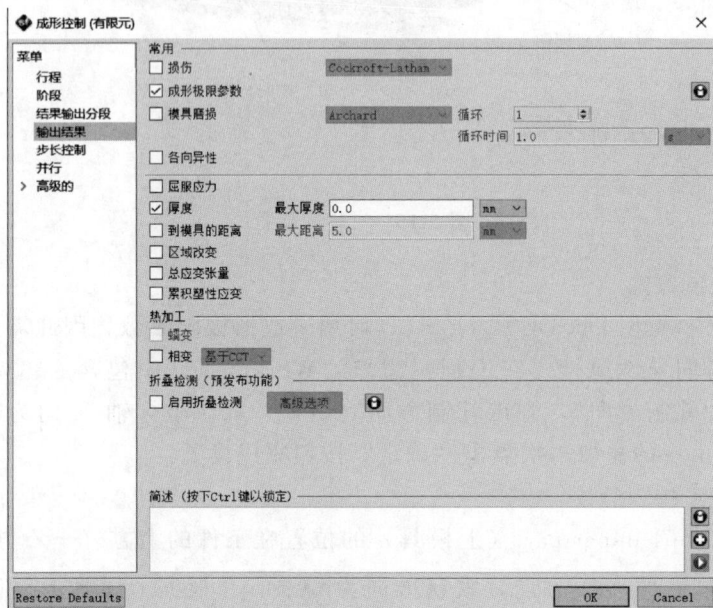

图 5-17 设置输出结果

并行：根据电脑 CPU 可用核数以及软件许可证情况设置并行计算参数，比如设置 DDM 域数量为 2，内核数为 4。

接触：本例工况比较复杂，在拉深成形过程中，模具棱边可能会与坯料接触，容易导致接触计算不稳定，所以建议将接触选项设置成"线线接触"。在"成形控制（有限元）"对话框左侧菜单中，点击"高级的" > "接触"，在出现的接触设置窗口中将"接触"默认的"自动"选项切换成"手动"，然后把"接触检测"默认的"点线接触"切换成"线线接触"。

完成上述设置后，其他选项保持默认值，单击"OK"按钮关闭"成形控制（有限元）"对话框。

（12）工位④反拉深仿真及结果评价

提交计算：在 Simufact Forming 主界面的底部，点击计算控制栏上的"开始分析"按钮 ，弹出"继续之前需要保存修改。是否保存？"窗口，点"Yes"按钮，如果模型没有问题，将会出现"开始分析"窗口，点击按钮 ，启动仿真分析。当软件主界面底部的状态栏显示 100% 时表示仿真运算成功结束。

结果评价：工位④反拉深的成形极限图如图 5-18 所示，没有危险或易破裂区域；工位④工件厚度变化如图 5-19 所示，从图中可以看出，拉深顶部边缘处较薄，最薄处厚度约为 1.73mm，而外凸缘处有明显的增厚现象，最厚处厚度约为 2.20mm。

5.1.5.2 工位⑥正拉深工艺过程设置

工位⑤是空工位，所以工位⑥的坯料直接继承工位④的变形结果，工位⑥的模具包括拉深

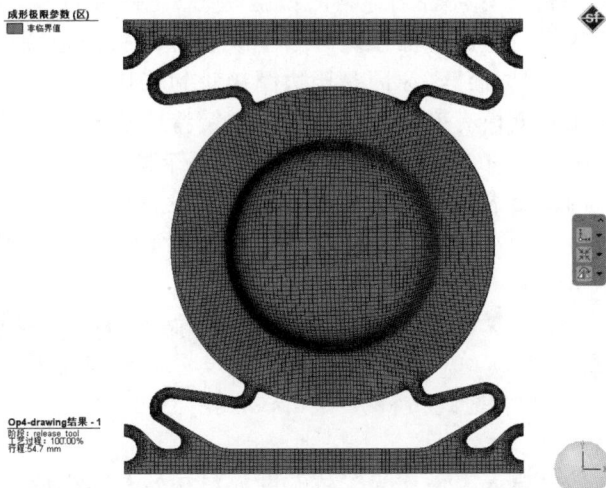

图 5-18　工位④成形极限图预测破裂区

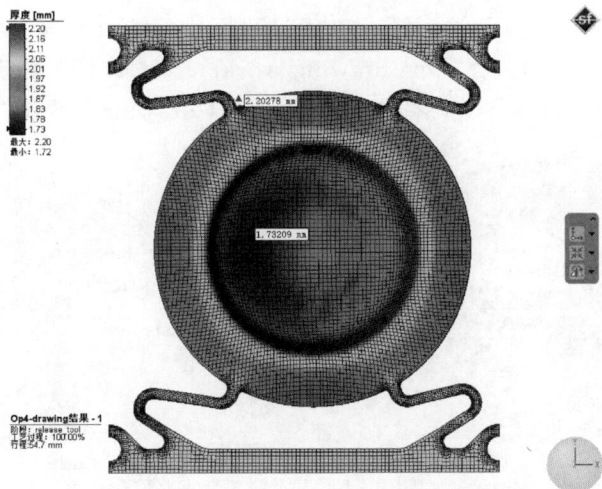

图 5-19　工位④工件厚度变化分布图

凸模、拉深凹模、压边圈、抬料板。在备品区导入工位⑥的模具几何模型 op6-upper-part、op6-lower-part、op6-binder，由于抬料板沿用工位④的几何模型，所以无须重新导入。

（1）创建拉深工艺仿真项目

通过复制工位④的进程"Op4-drawing"来快速创建工位⑥的进程。鼠标右键单击进程名"Op4-drawing"，选择"复制"＞"不带结果复制"，将新复制出的进程重命名为"Op6-drawing"。工位⑥将采用不同的凸模、凹模和压边圈进行拉深成形，因此需要导入 op6-upper-part. bdf、op6-lower-part. bdf 和 op6-binder. bdf 三个文件，并分别拖到进程树"Op6-drawing"下的"op4-upper-part""op4-lower-part-punch""op4-binder"上，替换为"op6-upper-part""op6-lower-part""op6-binder"。

工位⑥的压边圈在压力机的驱动下跟上模一起向下运动，在接触坯料后产生压缩，其压边力由氮气弹簧提供。因此，需要将进程树中的压边圈"op6-binder"拖到设备"Hydrau-lic"的下方，然后为压边圈设置弹簧属性。在模具弹簧设置对话框中选择弹簧的初始条件为

"释放"（压边圈初始状态是没有接触到坯料的松弛状态），弹簧的运动方向为"Z"，允许的位移量为39mm（对于本例，弹簧的位移量等于上模行程减去压边圈的位移量）。弹性是相对于"另一个体"，而不是"地面"，原因是压边圈接触到坯料时才开始压缩，此后其位置相对于地面没有变化，而相对上模有变化。在将模具弹簧特性赋予压边圈后，重新打开弹簧设置对话框，就可以选择上模"op6-upper-part"为"另一个体"。为了更真实地模拟氮气弹簧的特性，需要设置弹簧的初始力，采用"固定"方式，设置值为10kN，其他设置保持默认值，单击"OK"按钮完成参数设置，并在备品区将模具弹簧重命名为"Released-op6-binder"，然后拖到压边圈"op6-binder"上。

抬料板"supports"也需要设置新的弹簧属性，初始条件为"释放"，方向为"－Z"，位移量为6.8mm，刚度值为10000N/m，完成参数设置后在备品区将模具弹簧重命名为"Released-op6-supports"，然后拖到抬料板"supports"上。

（2）生成坯料几何模型

从工位④的变形结果中导入工件作为工位⑥的坯料初始几何模型，并继承了工位④的应力应变结果。在备品区空白处单击鼠标右键，选择"几何形状">"从结果输入"，弹出"从结果中导入模型"对话框，如图5-20所示，考虑到模具完全释放后可能会导致工件旋转位移，故将"100.00%（release_tool）"改成"100.00%（Forming）"，其他默认即可。单击"OK"按钮，在备品区生成"Op4-drawing-workpiece＋174"，将其拖到进程树"Op6-drawing"下面的"workpiece"上，替换原来从"Op4-drawing"复制过来的坯料。

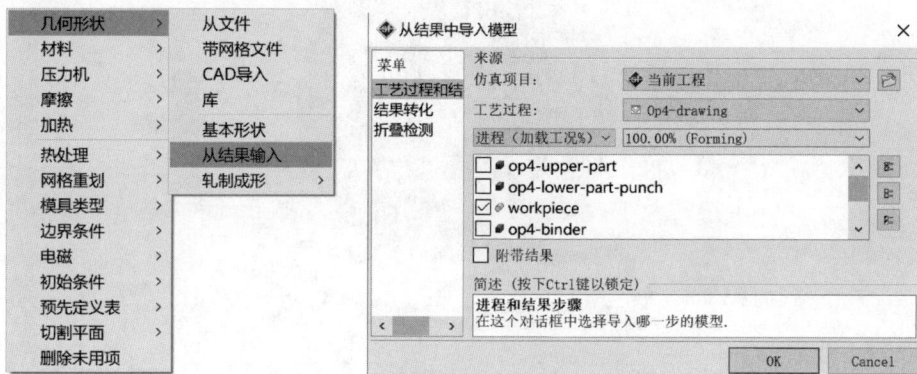

图5-20 从结果中导入坯料初始模型

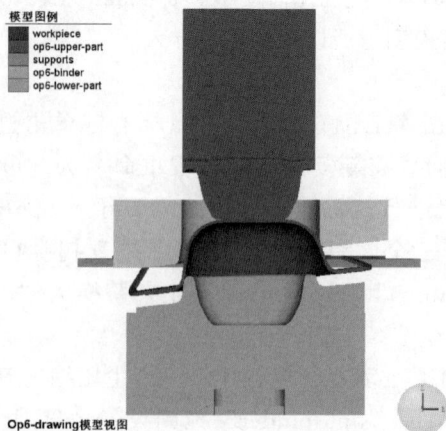

Op6-drawing模型视图

图5-21 工位⑥模型相对位置调整后的剖切图

（3）定义工件材料、设备、摩擦、边界条件、坯料网格等

沿用工位④复制过来的设置，不需要修改。调整模具与坯料之间的相对位置，使它们处于准备接触状态，如图5-21所示。

（4）设置成形控制参数

通过测量图5-21所示凸模和凹模的Z向距离（减去坯料厚度），在"成形控制（有限元）"对话框的"行程"菜单中设置"行程"为59.2mm，其他参数设置跟工位④一样，不需要修改。

（5）仿真结果评价

提交计算，仿真运算成功结束后，打开结果视图窗口，单击"等效塑性应变"图标，选择"损伤">"成形极限参数（区）"，如图 5-22（a）所示，中间凸环是易破裂区域，需要改善材料的流动状况；工件厚度变化如图 5-22（b）所示，拉深底部圆角处较薄，最薄处厚度约为 1.61mm，所以减薄率约为 19.5%；外凸缘不变形，跟工位④基本一样，最厚处厚度约为 2.21mm。经以上分析，正反拉深仿真的结果均符合设计时的理想要求。

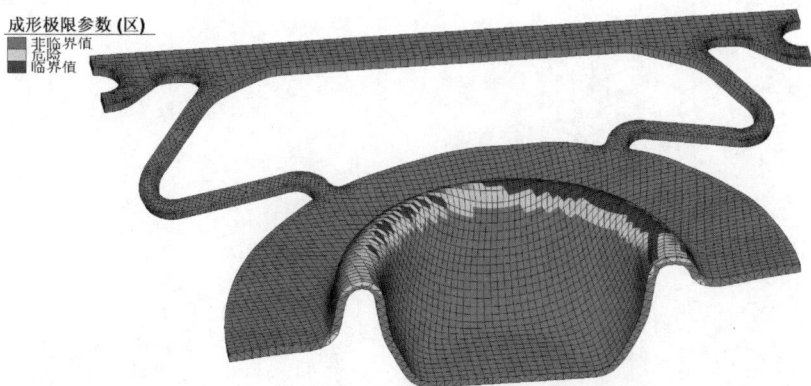

(a) 工位⑥成形极限图预测破裂区

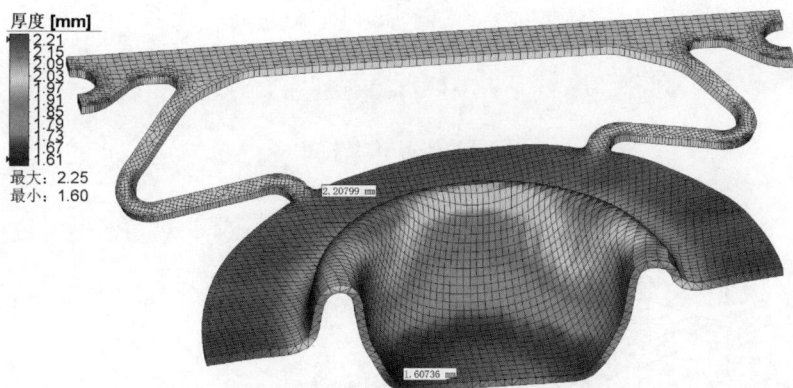

(b) 工位⑥工件厚度变化分布图

图 5-22　工位⑥仿真结果

5.1.6　模具结构设计

如图 5-23 所示为弹簧上支座一出一排列的多工位级进模结构图，图 5-23（a）为上模部分三维结构图；图 5-23（b）为下模部分三维结构图；图 5-23（c）为模具整体结构图。该模具为中大型的多工位级进模，最大外形长为 2100mm，宽为 900mm，模具闭合高度为 670mm。

① 为防止冲压时出现的侧向力，该模具除在上、下模座设置四套 ϕ63mm 的滚珠导柱、导套外，还在模具的中间设置导向板，导向板设置在上模座上［见图 5-23（a）上模部分三维结构图］，在相对应的下模部分设置耐磨板固定座 87 及耐磨板 88。工作时，上模下行，导向板先进入安装在下模部分的耐磨板固定座上的耐磨板内进行导向，紧接着四个 ϕ63mm 的滚珠导柱与导套进行导向，最后对制件进行冲压。

② 该模具采用伺服送料机构送料，冲压时，带料首先进入抬料板 4 抬料，导料板 5 导料，完成导正销孔、伸缩带及毛坯外形的冲切后，接着采用两组条状的抬料块 97 抬料，导料板 89 导料。最后，工位⑫冲切伸缩带连接处搭边，当制件与载体分离时，冲切下与伸缩带相连的载体从下模落料孔内排出，此时分离后的制件仍在定位块 95 的型腔内，抬料机构 44 在条状的抬料块带动下向上浮动，将制件的左边部分往上顶，使制件向右边方向翻转出件。

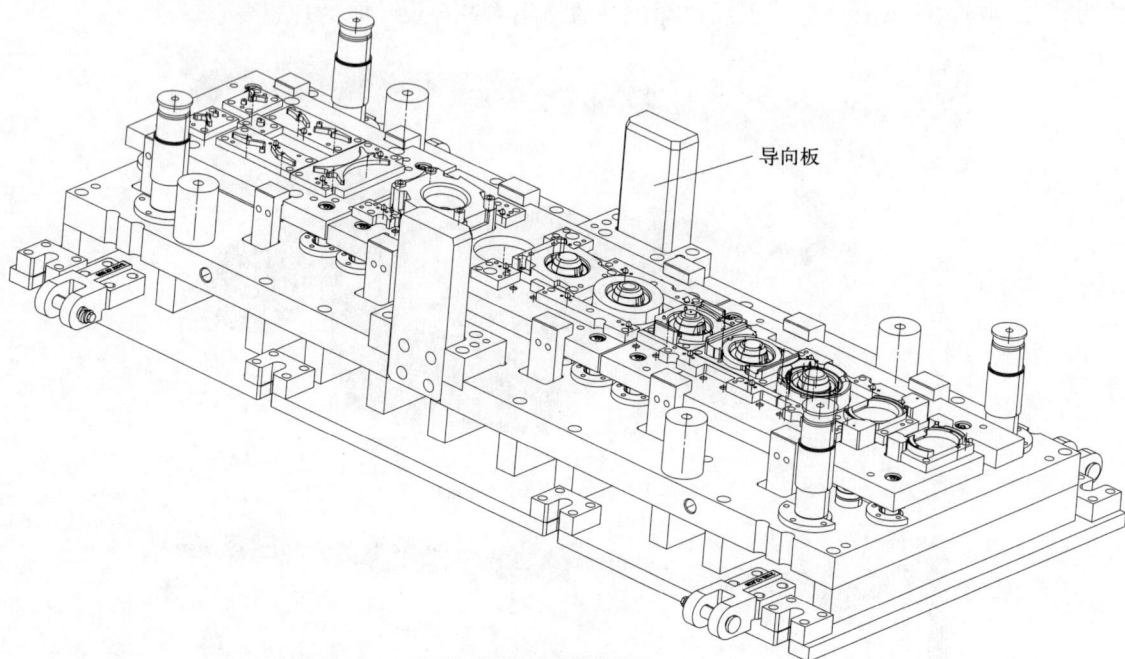

(a) 上模部分三维结构图

导向板

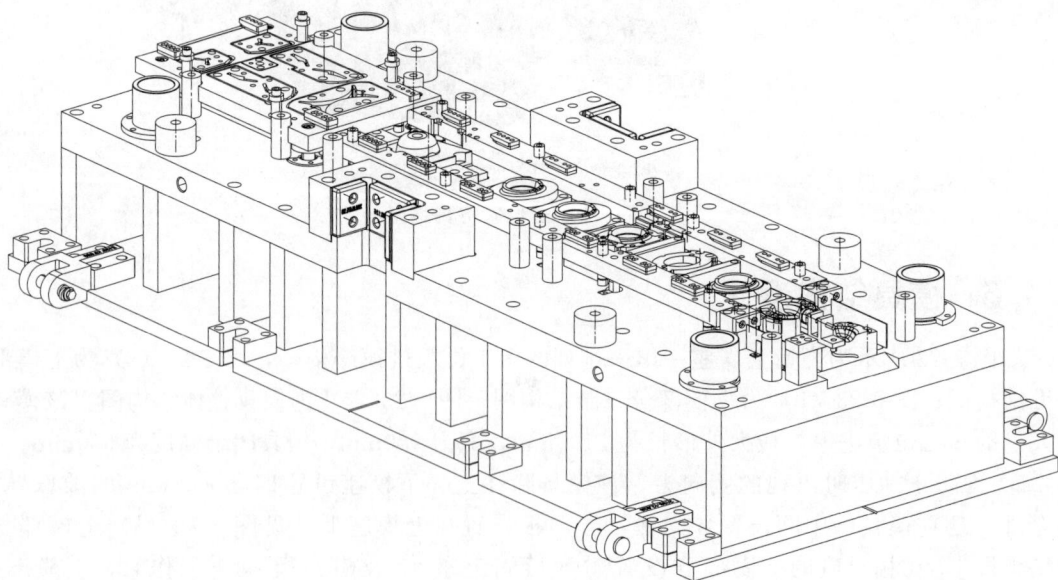

(b) 下模部分三维结构图

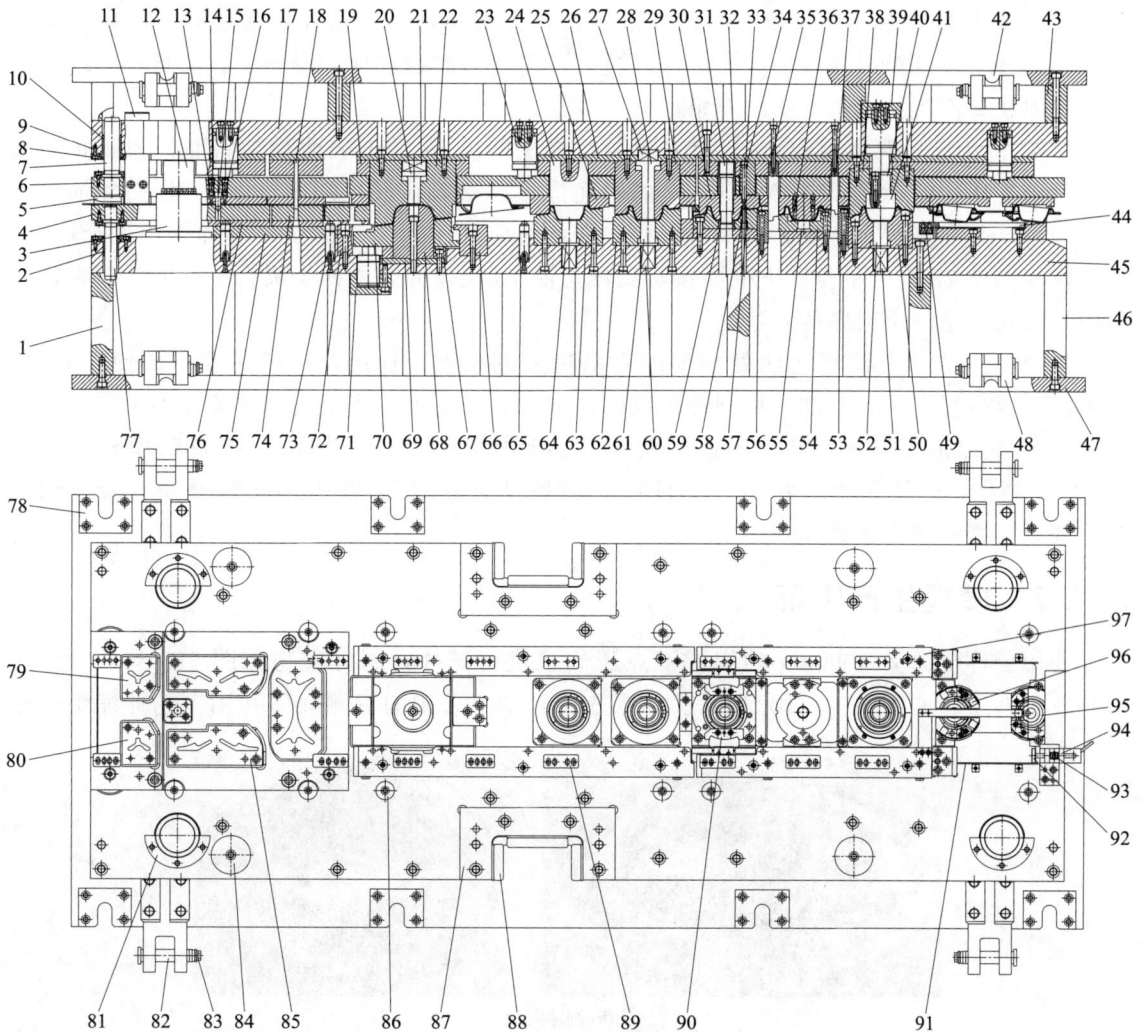

(c) 模具整体结构图

图 5-23 模具结构图

1,46—下垫块；2,10—小导套；3—导套；4—抬料板；5,89—导料板；6—卸料板；7,77—小导柱；8,81—固定压板；
9—螺钉；11—卸料行程限位块；12—导柱；13—螺塞；14,93—钢丝弹簧；15—导正销；16,36—小顶杆；
17—上模座；18—冲切毛坯外形凸模；19—凸模固定板；20,28,52,61,64—顶杆；21,27,51,60—弹簧；
22—反拉深凹模；23,65,73—氮气弹簧；24—拉深凸模；25—压边圈；26—上垫板；29—上整形凸凹模；
30—仿形卸料块；31,33—柱销；32—固定块；34—冲孔凸模；35,37—修边凸模；38—成形凹模；
39,71—氮气弹簧安装座；40—卸料行程限位柱；41—锥形压料柱；42—上托板；43—上垫块；
44—抬料机构；45—下模座；47—下托板；48—起吊装置；49—连接板；50—成形凸模；53,56—导向靠块；
54,90—修边凹模；55—压毛边凸模；57—垫圈；58,59—冲孔凹模；62—下整形凸模；63—拉深凹模；
66,72—行程限位块；67—下凸模固定板；68—反拉深凸模；69,75,76—下垫块；70—压边圈；
74,85—冲切毛坯外形凹模；78—安装压板垫高块；79,80—冲切伸缩带凹模；82—起吊销；
83—螺母；84—限位柱；86—等高块；87—耐磨板固定座；88—耐磨板；91—安全挡板；
92—检测杆；94—检测装置固定座；95,96—定位块；97—抬料块

③ 因该模具为中大型多工位级进模，为方便拆装、加工、调整及维修，除上下模座及上下托板为整体式外，其余均采用分段组合式结构。

④ 该制件对冲裁断面要求不高，因此凸模与凹模之间的单面间隙为料厚的 10%（单面取 0.2mm）。凸模与凸模固定板为零对零配合，凸模与卸料板单面配合间隙为 0.5mm，无须靠卸料板导向，卸料板只是起卸料压料作用。

⑤ 该结构除部分压缩量较小的顶杆采用钢丝弹簧及矩形弹簧外，其余的弹压方式均采用氮气弹簧来代替矩形弹簧，从而确保卸料力及压料力的稳定性，避免了在高行程压缩下矩形弹簧因疲劳而折断带来的安全隐患。

⑥ 工位④反拉深压边圈 70 的上表面及反拉深凹模 22 的下表面均为斜面，为防止斜面拉深时出现压边圈 70 随反拉深凹模 22 的斜面滑移现象，在反拉深凹模 22 工作面外加工出四个圆台，并在各圆台上安装四个平行柱，在相对应的压边圈工作面外也加工出四个圆台。当反拉深凹模 22 上的平行柱下平面接触到压边圈 70 工作面外的四个圆台平面时，压料面的斜面间隙正好是一个料厚的间隙。

⑦ 为减少制件凸缘周边四处与伸缩带搭边处的角度，提高凸、凹模刃口的使用寿命，在工位⑪以带料平面为基准，将制件角度扭曲 6°（扭曲后凸缘平面与水平面平行）。

⑧ 为确保正反拉深下凸、凹模的使用寿命和稳定性，模具拉深凸模及凹模材料选用 SKH 51 制作，热处理硬度为 62～64HRC，试模结束后进行 TD（热扩散硬质合金涂层工艺）处理，表面硬度达到 3000HV。

5.1.7　模具生产验证

使用公称压力为 4000kN 的闭式双点压力机进行试冲，制件实物如图 5-24（a）所示，模具及带料实物如图 5-24（b）所示。结果表明，本书采用的双侧载体并用工艺伸缩带连接

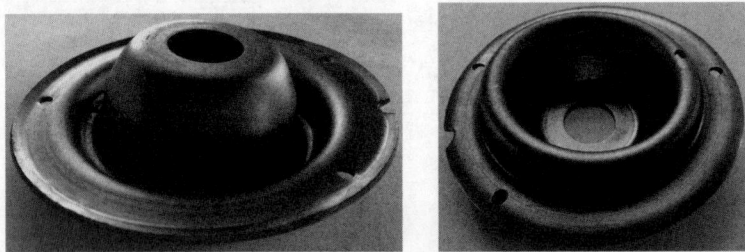

(a) 制件实物

(b) 模具及带料实物

图 5-24　制件与模具实物

方式的正反拉深排样方案和设计的 12 个工位的多工位级进模结构是合理可行的，能满足弹簧上支座的大批量生产需求。

5.2　螺母板连续拉深、镦挤、翻边及弯曲的多工位级进模设计

如图 5-25 所示为螺母板零件，材料为 HX340LAD 高强度镀锌板，料厚为 2.5mm。它是某汽车上的紧固连接件，通过该制件可使其他的零部件进行连接。该制件制造旧工艺是将螺母与冲压件焊接在一起，所需工序多，焊接成本较高，表面粗糙，满足不了大批量生产要求，如有虚焊，会导致螺母与冲压件在受力过程中脱落、松动，从而影响制件的质量。为满足大批量的生产需求，将焊接工艺改成拉深、镦挤一体成形工艺，并采用多工位级进模，使冲压出的制件外观灵巧，且拉深成形的强度大于焊接的强度。

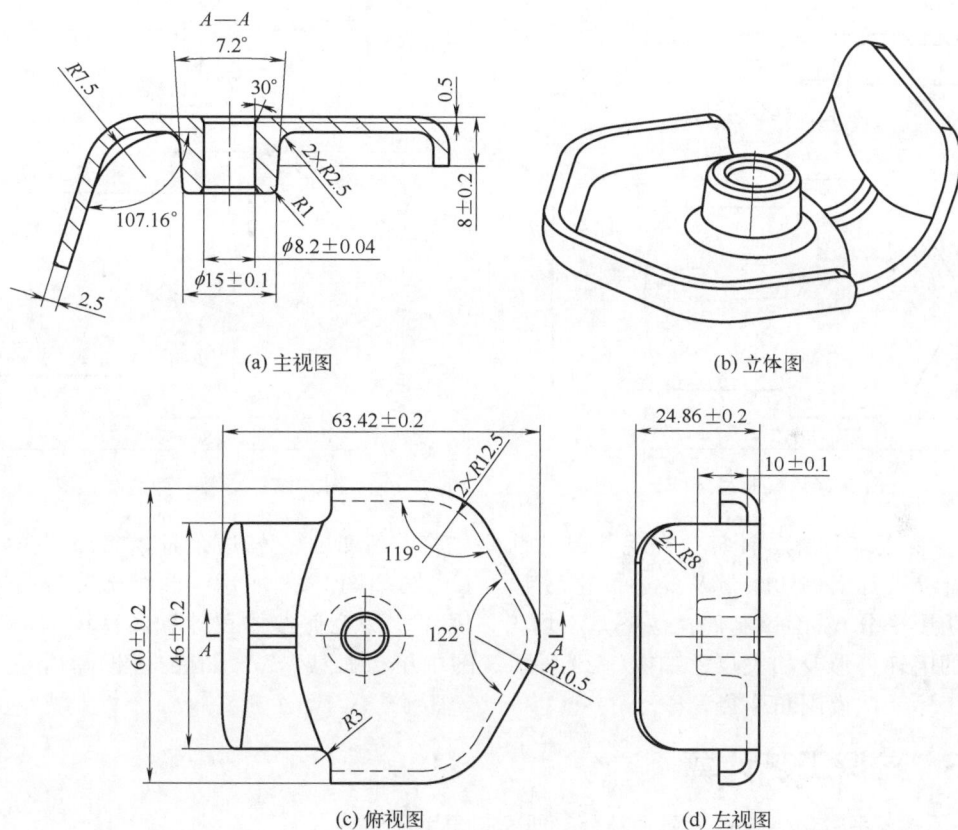

(a) 主视图　　　　　　　　　　　　(b) 立体图

(c) 俯视图　　　　　　　　　　　　(d) 左视图

图 5-25　螺母板

5.2.1　工艺分析

从图 5-25 可以看出，制件内孔直径为 $\phi 8.2$mm，用于冲压成形后攻制 M10 螺纹。为确保螺纹的紧固强度，拉深部分设计壁厚不均匀，即底部壁厚为 3.4mm，拉深件带有 7.2° 的锥度（拉深 R 角与锥度连接处壁厚为 3.88mm），但制件料厚为 2.5mm，拉深件壁厚大于板料的厚度，需经过多次镦挤成形工艺才能达成，因此拉深、镦挤成形是该制件的成形难点。

在多工位级进模上完成该制件的冲压成形，需经过预切工艺切口→多次拉深→多次镦挤→冲底孔→外形修边→翻边→弯曲→落料（制件与载体分离）等冲压工艺。

5.2.2 毛坯计算

该制件比较特殊，有拉深、镦挤、翻边及弯曲工艺，那么计算其毛坯要分三个步骤（先后顺序不能对调），即弯曲展开计算→翻边毛坯计算→拉深毛坯计算。具体计算方法如下：

① 弯曲展开计算。从图 5-25 可以看出，该制件弯曲 R 角不规则，类似此形状可以先按照弯曲工艺计算其展开尺寸，再参照经验值或试冲时结果进行优化，计算后的弯曲展开图如图 5-26 所示。

② 翻边毛坯计算。翻边展开尺寸可按相关资料的公式计算或直接用相关的软件展开即可，在弯曲展开的基础上计算得到的弯曲、翻边展开图如图 5-27 所示。

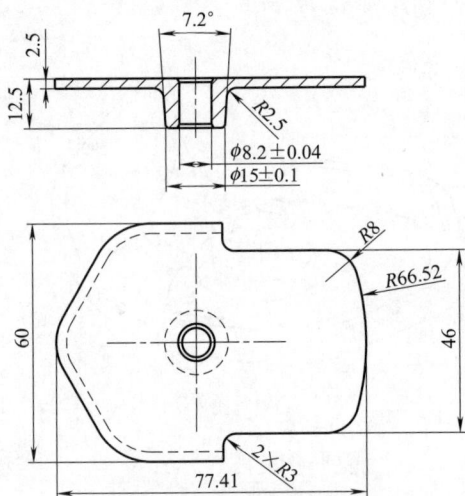

图 5-26 弯曲展开图

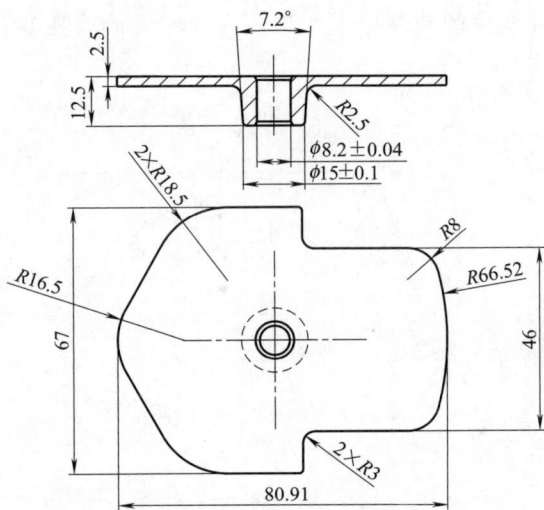

图 5-27 弯曲、翻边展开图

③ 拉深毛坯计算。计算拉深毛坯尺寸前要先将凸缘处加上修边余量，底部按拉深工艺作工艺补充，加上修边余量及经过优化后毛坯工艺图如图 5-28 所示（凸缘部分修边余量见图示的阴影部分）。因该制件拉深壁厚不均匀，因此拉深毛坯按体积计算误差较小，计算及优化后的毛坯外形及相关尺寸如图 5-29 所示。图中单点画线 $\phi77$ mm 的虚拟圆用于后续计算拉深工序及凹模圆角半径。

5.2.3 拉深工艺计算

（1）拉深系数、各次拉深直径及凸、凹模圆角半径计算

拉深系数、各次拉深直径及凸、凹模圆角半径是拉深工艺中的重要参数，因此计算时要反复地推敲及验证才可进入下一个环节的设计。经分析，该制件采用有工艺切口形式的连续拉深较为合理。以拉深用钢板作为计算拉深系数的依据，首次拉深就要留出凸缘，那么拉深系数可按带凸缘圆筒形拉深件计算。从表 1-39 查得，首次拉深系数 $m_1 = 0.55 \sim 0.6$，以后各次拉深系数 m_2，m_3，$\cdots$，$m_n = 0.75 \sim 0.80$。该制件板料强度较高，因此拉深系数略取大些，经过计算及结合实际经验值调整后的拉深系数、拉深直径及凸、凹模圆角半径见表 5-1。从表 5-1 第八次拉深时拉深直径可以看出，该工序的拉深直径接近制件的直径，因此确定该制件为 8 次拉深，制件的壁厚要根据后工序采用镦挤及整形工艺来达到其尺寸要求。

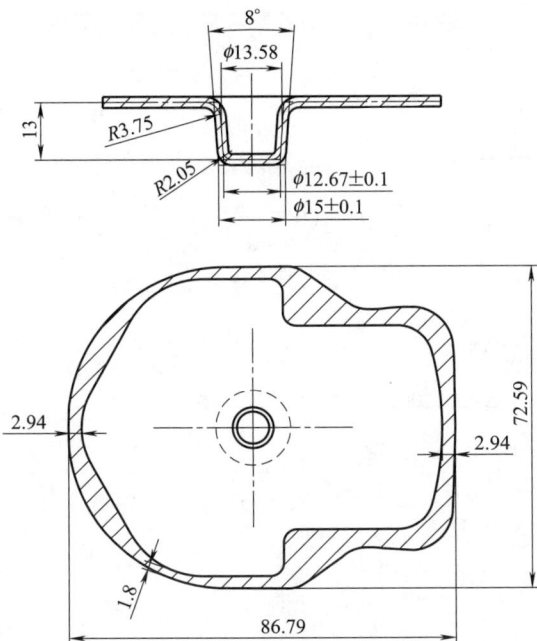

图 5-28 计算拉深毛坯工艺图

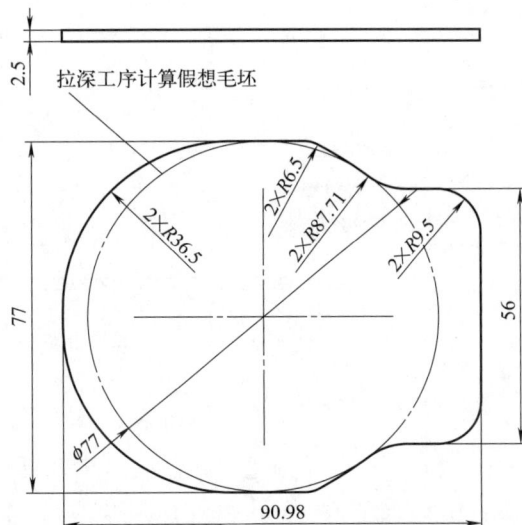

图 5-29 制件毛坯图

表 5-1 拉深系数、拉深直径及凸、凹模圆角半径参数　　　　　　单位：mm

拉深次数	拉深系数	拉深直径（中心层尺寸）	凹模圆角半径 r_d	凸模圆角半径 r_p
首次拉深	$m_1 = 0.56$	$d_1 = 77 \times 0.56 \approx 43.1$	$r_{d1} = 7.5$	$r_{p1} = 6.0$
第二次拉深	$m_2 = 0.74$	$d_2 = 43.1 \times 0.74 \approx 31.9$	$r_{d2} = 5.0$	$r_{p2} = 3.0$
第三次拉深	$m_3 = 0.81$	$d_3 = 31.8 \times 0.81 \approx 25.8$	$r_{d3} = 4.5$	$r_{p3} = 2.0$
第四次拉深	$m_4 = 0.83$	$d_4 = 25.8 \times 0.83 \approx 21.4$	$r_{d4} = 4.5$	$r_{p4} = 1.5$
第五次拉深	$m_5 = 0.86$	$d_5 = 21.5 \times 0.86 \approx 18.5$	$r_{d5} = 3.5$	$r_{p5} = 1.0$
第六次拉深	$m_6 = 0.87$	$d_6 = 18.5 \times 0.87 \approx 16.1$	$r_{d6} = 2.5$	$r_{p6} = 1.0$
第七次拉深	$m_7 = 0.9$	$d_7 = 16.1 \times 0.9 \approx 14.5$	$r_{d7} = 2.5$	$r_{p7} = 0.8$
第八次拉深	$m_8 = 0.94$	$d_8 = 14.5 \times 0.94 \approx 13.6$	$r_{d8} = 2.5$	$r_{p8} = 0.5$

（2）拉深高度计算

如厚料拉深高度按薄料理论计算，会导致拉深后各工序底部变薄较为严重，甚至出现开裂及断裂现象。按经验值，通常各工序的拉深高度等于制件的高度，使每次拉深时多余的材料返回到凸缘处。该制件材料较厚，因此可按图 5-28 计算拉深毛坯工艺图中的拉深高度为基准，即各工序的拉深高度等于或高于图 5-28 中的拉深高度（拉深高度 $H = 13.0$mm，不含料厚）。

（3）拉深工序图绘制

根据拉深系数、拉深直径及各次拉深凸、凹模圆角半径和拉深高度的计算，绘制如图 5-30 所示的拉深工序图。

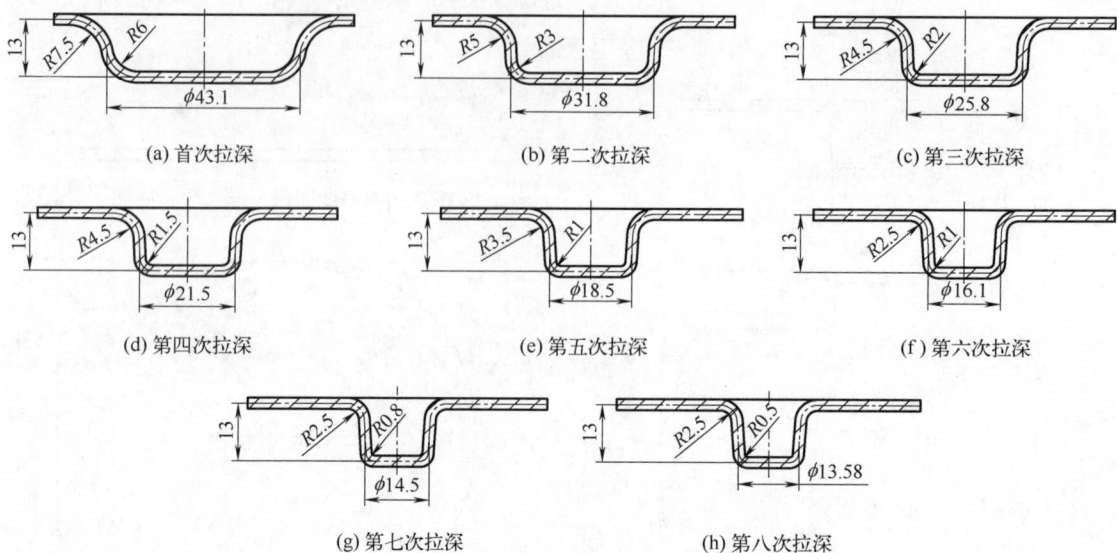

(a) 首次拉深   (b) 第二次拉深   (c) 第三次拉深

(d) 第四次拉深   (e) 第五次拉深   (f) 第六次拉深

(g) 第七次拉深   (h) 第八次拉深

图 5-30 拉深工序图

5.2.4 排样设计

（1）载体设计

对于制件板料厚度大于 2.0mm 以上的拉深件，大多采用工艺伸缩带来连接制件与载体较为合理。其目的是在拉深过程中坯料和伸缩带发生变形，使毛坯能顺利地流入拉深凹模内（有利于材料塑性变形），而拉深后载体仍保持原来的状态不变形、不扭曲，既便于送料，又能减少拉深的阻力，从而获得较高的产品质量。根据制件的成形特点设计一出一和一出二两种排样方案。

方案一：单排排列方式（一出一），排样如图 5-31 所示。计算出料宽为 114mm，步距为 82.5mm，材料利用率为 49.8%。优点：模具调试简单，制造成本低。缺点：生产效率低，制件成本高，翻边成形存在侧向力，制件稳定性差。

方案二：双排排列方式（一出二），排样如图 5-32 所示。计算得料宽为 210mm，步距

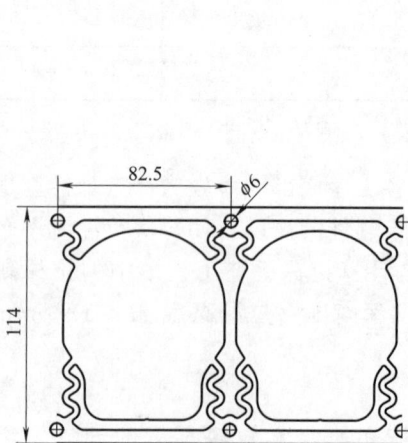

图 5-31 一出一排样示意图

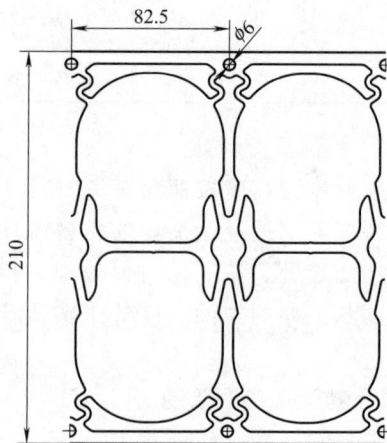

图 5-32 一出二排样示意图

为 82.5mm，材料利用率为 54.1%。优点：消除制件在翻边过程中的侧向力，生产效率高，产品成本低。缺点：模具调试复杂，制造成本高。

综上分析及结合制件年产量的需求，最终决定该制件采用一出二排样较为合理。

（2）排样设计

排样设计是多工位级进模设计必不可少的环节，应在确保能冲压出合格制件的前提下，尽可能简化模具结构，降低制造成本，提高材料利用率，保证带料传递的稳定性等，这些环节都是在排样时要考虑的。该制件冲压工艺比较复杂，有拉深、镦挤、翻边及弯曲等工序。制件排样如图 5-33 所示，共分为 26 个工位，具体工位安排如下：工位①冲切导正销孔，预切中部外形废料；工位②、③预切外形废料；工位④空工位；工位⑤首次拉深；工位⑥空工位；工位⑦第二次拉深；工位⑧第三次拉深；工位⑨第四次拉深；工位⑩第五次拉深；工位⑪第六次拉深；工位⑫第七次拉深；工位⑬第八次拉深；工位⑭第一次镦挤；工位⑮冲底孔；工位⑯第二次镦挤；工位⑰第三次镦挤、冲切中部导正销孔；工位⑱第四次镦挤；工位⑲、⑳精切外形废料；工位㉑空工位；工位㉒翻边；工位㉓空工位；工位㉔弯曲；工位㉕空工位；工位㉖制件与载体分离。

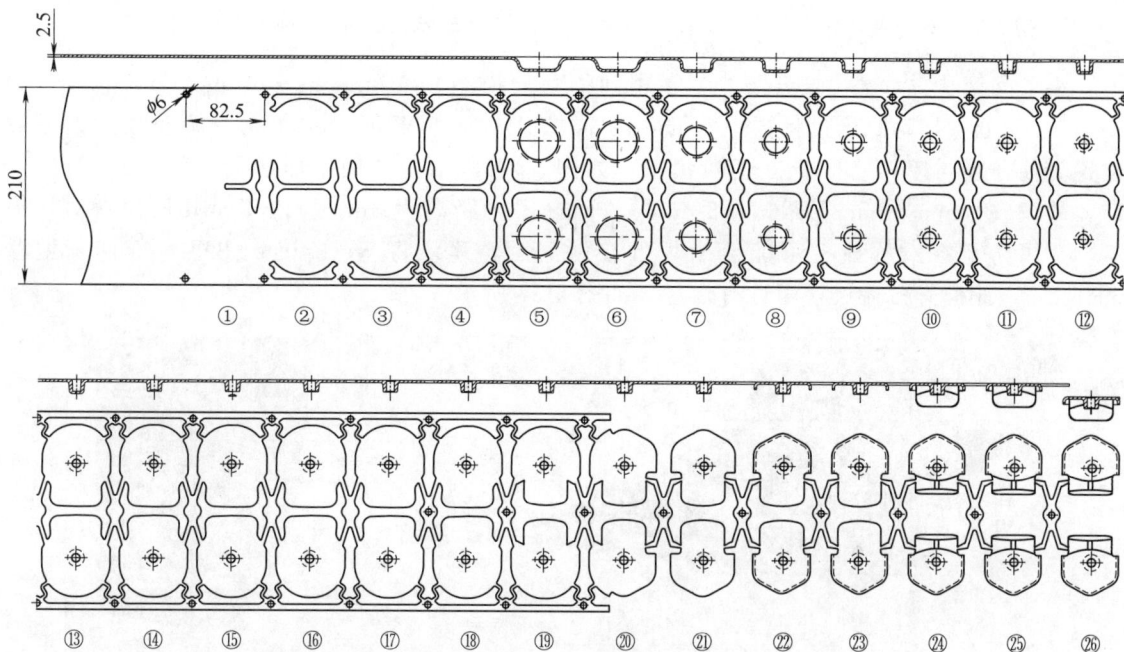

图 5-33 制件排样图

5.2.5 CAE 仿真分析

根据制件排样图（如图 5-33 所示），发生大变形且容易产生缺陷的工位有：⑤首次拉深、⑦第二次拉深、⑧第三次拉深、⑨第四次拉深、⑩第五次拉深、⑪第六次拉深、⑫第七次拉深、⑬第八次拉深、⑭第一次镦挤、⑮冲底孔、⑯第二次镦挤、⑰第三次镦挤。本节采用 Simufact Forming 软件对以上工位变形过程进行仿真分析，验证排样设计的合理性。

5.2.5.1 工位⑤首次拉深工艺过程设置及仿真结果

（1）创建拉深工艺仿真项目

选择工具栏"新建"后在"选择应用模块"窗口下选择"钣金成形"，并选择"冲压"

工艺类型，单元类型选"实体-壳"，模具数量设置为 3，其他参数取默认值。在新建的进程树中，将新的工艺重新命名为"Op5-drawing"，表示对工位⑤首次拉深工艺过程进行建模和仿真。

（2）导入几何模型

工位⑤的坯料外形是工位②、③预切外形废料后的形状，工位⑤的模具包括拉深凸模、拉深凹模、压边圈。由于螺母板几何形状左右对称，所以建立一半模型即可。本例需要预先准备的几何模型文件如图 5-34 所示，导入 Simufact Forming 后如图 5-35 所示。

图 5-34 模具及坯料几何模型文件

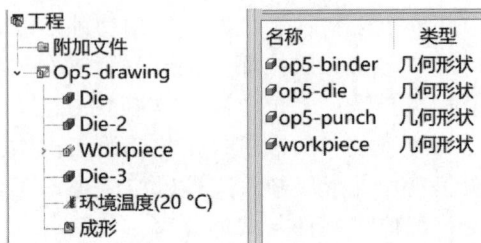

图 5-35 在 Simufact Forming 中导入模型

将备品区中"Op5-drawing"工序用到的几何模型 op5-binder、op5-die、op5-punch 和 workpiece 分别拖动赋给进程树中的 Die、Die-2、Die-3 和 Workpiece，然后调整模型的相对位置，使坯料与模具处于准备接触状态，如图 5-36 所示。本例中压边圈"op5-binder"固定，故调整"op5-binder"跟"op5-die"之间的 Z 向距离为 3mm。由于是几何左右对称模型，为了防止在对称面上可能会出现的接触问题，建议将 workpiece 往里（X 向）偏移 0.15mm，让模具覆盖板料而且有余量，如图 5-37 所示。

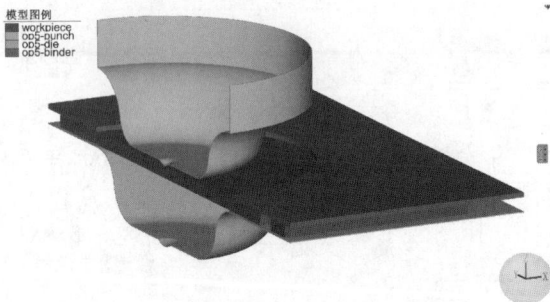

图 5-36 "Op5-drawing"半个模型视图显示

图 5-37 workpiece 偏移

（3）定义材料

本例不考虑模具变形，只需定义工件材料属性。但是 Simufact Forming 16.0 版本材料库没有螺母板材料 HX340LAD 属性，本例从外部导入。在备品区空白处单击右键，选择"材料"＞"材料库"，在弹出的材料库窗口右上方，点击"导入材料至数据库"图标，如图 5-38 所示，导入包含工件材料属性的 HX340LAD. xmt 文件，然后在材料库中选择 HX340LAD 牌号导入备品区，最后将其拖到进程树中的工件"Workpiece"上，给工件赋予材料属性。也可以手动定义材料参数，输入屈服强度、抗拉强度、应力应变曲线等数据。

（4）定义设备

在备品区空白处单击鼠标右键，选择"压力机"＞"手动定义"，弹出设备参数设置对

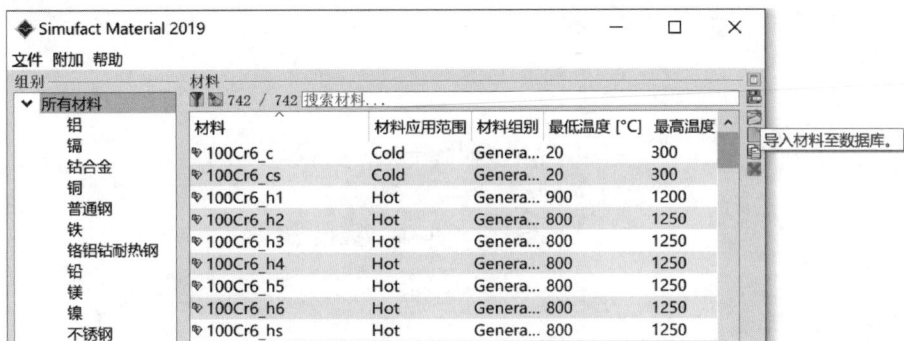

图 5-38 导入材料至数据库

话框，设备类型选择"液压设备"，设置恒定速度为 10mm/s，设置完成后单击"OK"按钮关闭对话框。将备品区中的"Hydraulic"拖到进程树窗口"Op5-drawing"名称上，赋给压力机设备，然后将进程树中的"op5-punch"项拖动到"Hydraulic"名称上，给这个模具赋予动力特性。

（5）定义摩擦

在备品区空白处单击鼠标右键，选择"摩擦">"数据库"，在"从数据库导入摩擦"对话框界面，在"摩擦"下方选择"sheet"，然后在右侧的菜单点击"sheet_good"，单击"导入"按钮。将备品区中的"DB.sheet_good"拖动到进程树窗口中的"Op5-drawing"名称上，软件自动给所有模具赋予摩擦特性，完成摩擦定义。

（6）定义热边界条件

对模具、工件的热边界条件分别采用"手动定义"，所有参数取默认值或保持软件"自动"设置。本例中所有的模具均采用相同的热边界条件，可以拖动所建立的热边界条件到进程树顶部的进程名"Op5-drawing"上，这样所有的模具会被添加上相同的热边界条件。类似地，将工件的热边界条件拖动到工件上。

（7）划分网格

在进程树中的工件"Workpiece"下面，双击网格"Mesh"图标，在弹出的网格划分窗口中，所有参数取默认值，然后单击初始网格窗口左下方的"创建初始网格"按钮进行网格划分，生成的单元数量约为 5200 个。最后单击"OK"按钮关闭网格划分窗口，弹出对话框显示"你想在模拟中使用这些网格生成参数吗?"，单击"Yes"按钮即按照默认选项创建网格重划分对象"Sheetmesh"。

（8）设置对称及约束边界条件

根据图 5-36 以及带料排样情况，半个模型需要施加对称边界条件和约束条件。在进程树中，鼠标右键单击进程名"Op5-drawing"，选择"插入">"对称平面"，在视图区用鼠标左键依次点击坯料第一个对称面、第二个对称面、第三个对称面，如图 5-39 所示，此时"对称定义"窗口会依次出现选中的对称面，确认无误后单击"确定"按钮关闭对话框。工具栏中的按钮 ▤ 可打开或关闭对称面显示。

带料在移动过程中，带孔的一边受到约束以防跑偏，所以需要施加约束边界。鼠标右键单击进程名"Op5-drawing"，选择"插入">"约束平面"，在视图区用鼠标左键选择坯料侧面（除了三个对称面之外的第四个侧面），如图 5-40 所示，单击"确定"按钮关闭对

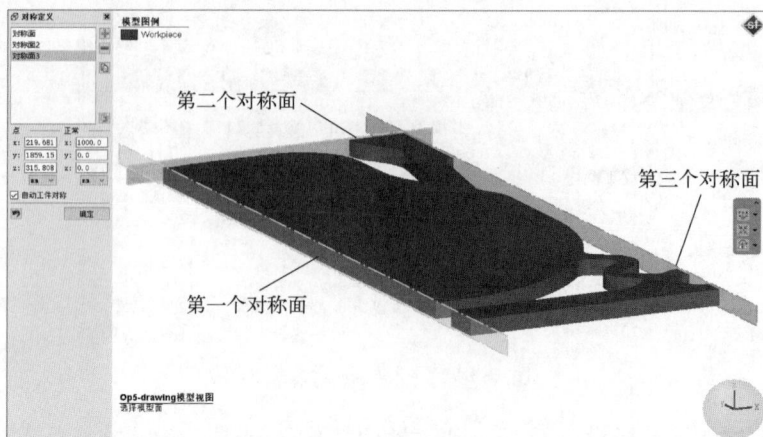

图 5-39 对称面设置

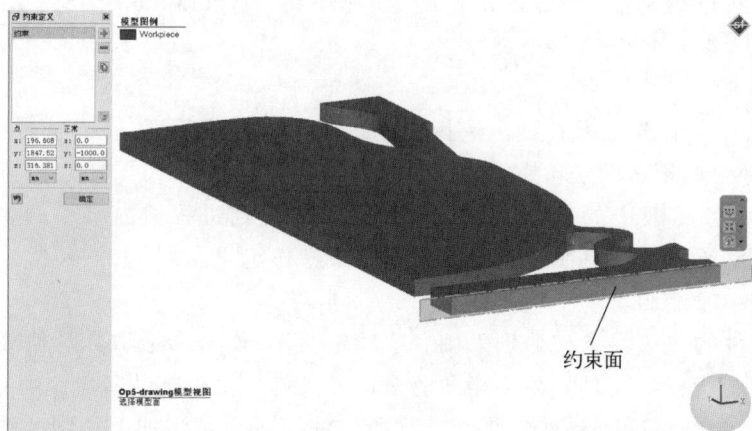

图 5-40 约束面设置

话框。

Simufact forming 软件默认坯料（变形体）不跟约束平面接触，所以需要设置接触表。鼠标右键单击进程名"Op5-drawing"，选择"插入">"FE 接触表"，在出现的接触表对话框中左键点击左上角的"Workpiece"，然后勾选"约束"，表示工件（坯料）跟约束平面有接触，如图 5-41 所示，单击"OK"按钮关闭对话框。

（9）设置成形控制参数

行程：在"行程"菜单中，根据上模具下表面到下死点的距离，设置"行程"为13.8mm，默认方向为 ↓ 向下。

阶段：在"阶段"菜单中，勾选第三、第四工步。

输出结果：在"输出结果"菜单中勾选"厚度"。

并行：根据电脑 CPU 可用核数以及软件许可证情况设置并行计算参数。

接触：点击"高级的">"接触"，在出现的接触设置窗口中将"接触"默认的"自动"选项切换成"手动"，然后把"接触检测"默认的"点线接触"切换成"线线接触"。

完成上述设置后，其他选项保持默认值，单击"OK"按钮关闭"成形控制（有限元）"对话框。

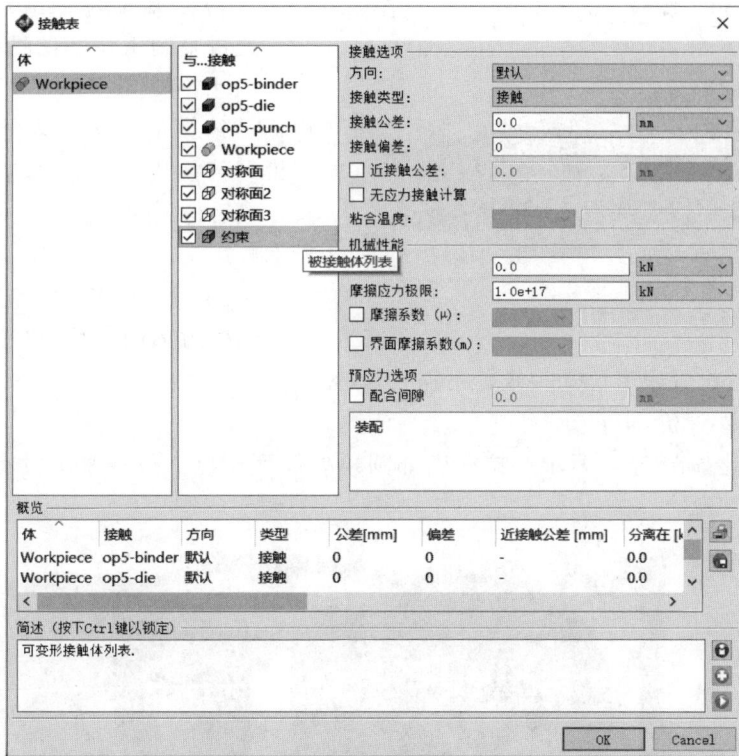

图 5-41 接触表设置

（10）工位⑤首次拉深仿真结果评价

提交计算，启动仿真分析。当软件主界面底部的状态栏显示 100％时，表示仿真运算成功结束。

结果评价：工位⑤首次拉深完成后的工件厚度变化分布如图 5-42 所示，拉深底部边缘处减薄，最薄处厚度约为 2.17mm，减薄率为 13.2％，局部起皱增厚约为 2.88mm。

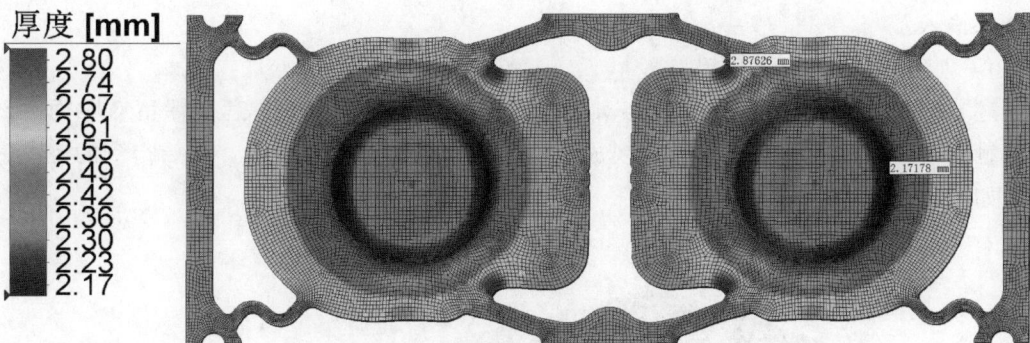

图 5-42 工位⑤工件厚度变化分布图

5.2.5.2 工位⑦第二次拉深工艺过程设置及仿真结果

工位⑥是空工位，所以工位⑦的坯料直接继承工位⑤的变形结果，工位⑦的模具包括拉深凸模（带压边圈）、拉深凹模。在备品区导入工位⑦的模具几何模型 op7-punch-binder、op7-die，坯料从工位⑤仿真结果输入。

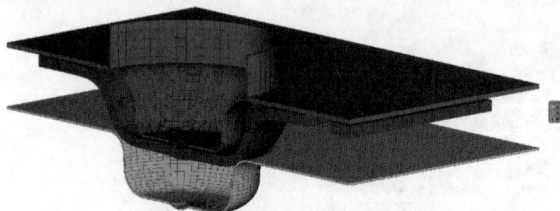

图 5-43 工位⑦几何模型

（1）创建拉深工艺仿真项目

通过复制工位⑤的进程"Op5-draw-ing"来快速创建工位⑦的进程，保留对称面、约束面、接触表等设置。模具几何模型替换成工位⑦模型后调整相互位置，最后得到的工位⑦几何模型如图 5-43 所示。

（2）设置成形控制参数

凸模的 Z 向"行程"设置为 10.57mm（向下），其他参数设置跟工位⑤一样，不需要修改。

（3）仿真结果评价

工件厚度变化如图 5-44 所示，拉深底部圆角处厚度相比工位⑤基本没有变化，起皱增厚现象得到有效控制。

图 5-44 工位⑦工件厚度变化分布图

5.2.5.3 工位⑧三次拉深工艺过程设置及仿真结果

工位⑧的坯料继承工位⑦的变形结果，工位⑧的模具包括拉深凸模、压边圈和拉深凹模。在备品区导入工位⑧的模具几何模型 op8-punch、op8-binder 和 op8-die，坯料从工位⑦仿真结果输入。

（1）创建拉深工艺仿真项目

通过复制工位⑦的进程"Op7-drawing"来快速创建工位⑧的进程，保留对称面、约束面、接触表等设置。模具几何模型替换成工位⑧模型后调整相互位置，最后得到的工位⑧几何模型如图 5-45 所示。

图 5-45 工位⑧几何模型

（2）设置成形控制参数

凸模的 Z 向"行程"设置为 9.31mm（向下），其他参数设置同工位⑦一样。

（3）仿真结果评价

工件厚度变化如图 5-46 所示，最小厚度比工位⑦减薄约 0.1mm，最大厚度基本不变。

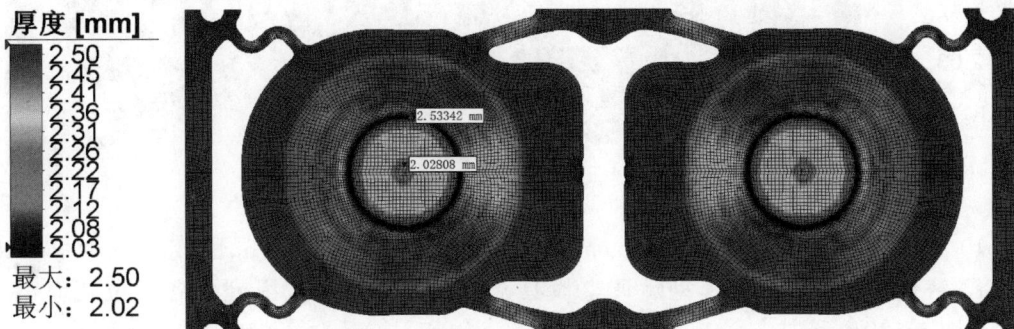

厚度 [mm]

2.50
2.45
2.41
2.36
2.31
2.26
2.22
2.17
2.12
2.08
2.03

最大：2.50
最小：2.02

2.53342 mm
2.02808 mm

图 5-46　工位⑧工件厚度变化分布图

5.2.5.4　工位⑨四次拉深工艺过程设置及仿真结果

工位⑨的坯料继承工位⑧的变形结果，需要替换的模具包括拉深凸模、压边圈和拉深凹模。在备品区导入工位⑨的模具几何模型 op9-punch、op9-binder 和 op9-die，坯料从工位⑧仿真结果输入。

（1）创建拉深工艺仿真项目

通过复制工位⑧的进程"Op8-drawing"来快速创建工位⑨的进程，保留对称面、约束面、接触表等设置。模具几何模型替换成工位⑨模型后调整相互位置，最后得到的工位⑨几何模型如图 5-47 所示。

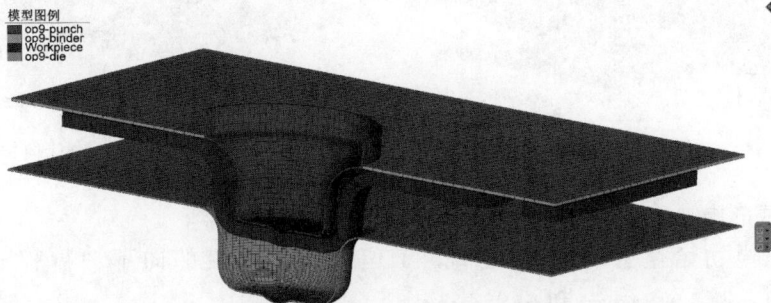

模型图例
op9-punch
op9-binder
Workpiece
op9-die

图 5-47　工位⑨几何模型

（2）设置成形控制参数

凸模的 Z 向"行程"设置为 9.20mm（向下），其他参数设置同工位⑧一样。

（3）仿真结果评价

工件厚度变化如图 5-48 所示，最小厚度跟工位⑧基本一样，由于拉深直径明显减小，材料挤向工件根部（凹模入口圆角处），导致最大厚度有所增加。

5.2.5.5　工位⑩第五次拉深、工位⑪第六次拉深、工位⑫第七次拉深、工位⑬第八次拉深工艺过程设置及仿真结果

（1）设置拉深工艺仿真项目

工位⑩~⑬拉深工艺仿真项目设置跟前几个工位基本相同，需要导入的模具几何模型分

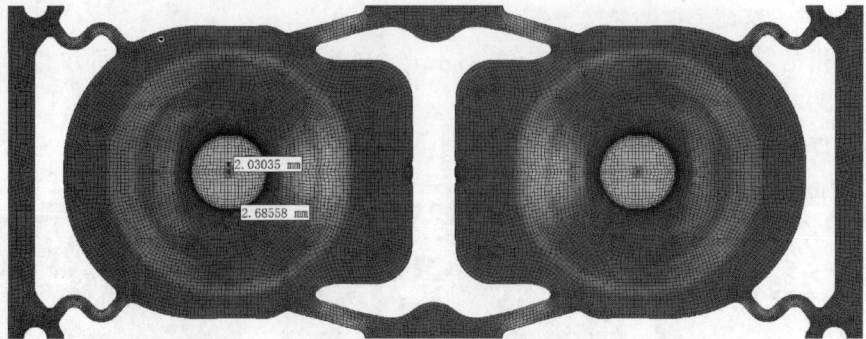

图 5-48　工位⑨工件厚度变化分布图

别是 op10-punch、op10-die、op11-punch、op11-die、op12-punch、op12-die、op13-punch 和 op13-die，替换相关模具几何模型后调整模具至准备接触位置，得到的各工位几何模型如图 5-49～图 5-52 所示。

图 5-49　工位⑩几何模型

图 5-50　工位⑪几何模型

图 5-51　工位⑫几何模型

图 5-52　工位⑬几何模型

（2）设置成形控制参数

根据凸、凹模初始位置的 Z 向距离，工位⑩～⑬凸模的向下"行程"分别设置为 9.83mm、10.08mm、9.84mm 和 6.88mm。

（3）仿真结果评价

工件厚度变化如图 5-53～图 5-56 所示，由于拉深直径逐渐减小，挤向工件根部（凹模入口圆角处）的材料逐渐增多，最大厚度明显增加。

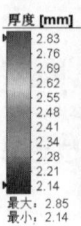

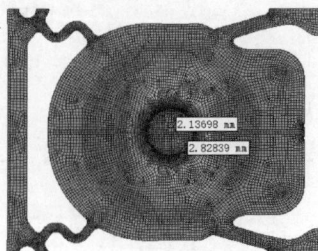

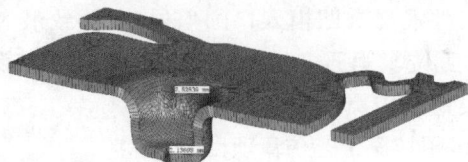

图 5-53　工位⑩工件厚度变化分布图

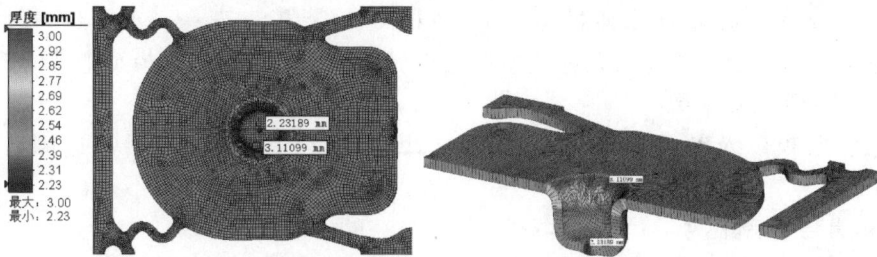

图 5-54 工位⑪工件厚度变化分布图

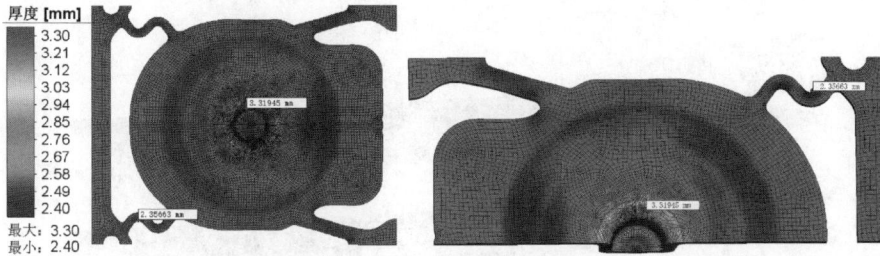

图 5-55 工位⑫工件厚度变化分布图

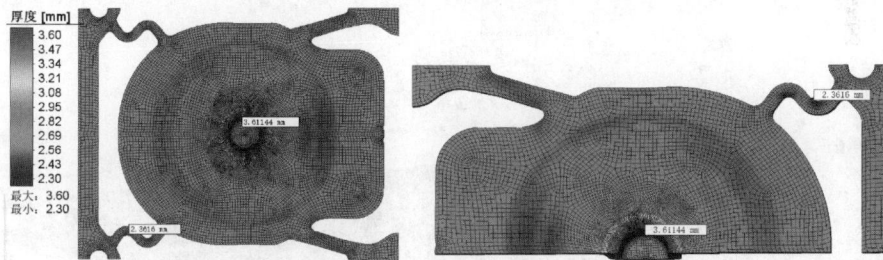

图 5-56 工位⑬工件厚度变化分布图

5.2.5.6 工位⑭第一次镦挤工艺过程设置及仿真结果

（1）设置镦挤工艺仿真项目

第一次镦挤时材料有比较大的变形和流动，属于体积变形，因此建议在初始网格窗口中将网格生成器的选项"Sheetmesh"改成"六面体"，以适应材料大应变，所以将从工位⑬仿真结果输入的坯料重新划分为六面体单元，如图 5-57 所示，并且在工件根部和底部材料变形比较大的部位定义细化框（具体操作参考第 4 章 4.3.2 节），局部细化单元，防止单元在仿真过程中因发生形状畸变而导致求解精度下降甚至求解失败。

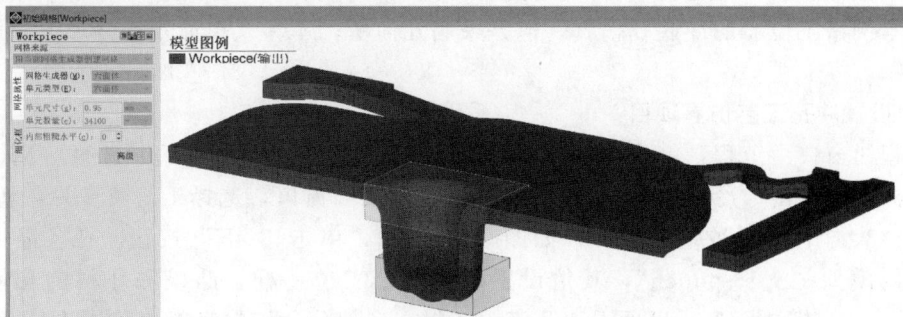

图 5-57 工位⑭坯料初始网格划分及细化

工位⑭需要导入的模具几何模型有 op14-binder、op14-die、op14-pad 和 op14-punch，跟从工位⑬仿真结果输入的坯料几何模型一起组成的工位⑭镦挤仿真模型如图 5-58 所示。

（2）设置成形控制参数

根据凸、凹模以及垫块初始位置的 Z 向距离，设置凸模（包括压边圈）向下行程为 13.89mm。

（3）仿真结果评价

工件的等效塑性应变分布如图 5-59 所示，壁厚增大明显，说明镦挤工艺能有效使材料流向工件根部和侧壁，达到体积变形的目的。

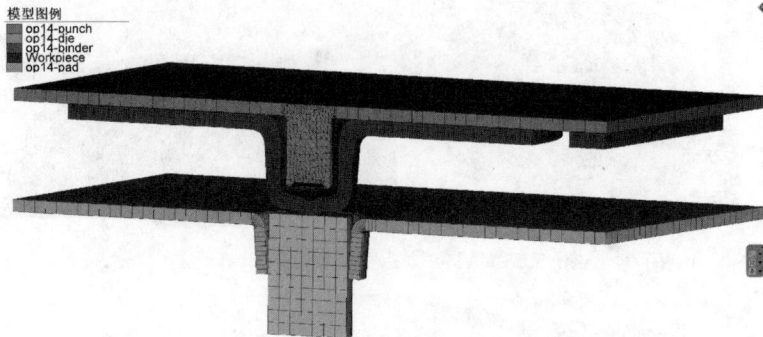

图 5-58 工位⑭镦挤仿真模型

图 5-59 工位⑭镦挤坯料变形及工件等效塑性应变分布

5.2.5.7 工位⑮冲底孔工艺过程设置及仿真结果

一般冲孔不会导致工件产生成形质量缺陷，而且采用有限元方法仿真分析冲孔过程需要划分尺寸很小的单元，计算周期长，所以一般不需要做冲孔过程的仿真。由于本例后续还有工位⑯第二次镦挤、工位⑰第三次镦挤需要仿真，而工位⑯的坯料是工位⑮冲底孔后的结果，所以本例做工位⑮的冲底孔仿真，但是采用几何法，不涉及单元塑性变形，求解速度非常快。

（1）设置冲孔工艺仿真项目

在进程树窗口"工程"上点击右键，选择"插入过程"，在弹出的"选择应用模块"窗口中用鼠标左键双击"冷成形"，出现"工艺过程定义"窗口，选择工艺类型为"切割"，仿真类型为"3 维"，模具数量为"1"，如图 5-60 所示，单击"OK"按钮。在备品区导入冲孔凸模几何模型"op15-punch"，其他设置跟前几个工位一样，凸模和坯料的几何模型如图 5-61 所示，凸模透明显示以便看清凸模跟坯料交叉部分（坯料底部冲裁连皮）。为了求解更容易收敛，建议用六面体单元重新划分坯料，单元尺寸为 0.5mm。

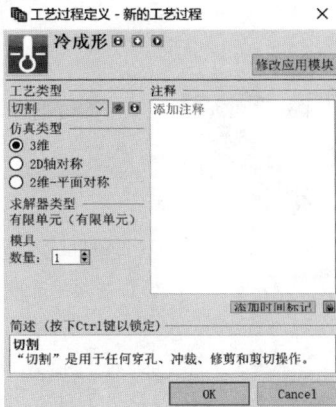

图 5-60 冲孔工艺过程定义

图 5-61 冲孔仿真模型

（2）设置成形控制参数

在"冲裁控制（有限元）"对话框中，设置冲孔凸模向下行程为 2.0mm。"阶段"菜单的设置如图 5-62 所示，勾选"冲裁（之前/仅）"并且在其右侧以左键点击图标 ▦ （冲裁工具配置），在冲裁配置窗口中的"工具"下方勾选"op15-punch"，修剪类型选"布尔运算"，表示模型初始位置的凸模交叉穿过坯料，直接采用布尔运算从坯料上去除坯料跟凸模交叉的部分，点击"OK"按钮。如果修剪类型选"方向"，表示从冲孔凸模的中间取平行于 X-Y 平面的横截面，该截面在 Z 方向上投影到坯料的那部分材料将被切掉。勾选"释放定义设备的模具"，时间步设为 1，其他项不勾选。

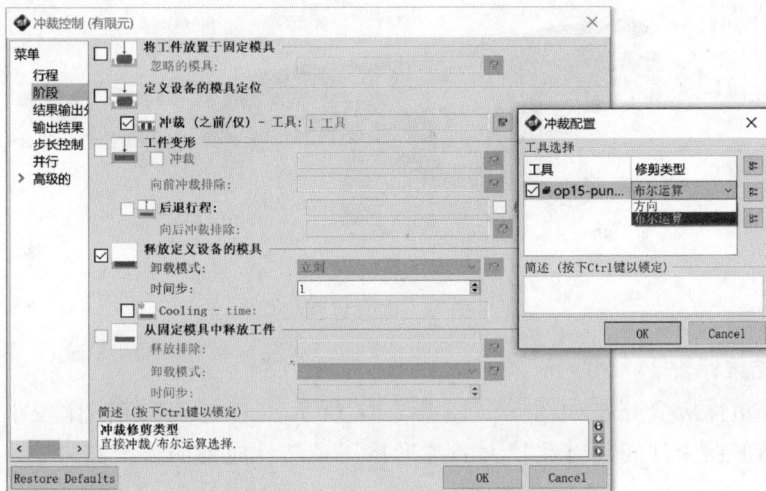

图 5-62 冲裁"阶段"参数设置

（3）仿真结果评价

工件的等效塑性应变分布如图 5-63 所示，由于是几何法切除材料，对坯料等效塑性应变影响不大。

5.2.5.8 工位⑯第二次镦挤、工位⑰第三次镦挤工艺过程设置及仿真结果

（1）设置镦挤工艺仿真项目

工位⑯、⑰的设置跟工位⑭基本一样，需要分别导入的模具几何模型有 op16-punch、op16-die、op16-binder、op17-punch、op17-die 和 op17-binder，模具与坯料几何模型如图 5-64、图 5-65 所示。

图 5-63 工位⑮工件等效塑性应变分布仿真结果

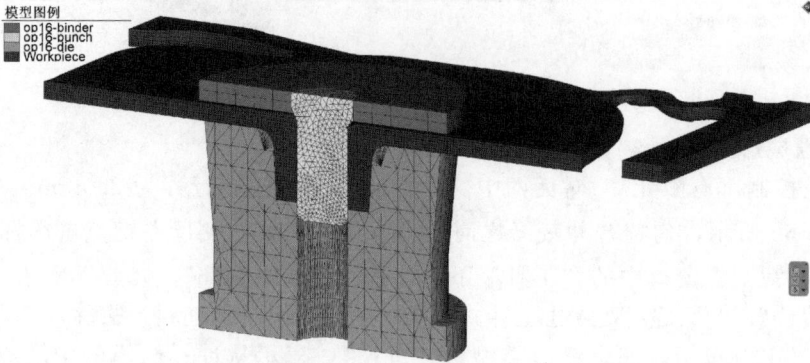

图 5-64 工位⑯仿真模型

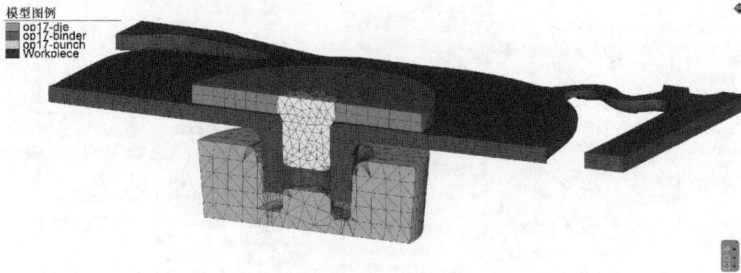

图 5-65 工位⑰仿真模型

（2）仿真结果评价

　　工件的等效塑性应变分布如图 5-66、图 5-67 所示。工位⑯下变形比较小，塑性应变变化不大。工位⑰下在工件底部有比较大的整形挤压，塑性应变明显增高。

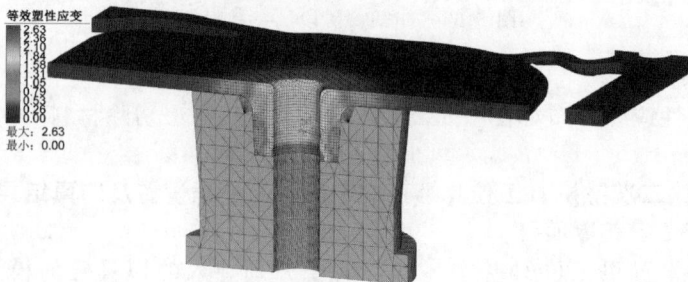

图 5-66 工位⑯镦挤坯料变形及工件等效塑性应变分布

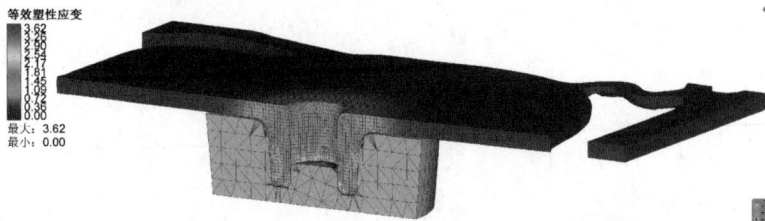

图 5-67 工位⑰镦挤坯料变形及工件等效塑性应变分布

经过以上的仿真分析，确定该工艺计算及排样设计是合理、可靠的，符合模具设计要求。

5.2.6 模具结构设计

（1）模具总体设计

螺母板多工位级进模结构如图 5-68 所示，该模具结构复杂，设计巧妙。最大外形长为 2300mm，宽为 750mm，闭合高度为 470mm。为防止模板变形，方便维修及拆装等，此模具由多组模板组合成一副较大的多工位级进模。上模部分（上垫板、凸模固定板、卸料板垫板及卸料板）由 7 组模板组合而成；下模部分（凹模固定板、下垫板）由 5 组模板组合而成。

（2）模具结构设计特点

1）设计应确保上、下模在冲压时能很好地对准定位

该模具在模座及各组模板上均设计导柱、导套对准定位，即上、下模座设计四套 $\phi 63$mm 的钢球导柱、导套；每组模板各设计四套 $\phi 20$mm 的小导柱、小导套。

2）卸料结构设计

该模具第一、二、五、六、七组卸料板在冲压时起压料作用，冲压完成，模具回程起卸料作用；而第三、四组卸料板起卸料及部分凸缘整形作用。其动作是：当上模下行时利用下模设置的反推杆（图中未画出）先将卸料板顶起支承住，上模继续下行，凸模逐渐露出卸料板，对各工序进行拉深及镦挤工作，模具闭合时，卸料板将各工序件的凸缘处整平，模具回程，卸料板将包在各凸模上的工序件卸下。

3）导正销孔设计

该模具的导正销孔分别在工位①和工位⑰上冲切出，工位②～⑲依靠两边载体上的导正销孔精确定位。从排样图或模具结构图上可以看出，在工位⑳将两边载体及外形废料冲切后，工位⑳～㉖在冲压过程中只能依靠中间的导正销孔精确定位。若中间载体上的导正销孔在工位②冲切出来，那么后续经过多次拉深及镦挤后由于坯料的变形不规则，会导致此导正销孔变形或移位，就会导致后续成形及冲裁带料起不到精确定位作用。

4）工位⑨第四次拉深～工位⑬第八次拉深的凸、凹模间隙设计

拉深成形的变形特点是：底部略有变薄，口部略有增厚。从图 5-25（a）可以看出该制件恰好口部的圆筒壁厚度要比底部的圆筒壁厚度厚很多，那么在工位⑨第四次拉深～工位⑬第八次拉深的凸、凹模间隙设计时，可将凸、凹模均设计成有锥度，即将底部设计为一个料厚的间隙，而将口部的间隙略设计大些（口部每个工位的单面间隙都不一样，工位⑨为 2.9mm，工位⑩为 3.3mm，工位⑪为 3.41mm，工位⑫为 3.6mm，工位⑬为 3.9mm），先让口部自由增厚，不被凸、凹模间隙控制，方便后续镦挤成形。

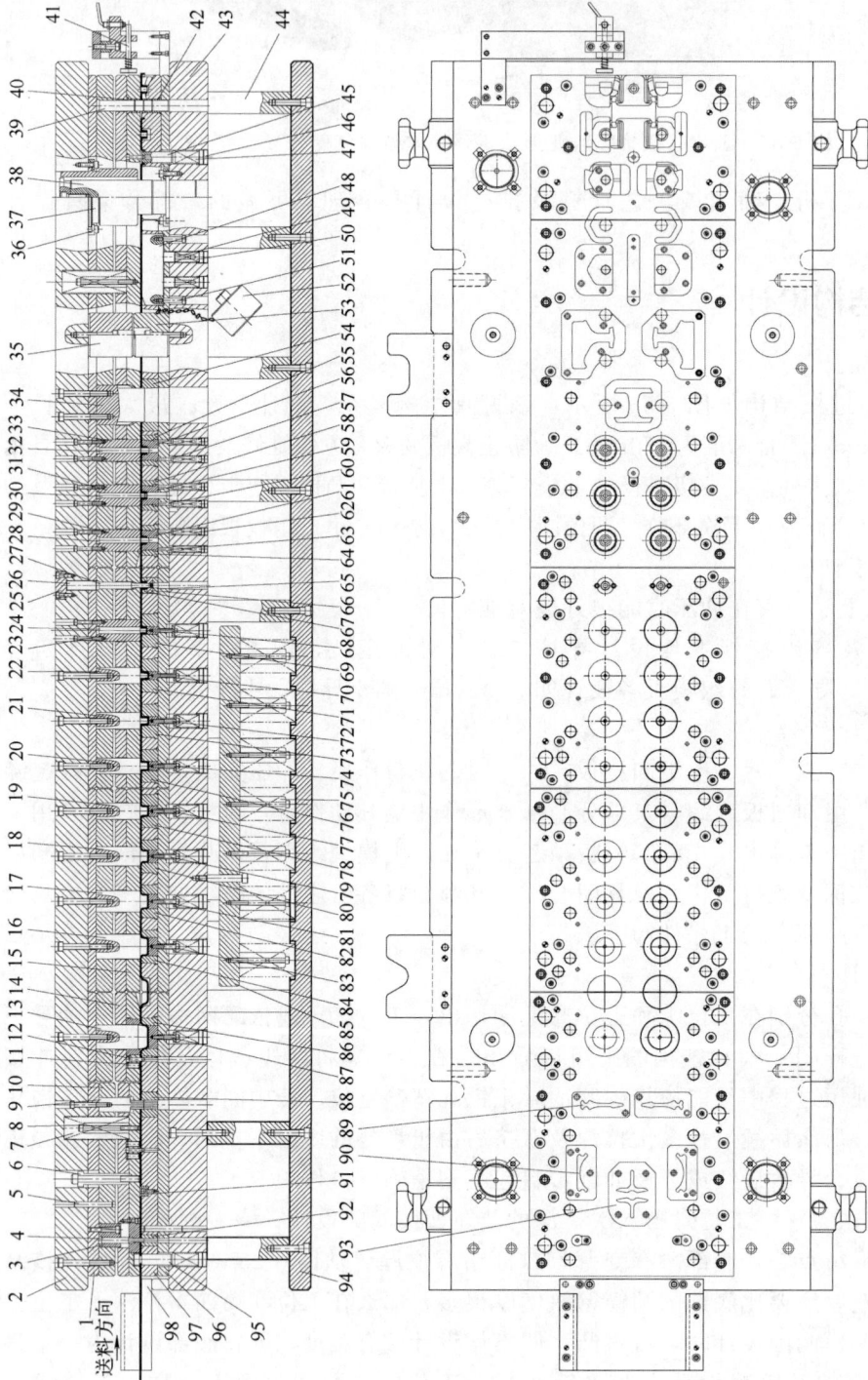

图 5-68　模具结构图

1—上垫板；2—上模板；3—凸模座；4—导正销固定块；5—圆柱销；6—等高套筒；7,47,50,62,75—弹簧；8—弹簧柱销；9—预切外形废料凸模；10—凸模固定板；11—弹顶器；12—导正销；13,16~22—拉深凸模；14—卸料板垫板；15—卸料凸模；23,29,31,33—整凸缘凸模；24,28,30,32—凸模垫块；25—凸模垫块；26—柱销；27—冲底孔凸模；34—拉深孔凸模；35—上限位柱；36—压板；37—导套；38—导柱；39—小导柱；40,42—小导套；43—下模座；44—下垫脚；45—冲底孔顶料杆；46—螺塞；48—顶料块；49—弹簧柱销；51—卸料螺钉；52—模具保护套；53—下限位柱；54—检测装置组件；55,58,64—镦挤凹模器组件；56,59,61,69—套式顶料筒；57,60,63—顶杆；65—冲底孔凹模；66—冲底孔凹模垫块；67—冲底孔凹模导向块；68,70,72,74,77,79,81,83,87—弹顶器组件；71,73,76,78,80,82,84,86—镦挤凹模；85~90,93—拉深凹模；88~90.93—预切外形废料；91—内限位；92—冲导正销孔凹模；94—下托板；95—浮动导料销；96—下垫板；97—凹模固定板；98—外导料板组件

5）设计应能提高拉深凸、凹模的耐磨性能，延长模具使用寿命

该模具拉深凹模采用一胜百 V4E（VANADIS 4 EXTRA）制作，热处理硬度 61～63HRC；拉深凸模采用 SKH51 制造，热处理硬度 60～62HRC。

6）镦挤结构设计

镦挤工艺是使前一工序的工序件（也称坯料）在镦挤凸、凹模的受压下体积成形。从制件排样设计可以看出，完成该制件的镦挤工艺需分为四次，具体工艺介绍如下。

① 第一次镦挤在⑭工位上完成，如图 5-69（a）所示，是该模具设计的难点之一。该次镦挤是使坯件 6［即前一工序的拉深件，见图 5-69（a）件号 6］在镦挤凸模与凹模的受压下体积成形，将坯件镦挤至高为 11mm，底部内孔直径为 8.1mm、双边锥度为 1.5°，底部厚度由 2.5mm 镦挤至环形部分最薄处的厚度为 0.7mm，使多余的材料返回到底角外 R 角及凸缘处。

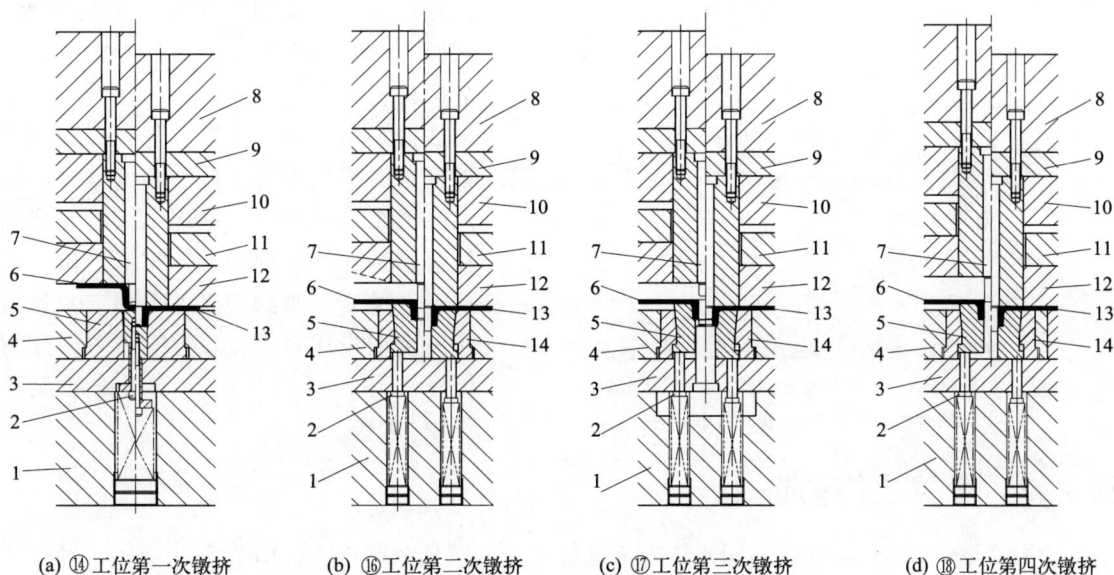

(a) ⑭工位第一次镦挤　　(b) ⑯工位第二次镦挤　　(c) ⑰工位第三次镦挤　　(d) ⑱工位第四次镦挤

图 5-69　四个工位镦挤结构图

1—下模座；2—弹顶器；3—凹模垫板；4—凹模固定板；5—凹模；6—前一个工序件（坯件）；7—镦挤凸模组件；
8—上模座；9—凸模垫板；10—上夹板；11—卸料垫板；12—卸料板；13—镦挤后工序件；14—凹模衬套

② 第二次镦挤在⑯工位上完成，如图 5-69（b）所示。该次工序将前一工序冲完底孔后留下的小台阶挤光及将坯件高度从上一工序镦挤后的 11mm 镦压到 10.5mm，多余的材料往拉深件的外形扩张及凸缘出流动，使凸缘及拉深口部的局部位置增厚，从而很好地增加了螺母板的强度。

因该工序内孔径带有挤光工艺（将坯件的内孔径 $\phi 8.1$mm 挤至该工序件的内孔径为 $\phi 8.17$mm），不能在凹模内设置顶出装置，因此，该结构将圆形凹模分为两瓣，并在外形加工出单边 5°的锥度，见图 5-69（b）件号 5，考虑到此凹模外形不能直接安装到凹模固定板上，因此在凹模固定板与凹模间设置一个分为两瓣结构的凹模衬套 14。安装时，先将分为两瓣的凹模合并起来，再将分为两半瓣的凹模衬套箍在凹模上，最后将此组件安装在凹模固定板的孔内即可。

工作时，上模下行，将坯件在该工序凸模的作用下压入到分为两瓣的凹模内，上模继续

下行，凹模随着外形锥面的轨迹下行的同时往中心合拢。这时凹模上平面与凹模固定板的上平面平齐；上模继续下行，凸模将坯件的内孔径进行挤光，模具即将闭合时，在镦挤凸模组件 7 的作用下将坯件的高度从 11mm 镦压到 10.5mm。模具回程，在弹顶器 2 的作用下使分为两瓣的凹模随着外形锥面的轨迹上行并向外扩张，此时被镦挤的工序件能顺利地出件。

③ 第三次镦挤在⑰工位上完成，如图 5-69（c）所示。该工序主要是将坯件的高度从 10.5mm 镦挤到 10.2mm，并将上口部及底部挤压出倒角，其冲压动作与⑯工位的第二次镦挤类似。

④ 第四次镦挤在⑱工位上完成，如图 5-69（d）所示。该工序主要是将坯件的高度从 10.2mm 镦挤到 10mm，并将内孔径为 $\phi8.17mm$ 挤光到内孔径为 $\phi8.2mm$，其冲压动作也是与⑯工位的第二次镦挤类似。

7）监测装置设计

该模具的监测装置如图 5-70 所示。该监测装置的原理：当带料 1 末端将 T 形圆柱监测销 5 从左向右移动时，T 形圆柱监测销 5 另一头圆柱部分接触到接近开关，当接近开关接收到信号时，压力机继续循环工作。冲压结束，T 形圆柱监测销在钢丝弹簧的作用下复位。若接近开关未接收到信号，可判定带料送错位置或未送料到位，这时压力机立即停止工作，对模具起到了很好的保护作用。

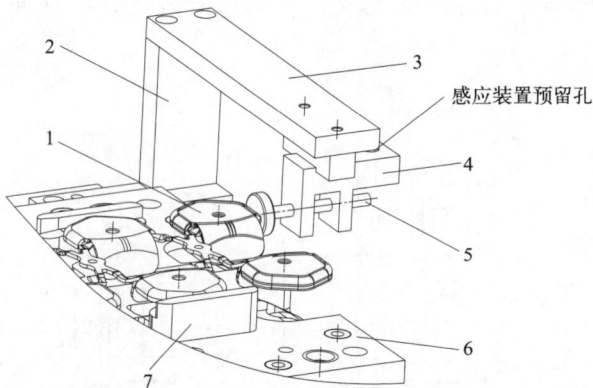

图 5-70　带料尾部监测装置结构示意图

1—带料；2,3—监测装置支架；4—F 形支座；
5—T 形圆柱监测销；6—凹模固定板；7—反顶块

5.2.7　模具生产验证

使用公称压力为 3000kN 的闭式压力机进行试冲，模具及制件实物如图 5-71 所示。经过大批量生产验证，冲压平均速度可达到 40 冲次/min。结果表明，该制件采用一出二连续拉深、镦挤、翻边及弯曲工艺的多工位级进模设计是合理可行的，满足了大批量生产的需求。

(a) 模具实物

(b) 制件实物

图 5-71　模具及制件实物

参 考 文 献

［1］ 洪慎章，金龙建，等. 多工位级进模设计实用技术［M］. 北京：机械工业出版社，2010.

［2］ 陈炎嗣. 多工位级进模设计手册［M］. 北京：化学工业出版社，2012.

［3］ 金龙建. 多工位级进模设计实用手册［M］. 北京：机械工业出版社，2015.

［4］ 金龙建. 多工位级进模排样设计及实例精选［M］. 北京：机械工业出版社，2016.

［5］ 金龙建. 冲压模具设计实用手册：多工位级进模卷［M］. 北京：化学工业出版社，2018.

［6］ Marc Volume A：Theory and User Information［M］. MSC Software Corporation，Newport Beach，CA，USA，2018.

［7］ Simufact Forming Tutorial：Application［M］. Simufact Engineering GmbH，Stockholm，Sweden，2019.

［8］ 刘劲松，王传辉，孙丹丹. Simufact 金属成形工艺仿真标准教程［M］. 北京：人民邮电出版社，2021.

［9］ de Sousa R J A，Yoon J W，Cardoso R P R，et al. On the Use of A Reduced Enhanced Solid-Shell (RESS) Element for Sheet Forming Simulations［J］. International Journal of Plasticity，2007，23 (3)：490-515.

［10］ Cardoso R P R，Yoon J W，Mahardika M，et al. Enhanced Assumed Strain (EAS) and Assumed Natural Strain (ANS) Methods for One-point Quadrature Solid-shell Elements［J］. International Journal for Numerical Methods in Engineering，2008，75 (2)：156-187.

［11］ 金龙建，陈炎嗣. 多工位级进模排样工艺分析［J］. 模具制造，2012，12 (10)：44-50.

［12］ 金龙建. 多工位级进模排样图设计步骤［J］. 模具制造，2013，13 (12)：19-22.

［13］ 赵勇，金龙建. ELG 外壳连续拉深模设计［J］. 锻压技术，2016，41 (3)：99-104.

［14］ Świtaca J，Bartnicki J. Forming of Fixing Plate in a Progressive Die［J］. Mechanik，2017，99 (11)：985-987.

［15］ 金龙建. 弹簧上支座级进模设计［J］. 模具工业，2018，44 (12)：19-24.

［16］ 金龙建，金龙周，王朴. 螺母板连续拉深、镦挤、翻边及弯曲的多工位级进模设计［J］. 模具技术，2022 (1)：1-8.

［17］ 韦东来. 汽车覆盖件成形工艺的稳健优化与容差分析［D］. 上海：上海交通大学，2009.